# 大学生心理素质训练

龚惠香　编著

ZHEJIANG UNIVERSITY PRESS
浙江大学出版社

# 序

当今时代，事物发展信息万变，无时不在考验每个人的适应与应变能力；当今社会，人与人之间，人与社会之间变得比以往更加紧密又更加疏远，竞争与合作成为社会发展的主旋律。一个人处在这样的时代与环境里，需要经常地观察社会的变化，时时关注自身的发展，需要有理智的辨析、健康的心态、协作的精神和良好的应变能力，否则，就很难破解不可避免的各种困难和挫折，带来无穷无尽的烦恼，人生就会变得很不精彩，不可能实现高的价值。

大学生正处在个体社会化的重要阶段，人生观、价值观发展分化的关键时期。这个时期也被称之为“问题年龄”期，精力旺盛却自控能力差，对未来发展充满期待却经常迷失方向，对社会现象喜欢评论却又涉世不深、认知不足，待人处世有的过于自信甚至有点自以为是，有的过于放任自我或者过于自卑自闭，这些无一不在有力叩击正在快速发展变化的大学生的心灵。由于阅历不深、缺乏经验，碰到困难和意想不到的挫折，许多大学生就会承受不起，情绪突变，引发各种各样的问题。尤其是当代大学生中多数是独生子女，成长过程受到过多的溺爱和呵护，独立面对困难的能力和意志力明显不足，这是我们时时可以观察到的现实。

面对这样的环境，面对这样的学生群体，高校教育者如何去加强引导，是大家一直在努力思考和实践探索的中心课题。面对一个学生的失范行为或不良情绪表现，我们经常会想这是思想问题，还是心理问题，抑或还是道德问题？思想工作者出于他的职业敏感，首先想到的可能是思想意识问题，而心理学者出于他的学术敏感，可能首先想到的是在心理的某一方面发生了障碍，甚至是哪根神经出现了“短路”。记得我在浙江大学学生工作部部长岗位上工作的时候，还就一些案例与大学生心理学专家马建青教授有过激烈的讨论。现在就我看来，一个有正常行为能力的人，其行为和情绪反映都是其思想意识与心理特性协同作用下的外在表现。这就要求高校教育者，尤其是学生思想政治工作者要懂得一些心理学知识，这样才能在面对“问题学生”和学生发展中的问题时能够从不同的角度加以分析，得到有效的解决方法与途径。龚惠香教授走的就是这条路，而且做得很好。她先是从事了二十多年的学生思想政治工作，有了丰富的学生工作经验和体验。后来又参加心理咨询师专业技能的培训，并通过国家考试获得国家二级心理师资格，孜孜不倦地在大学生心理咨询与团体辅导方面探索耕耘，与学生交朋友，得到了学生的喜爱，也取得了很好的业绩。在我看来，她的成功正是思想政治工作和心理健康教育的有机结合——从心理学的角度去分析学生的思想变化，从思想教育的角度去研究促进心理健康发展。

对学生的发展，从思想教育的角度最关键的是引导，而从心理健康教育的角度最重要的是预防和发展。团体辅导是教育引导和预防的重要和有效的抓手。团体辅导可以让学生得到比个体教育多得多或者是不可能得到的体会和体验。龚惠香教授在这方面有了很多积累和研究，本书可以说是她的经验总结和成果展示，相信本书的出版会让很多人受益，特别是让参加本课程学习的学生受益。本书的最重要特点是形式的创新，而这种形式决定了教法的创新，确立了学生是课程学习中的真正主体，而教师只是课堂教学的设计者、组织者和引导者，同时也是教学实践的体验参与者。这样的教学真正体现了“以学生为本”的理念，能够激发起学生的学习兴趣。这也正是龚惠香教授的课堂教学总是能得到学生喜欢的最重要原因。

胡礼祥*
2011 年 2 月 19 日于浙江大学城市学院

* 胡礼祥为浙江大学城市学院党委书记。

# 前 言

1982年1月，我毕业于浙江师范大学数学专业，毕业后服从组织分配，在浙江师范大学和浙江大学从事了24年的学生思想政治工作。

2004年，我报名参加心理咨询师专业技能的培训，完全是因为当时学生工作的需要。在我24年的学生思想政治教育工作中，碰到了许多有心理问题、心理障碍及心理疾病的学生。其中有个患有精神分裂症的学生：有罪恶妄想，觉得自己不配活在世界上，到植物园准备自杀时被人发现而获救。有个患有双向情感障碍的学生：抑郁发作时你和他交流非常困难，躁狂发作时，挥霍、吹牛，甚至拿刀要捅同学。还有两个患有神经症学生：一个患恐惧症，不敢进教室，连续三个月没有去上课，临近考试不得不办缓考时才来找我帮忙；还有一个患了焦虑和抑郁症，平时人非常老实，可却发展到去教室偷手机，在二手市场卖手机被保卫处逮住时还说"很刺激"，当我告知其家人时，他们怎么也不相信平时很老实的儿子会做出这样的事情。这些事情给了我很大触动：学生中出了问题不一定是思想问题，也不一定是法律意识问题，很有可能是心理上的问题。要帮助他们真正解决问题，必须从"心"开始，从"预防"和"发展"开始，这就要求自己必须懂得学生心理。培训结束后，我在浙江大学计算机学院领导和同事的支持和鼓励下，报名参加了2004年12月的国家二级心理咨询师资格的考试。很幸运，我一次就成功了。

2004年下半年，我开始了在浙江大学的学生心理咨询工作和在浙江省各高校的心理健康教育讲座。在工作中我越发感觉到了这一工作的重要性，也更加深切体会到了党和国家为什么那么重视大学生的心理健康教育工作。自2001年教育部下发了《关于加强普通高等学校大学生心理健康教育工作的意见》(教社政〔2001〕1号)以后，2002年又下发了《普通高等学校大学生心理健康教育工作实施纲要(试行)的通知》(教社政厅〔2002〕3号)。因此，我一边兼职从事心理咨询和心理健康教育工作，一边积极参加各类心理咨询的培训，努力提高自己的心理咨询技能。如参加了孙新兰的"意象对话"，沈勇强的"箱庭疗法"，申荷永的"沙盘治疗"，骆宏的"焦点技术"，唐登华的"家庭治疗"，张平、樊富珉的"团体咨询"，约瑟夫·莫瑞诺(美国明尼苏达州马利维大学音乐治疗系系主任)的"音乐心理剧"等。我还一边开始进行这方面的研究工作。如2008年"团体心理咨询在高校学生心理健康教育中的应用研究"获得了浙江大学教学成果二等奖；同年申请到了浙江大学重点课题"团体咨询在研究生心理健康教育中的应用与研究"和省教育科学规划2009年度课题"团体咨询在新生转型中的应用与研究"，发表了数篇心理健康方面的论文，有的获得了浙江省心理卫生协会学术大会的奖励，有的获得了浙江省思想政治教育研究会年会的奖励。

2008年2月，我选择离开从事了26年的高校管理干部的岗位，来到了浙江大学城市学院当一名思想政治理论教育的专职教师，一是出于对学生的爱，二是觉得这样更能发挥自己的兴趣和特长。24 年的学生思想政治教育工作，使我对学生有一种特殊的感情，每每一个学生因为我的咨询而心态发生了转变；每每我的一次讲座后，学生给我发邮件或者发短信说对他很有帮助和感触很深时，我就觉得特别有成就感。我想自己有这么多年学生工作经验，对学生特别了解，同时经过几年心理咨询和心理健康教育工作的学习和实践，积累了一定的心理咨询和心理健康教育工作的基础，我应该可以在思想政治理论教育或者在心理健康教育中给学生一定的帮助。到城市学院以后，给了我更多的时间和精力从事心理健康教育工作。这里我要真诚感谢浙江大学城市学院的领导，给了我三尺讲台，能够让我发挥自己的兴趣和特长，同时也非常感谢浙江大学领导给予我的宽容和理解，让我能够在从事多年的管理工作后，转行专门从事教师工作。

但说实话，初到城市学院时我很担心，不知道自己能否胜任教师这一工作，担心在教授的考核中我是否能合格、自己的教学是否能真正让学生受益，并得到学生的认可？

2009 年 1 月，我开设的"大学生心理素质训练"课程结束了，当我统计完学生做的问卷调查，阅读着学生的一篇篇期末论文时，我悬着的一颗心才开始放下来。我含着热泪看完了 97 位学生用"心"写的论文。看到学生伴随着这门课程的成长，我当时的感觉可以用一个字——"值"来概括。我的选择(从行政到教师的转行)——"值"，我的工作(一个学期的辛勤付出)——"值"。

心理学家的研究证明，大学阶段是掌握专业知识技能和个人自我发展完善的重要时期，两大任务并驾齐驱，缺一不可。大学生心理健康教育的任务就是要帮助大学生完善自我、发展自我，正如教育部《关于加强普通高等学校大学生心理健康教育工作的意见》中所指出的那样，要"帮助大学生树立心理健康意识，优化心理品质，增强心理调适能力和社会生活的适应能力，预防和缓解心理问题，帮助他们处理好环境适应、自我管理、学习成才、人际交往、交友恋爱、求职择业、人格发展和情绪调节等方面的困惑，提高健康水平，促进德智体美等全面发展"。如何帮助大学生的自我完善和自我发展，有许多形式，无疑开设心理健康课是一个很重要而又有效的途径。但是在教学实践中，既适合学生心理发展规律和特点需求，又便于操作的教材少之又少。本教材是笔者在经过五轮教学实践的基础上完成的，里面设计的十五章内容，基本涵盖了教育部心理健康教育的要求，只有"学习成才"这一部分的内容没有安排进去，是鉴于城市学院的教学实际情况：在大一新生的教学中，已有较多的时间安排了这一内容的教学。在本教材中特别增加了"珍惜生命、感恩生活"的内容，也是根据目前大学生的实际情况，本人觉得很有必要，专门设计的。各高校可以根据本校的实际情况选择、安排、设计另外的教育内容。

本教材分为三篇：第一篇为课程教案。每一章内容为两课时，每次课的设计都是根据团体咨询的理论设计的，重在体验、感悟和分享。课程分为热身活动、练一练(练习一些有针对性的游戏，让学生在游戏中成长)、听一听(便于学生了解心理健康的背景知识，也便于教师在课程中的讲授或者总结)、测一测(提供了一些相应的心理测试题目，让学生课后去完成)、读一读(推荐了一些相关书籍，提供学生课外学习)，有的章节还有做一做(课后作业)。第二篇为学生体会。收录了学生中体会比较深刻、有一定代表性的 13 篇论文，用以证明这门课程的效果，同时也可以给学生作为期末论文的范文，懂得如何结合自己的实际情况和课程的内容用"心"来写体会。第三篇为课程总结。总结的题目取自学生的一篇论文题目，从测试结果、调查数据、追踪调查及学生的体会整理中，让我们更加深切感受到这门课程开设的必要性。

我一定要把这本教材编写出来，一定要把这门课程建设好，一定要让更多的学生因为这门课而受益。

本教材根据团体咨询的理论和技术，把活动式、体验式教学作为课堂教学的组织形式，与以往的教材相比，特色比较明显，主要体现在以下几个方面：

形式新颖。本教材不是侧重理论知识的讲解，而是重在训练。以学生的体验和感悟作为一个主线，渗透在教材的结构中。

内容针对。本教材涉及的内容，不仅考虑到当前大学生常见的心理需要，并且增加了“珍惜生命、感恩生活”等现实需要的内容。

结构独特。一是整个教材的体系上，除了“课程教案篇”外，还专门列了“学生体会篇”和“课程总结篇”，证明课程的教学效果。二是教案的每一章内容都采用了“练一练”（游戏等）、“听一听”（理论背景知识）、“测一测”（心理测试）、“读一读”（书籍推荐），还有“做一做”（课后作业）等。学生不仅可以在课上练，还可以在课后学。

便于操作。每一章内容都有热身活动、练习，理论背景。每个练习都有练习目的、操作步骤、注意事项。方便实践、容易操作。

对于选到这门课的学生，我由衷地恭喜你们，因为这是能影响甚至会改变你一生的课程。但是如果要在课程中有所收获，有几点经验要与你们分享：

一是要真心投入。如果你选这门课只是为了拿两个学分，那你就大亏特亏了。如果你认为这些游戏是小儿科，很幼稚，不值得你认真去做，那你就大错特错了。要知道人的心理成长和形成过程，靠的不只是相关的知识学习，更需要人的亲身体验、感受和感悟，这是被很多实践证明了的。你投入得越多，你的收获就越大。尽可能开放自己，尽可能减少你的防卫，尽可能用“心”参加吧！

二是要当好课堂的主人。这门课与你熟悉的其他课不同，课堂的主角不是教师，而是你，教师只是教学的主持人，表演要靠你自己。表演的成败取决于你，你越真诚、越主动，你的表演就越成功，你的收获也就越大。

三是要坚持自始至终。从第一次到十五次课，每次课都有每次课的主题和目的，每次课都有每次课的精彩，你缺了任何一次都是你的损失。在我的课程中许多学生确实都舍不得缺一次课，他们说这是进大学以来唯一一门没有翘过的课。

四是为自己完成课后任务。课后任务有作业、心理测试和推荐的书籍。作业不多，有的与下一次的训练目的有关，如果你不好好完成，将会影响训练效果；测试可以帮助了解你自己；推荐的书籍将丰富你的相关知识。当然不可能一学期把推荐的书籍都看完，以后还可以慢慢看。

五是要用“心”完成期末论文。有的同学说，我在课程中已经得到成长了，我的成绩好坏无所谓，写体会是我的痛苦，能否简单地“Ctrl c”和“Ctrl v”就可以了。我说不可以，因为期末论文正是你进一步提高成长的需要。通过一个学期的训练，你静下心来进行总结、思考，不是作为任务，而是作为自己的需要，我相信你一定会有一个新的感受和提高。

本教材编写完成之际，我第一个要感谢的是郑洪利老师，他是青岛职业技术学院教育心理系的主任。虽然我和他素不相识，但是他的教材《大学生心理素质训练教程》一书，让我

“认识”了他。他的这本教材给了我很多启发：一是课程的名称我沿用了他取的名称，我觉得这一名称不仅标志着课程的组织形式，而且充分反映了以学生为主体、以训练为主导这一理念。二是上课形式，虽然我多次参加团体心理咨询培训，也一直在高校进行团体心理咨询工作，有较强的团体心理咨询的技能，但是还是可以把这一技术用于课程中，这是他这本书给我的启示。其次要感谢的是浙江大学城市学院的领导、教务处和法学院的领导，他们一直支持我对这门课的建设：2009 年把这门课列为城市学院第一期课程提升建设项目，2010 年又列为第四期课程提升建设“能力评价建设专项”项目，2011 年又列为城市学院第五期精品课程建设项目，并给予经费支持，使得我更有信心建设好这门课程。再次要感谢的是我的合作伙伴：楮建柯、丁路、徐晓敏、冯敏。他们给我当助教，帮我进行心理测试及测试结果的统计。还要感谢所有从事心理健康教育的同仁和心理网站的建设者，给我这本教材的编写提供了许多研究成果和参考资料。最后要感谢所有选修《大学生心理素质训练》课程的学生，感谢他们的真心投入，感谢他们的真情分享。

由于本人水平有限，经验不足，本教材的编写中一定存在这样那样的不当和疏漏，恳求使用和阅读这本教材的老师、同学以及学术界的同仁提出批评和指正。

**龚惠香**

2011 年 1 月于浙江大学城市学院

# 目　录

# 第一篇
*Passage One*

# 课程教案

# 第一编

# 第一章 相聚是缘

- 你想了解自己吗？请到团体中来！
- 你想完善自己吗？请到团体中来！
- 你想发展自己吗？请到团体中来！

## 教学目标

通过讲授了解团体咨询的基本概念，明确本门课程的教学目的和要求；通过练习，使学生初步相识，小组凝聚力初步形成。

## 教学环节

一、热身活动

大风吹、小风吹

目的：活跃气氛，突破旧有的人际圈子，促使学生改变原有的习惯性的人际组合。

操作：

1. 所有学生围圈而坐（凳子比总人数少一条）。

2. 先由老师担当主持人。主持人说："西伯利亚的大风吹呀吹！"大家问："吹到哪里去？"老师说："吹到戴眼镜的人身上去。"所有戴眼镜的人都必须站起来换个位置，老师也和戴眼镜的学生一起抢位置，最终总有一个人抢不到位置，没有抢到位置的这个人就得担当新主持人，再接着"吹"，直至学生新的组合基本形成为止。

注意：

1. "吹"的对象可以是穿旅游鞋的人、剪短发的人、所有男生、所有女生、穿红色衣服的人，等等，只要是有两个以上学生有的特征都可以。

2. 没有抢到位置的学生可以让他们自我介绍，如果连续两次抢不到位置也可以罚他们表演一个节目。

3. 如果是说"西伯利亚的小风吹呀吹"，则是反着来，即"吹到戴眼镜的人身上去"，则所有不戴眼睛的人要换位置。

**【练一练】**

二、练习

（一）相识接龙（巨龙）

目的：让学生初步相识，并通过身体接触减少陌生感。

操作：

1. 全体学生先围成圈站立，老师找一学生示范握手动作：两人同时伸出右手，先手背和手背接触，再拇指相对，旋转之后握手。

2. 每一个学生可以去结识团体中任何一个人。一边握手，一边嘴里念叨。如果以前两人不认识，嘴里念道："以前不认识，今天见到你，先来握个手，我叫××（说出姓名）。"如果两人以前认识，则可以说："以前就认识，今天见到你，先来握个手，衷心祝福你。"

3. 握手后两人猜拳，输了的人站到赢家身后，双手搭在其肩上，跟随赢家。赢家再去找新的人相识，以此类推，学生之间彼此接龙，最后会一个搭一个地接成一条长龙。

注意：

握手的动作和念的词要配合起来，如手背对手背时，念"以前不认识"，大拇指相对时念"今天碰到你"，握手时念"先来握个手"，最后一边握着手一边介绍自己的名字。

（二）心手相连

目的：使学生感受集体的力量。

操作：

1. 所有学生围成一圈，每个学生伸出左手，掌心朝上，伸出右手，掌心朝下，并把整个手掌放到右边同学的左手掌上。

2. 闭上眼睛，所有学生随着老师的指导语放松地想象。

老师的指导语：

掌心朝上，表示接收；掌心朝下，表示给予。用心体会，在这一过程中，你有何感受？

3. 几分钟后让学生睁开眼睛，每人轮流说一句话的体会或感受。

（三）微笑握手

目的：初步相识。

操作：

1. 老师让学生在房间里自由漫步，见到其他学生，微笑着握握手，要求道声"你好"。

2. 自由走动5分钟后，老师可以宣布"停"。当老师说"停"的时候，每个学生面对或正在握手的人就成了朋友，结成两人小组，面对面坐下，开始相互自我介绍。介绍的内容包括：姓名、所属单位、身份、性格特点、个人兴趣爱好、家庭情况，以及个人愿意让对方了解的有关自己的资料。每人谈3分钟，然后漫谈几分钟。

注意：

1. 握手的时候，老师要鼓励学生尽可能多地与其他人握手。

2. 当对方自我介绍时，倾听者要全身心地投入，通过语言与非语言的观察，尽可能多地了解对方。

（四）对对碰

目的：扩大交往圈子，拓展相识面。

操作：

1.刚才自我介绍的2人小组合并，变成4人小组。

2.开始“他者介绍”。即每人将刚才认识的新朋友向另外两位新朋友介绍。每人2～3分钟。

3.每人介绍完，4个人都认识时，4人一起自由交谈几分钟。

注意：

活动结束后，可以让他们分享一下感受。

（五）滚雪球

目的：进一步扩大交往范围，引发个人参与团体的兴趣。

操作：

1.把刚才的两个4人小组再合并，变成8人小组。

2.开始连环介绍，每人用一句话介绍自己，一句话中必须包括几个属性：如出生地、成长地、所在学院、所在专业、性格、爱好、姓名等。

3.当小组确定谁先开始后，要确定一个介绍的方向（顺时针或逆时针方向）。介绍的规则是：每个人必须介绍自己的几个属性，可以是3个：出生地、性格、姓名，也可以是5个：出生地、成长地、爱好、性格、姓名。当第1个人说完后，第2个人必须从第1个人说起，第3个人一直到第8个人都必须从第1个人说起。如A学生说“我是出生在上海、成长在北京、性格活泼、爱好读书的王平”，下一位B学生说“我是出生在上海、成长在北京、性格活泼、爱好读书的王平旁边的，出生在北京、成长在北京、性格内向、喜欢游泳的刘涛”，以此类推。这样做，使全组注意力集中，相互协助他人表达完整，而且在多次重复中，不知不觉记住了他人的信息。

4.当小组最后1人介绍完毕时，全组为他鼓掌鼓励。

5.等所有的组做完以后，让几个学生分享感受。

（六）组队并制订契约

目的：凝聚力初步建立。

准备：海报纸、彩色笔、胶带等材料。

操作：

1.前面的8人小组为一个组。要求每一小组选出一名组长，由组长到老师处领取海报纸、彩色笔和胶带。

2.讨论组名、小组口号、小组契约等内容，并写在海报纸上。

3.每位学生在海报纸上画上手印，并在手印中间写上自己的名字。

4.将海报贴在墙上，作为小组成立的标志。

5.每一小组组长汇报小组的组名、口号和契约等。

注意：

小组契约的一般内容：守时、投入、坦诚、中立、保密。

**【听一听】**

三、基本概念——团体心理咨询的基本知识

（一）团体咨询的定义

团体心理咨询是从英文group counseling翻译而来的。group可译为小组、团体、群体、集体，counseling 可译为咨商、咨询、辅导，所以团体咨询与小组辅导、集体咨询、团体辅导概念相同。从习惯上来讲，我国台湾地区多用团体咨商和团体辅导，香港地区多用小组辅导，大陆多用团体咨询、集体治疗。

团体心理咨询，是在团体情境中提供心理帮助与指导的一种心理咨询的形式。它是通过团体内人际交互作用，促使个体在交往中通过观察、学习、体验、认识自我、探讨自我、接纳自我、调整改善与他人的关系，学习新的态度与行为方式，以发展良好适应的助人过程。[①]

一般而言，团体心理咨询由 1～2 名老师主持，根据团体学生问题的相似性组成团体，通过共同商讨、训练、引导，解决学生共有的发展课题或心理困扰。

（二）团体心理咨询的要素

根据台湾师范大学吴武典教授提出的团体咨询须具有下列四项要素：

1. 团体情境

助人性情境的构成是团体心理咨询的前提。在团体中所展现的温暖、真诚、支持、信任、同感等特质和气氛，有助于学生的成长或解决困难。

2. 团体历程

团体学生对自己某些心理需要或存在的问题，持续的、有动力的、有目标的行动。团体历程有三个途径：学生对学生、学生对团体、团体对学生。通过团体历程以增进合作、提升士气、凝聚向心力。

3. 团体领导

有效、负责、经专业训练的老师才能帮助团体达成目标。老师经营团体的成效决定了是否能让每位学生充分发挥，且又能保持团体的和谐。然而，团体领导功能并不局限于一人，当有团体学生开始去帮助其他学生时，团体的协同老师就产生了。

4. 团体压力

通过人际互动，团体内每人都被期待有所反应或互相认同，这会对各方形成压力。这种压力往往暗示着学生要“顺势而为”或依照他人的意愿行事，由此转化成团体规模及社会支持系统。

（三）团体心理咨询的特点

团体心理咨询具有影响广泛、效率高、效果容易巩固等特点。

1. 团体心理咨询影响广泛

在团体中，对每一个团体学生来说，存在多个影响源。参加团体咨询最有价值的地方就是在团体中不论交流信息、解决问题、探索个人价值观还是发现共同情感，团体学生都可以从团体的其他学生中获得更多的观点和资源。每个学生不仅自己接受他人的帮助，也可以成为帮助其他学生的力量。同时学习模仿多个团体学生的适应行为，从多个角度洞察自己。与此同时，参加团体的学生会发现，当大家聚在一起时，自己的困扰并不是独一无二的，许多人都有与自己类似的担忧、想法、情感和体验。这种体验对团体学生克服困扰非常有帮助。而且，在团体情境下，学生之间的互相支持、集思广益，以及共同探寻解决问题的办法等过程，客观上会减少对老师的依赖。

---

① 樊富珉：《团体心理咨询》，高等教育出版社 2005 年版，第 4 页。

2.团体咨询效率高

多个为共同目标而来咨询的学生聚在一起作为团体进行活动，可以节省大量的时间和精力，也可以满足人们对心理咨询不断增加的需要。与个别咨询相比，个别咨询是老师与来访者一对一进行的帮助指导。每次咨询面谈需要花50分钟～1小时的时间，而团体心理咨询是一个老师同时与多个学生的互动。这不仅能够节省咨询的时间和人力，符合经济的原则，提高咨询的效益，缓解心理咨询人员不足的矛盾，而且，人在团体中接受咨询还有间接学习的价值，团体学生既有机会听到和自己类似的忧虑，也可以通过观察或学习他人认识和解决问题的思路与方法或受到启发认识自己的问题。

3.团体心理咨询效果容易巩固

团体咨询创造了一个类似真实社会生活的情境，为参加者提供了社交的机会。团体是社会的缩影，学生在团体中的言行往往是他们日常生活行为的复制品。在充满社会支持、信任、良好的团体气氛中，学生通过示范、模仿、训练等方法，参加者可以尝试某些新技巧和行为，如应聘面试、交朋友、沟通、自我表达等。如果在团体中能有所改变，这种改变会比较容易迁移到团体之外的现实生活中。

（四）团体心理咨询的局限性

樊富珉(2005)概括了团体心理咨询的四大局限性：

1.在团体情境中不适合团体的个人特质

团体心理咨询不是适合每一个人，在有些情况下，它的助人潜能将受到限制，甚至团体经验造成对个人负向的影响，应注意避免。如依赖性过强、人际焦虑过高或太自我中心的人，在团体中难以获得好处，甚至会妨碍团体的进展。那些社交障碍者极端内向、害羞、自我封闭，也不宜参加。

2.在团体情境中个体差异难以照顾周全

由于团体老师对每个学生都关注，势必相对减少与一些学生的交流，而无法满足特殊学生的特殊需求。而且，不同的学生个性不同，问题程度不同，个体差异难以照顾周全。因此，并非每个团体对每个学生都一样有效，同样的团体，对每个学生可能会有不同的效果。

3.在团体情境中有的学生可能会受到伤害

在团体情境中，有的学生会受到团体压力而自我表露，会造成不安，有的学生甚至会受到伤害。在团体过程中获得的一些关于某个学生的隐私秘密事后可能不经意泄密，会给当事人带来不便。

4.团体心理咨询对心理咨询师要求高

团体心理咨询对老师的人格、专业训练、技术方法、伦理道德等方面要求高。不称职的老师带领团体会给学生带来负面的影响。①

由此可见，团体的功能与限制不是绝对的，要使团体心理咨询的优点充分发挥，局限性降低至最低，需要采取一些相应的措施。例如，参加者要有充分的心理准备，老师要掌握团体咨询的理论与技巧，充分尊重每一位学生，团体心理咨询开始前要有明确的团体契约，注意保密原则等。

---

① 樊富珉:《团体心理咨询》，高等教育出版社2005年版，第10—11页。

（五）团体心理咨询的功能

人是社会动物，一个人要了解自己、要改变自己、要实现自我都离不开团体。因此，团体心理咨询一般具有教育、发展、预防及治疗四大功能，这些功能相互联系，相互渗透，在咨询过程中共同起作用。

1. 教育功能

团体心理咨询的过程是一个借助于学生之间的互动而获得自我发展的学习过程。它不同于一般的学习教育，而是一种体验式的学习教育。通过团体学生的信息交流、经验分享、相互模仿、尝试和创造，又是一种很好的学生自我教育。团体咨询的过程也有利于培养参加者的社会性，学习社会规范以及适应社会生活的态度与习惯。

2. 发展功能

团体心理咨询的积极目的在于发展的功能，这是咨询心理学遵循发展模式的直接体现。团体方式的活动，不但可提供学生必要的资料，改进其不成熟的偏差态度与行为，而且能促进其良好的发展与心理成熟，满足学生自我发展的需求，促进其自我了解与接纳，培养学生健全的人格，学习建立充满信任的人际关系。可以说，团体咨询的最大功能就在于它有益于正常人的健康发展。

3. 预防功能

团体心理咨询是预防心理问题发生的最佳途径。通过团体咨询，团体学生对自己有了更多的了解，懂得了什么是适应性行为，什么是不适应性行为，提供更多的机会让学生之间交换彼此的意见，互诉心声，讨论以后可能遇到的困难和应对策略，增进对问题独立处理的能力，预防心理问题的发生或减少心理问题的发生概率。同时，团体咨询中，老师也能发现那些需要个别咨询的学生，及时予以援助，这些都具有预防的功能。

4. 治疗功能

团体咨询的治疗功能是显而易见的。治疗是减轻或消除已经表现在外的不正常行为。学校里有心理困扰和心理行为偏差的学生，通过团体咨询，借助于比较接近日常生活和现实状况的情境，使得问题减轻，行为得以矫正，这就是达到了治疗的目的。

(六)团体心理咨询的原则

为了发挥团体咨询的作用，完成团体咨询的目标，获得理想的效果，团体咨询要遵循一定的原则。樊富珉(2005)提出了七条原则：

1. 专业原则

团体咨询是专业化工作，应当由接受过专业培训的人员负责，事先应制订周详的实施计划。老师要有带领团体的经验和能力，对团体的效果要有客观的评鉴和记录。

2. 民主原则

团体老师应当以团体普通一员的身份，尊重每一位参加者，并参与团体活动，鼓励学生发表自己的意见，共同关心团体的发展。

3. 共同原则

团体咨询过程中始终关注团体学生共同存在的志趣和共同的问题，促进团体学生的共同成长。

4. 启导原则

团体咨询中应本着鼓励、启发、引导的原则，尊重每个人的个性，鼓励个人发表意见，重视团体内的交流与各种反映，适时地提出问题，激发学生思考，培养学生分析问题和解决问题的能力。

5. 发展原则

在团体咨询过程中，老师要用发展变化的观点看待团体学生的问题，用发展变化的观点把握团体的过程。

6. 综合原则

老师要了解各种理论和方法，根据团体咨询的任务和性质，综合选取有效的技术，以达成团体咨询的目标。

7. 保密原则

在团体咨询中，尊重每一个学生的权利及隐私。老师在团体开始时向全体学生说明保密的重要，并制订保密规则要求大家遵守，不在任何场合透露学生的个人隐私。离开团体时要承诺对团体中发生的人和事不传言、不议论，保护学生个人的隐私权。但保密不是绝对的，当当事人的情况显示他或其他人确实处在危险边缘时，应采取合理措施，通知有关人员或组织，或向其他专业咨询人员请教。

（七）团体的发展过程

任何一个团体咨询都会经历从启动、过渡、成熟、结束的发展过程。每个阶段并非是一个个独立分离的阶段，而是连续的、相互影响的。作为一个成功的团体领导者，必须对团体发展的各个阶段情况，以及对促进和影响团体进程的相关因素有一个清晰的把握，才能把握团体的方向，有效地引导团体向健康的、既定目标的方向前进。

许多学者提出过不同的团体发展阶段理论，有罗杰斯的十四阶段论（自由活动；抗拒作个人的表达和探索；叙述以往的经验；表现消极的情感；表达和探索个人有关的资料；表达和其他成员相处的即时感受；团体发展出治疗的能力；达到个人的自我接纳；打破伪装；提供与接受反馈；面质；将帮助延伸到团体之外；发展出基本的真实关系和在团体内外作出改变行为）；有加伦、琼斯及哥郎尼的五阶段说（组合前期、权力和控制期、亲密期、分辨期和分离期）；有柯瑞（1982）的四阶段论（初期阶段、转化阶段、工作阶段和结束阶段）[①]；有亚隆的三阶段论（犹豫和寻找意义；冲突、控制和反抗；士气、信任、自我表露和凝聚力的上升）；有樊富珉的五阶段论（创始阶段、过渡阶段、规范阶段、工作阶段和结束阶段）；有伊德·E.雅各布斯等人提出的三阶段论（开始阶段、工作阶段、结束阶段）等。笔者在开展团体咨询时，习惯按照柯瑞的四阶段论来开展。

1. 团体创始阶段

团体创始阶段的目标是促进团体成员通过互相沟通而尽快相识，使成员建立起信任的关系，订立团体契约，建立与强化团体规范，澄清团体目标，鼓励成员投入团体，积极互动，逐渐形成团体合作互助的气氛。团体开始时，互不相识的人为了参加团体咨询而走到一起，难免会有恐惧、焦虑、紧张等感觉，有的成员甚至感到厌烦，或者感到有威胁感而退出可能对他们有帮助的团体。故这一阶段采取一些简单、容易相互认识的活动，如“对对碰”、“滚雪球”等，使成员尽快认识，降低焦虑，积极投入团体活动。团体领导者应该创造机会让团体成员自主讨论并建立团体契约，以便共同遵守，增强安全感。在制订团体契约时，是否需要经过

---

① 樊富珉：《团体心理咨询》，高等教育出版社 2005 年版，第 138－141 页。

成员的讨论这点，不同学者也有不同的看法。我个人觉得通过讨论，成员的印象会更深刻，但当成员讨论出来的契约内容不完整时，老师应当把基本的规范内容告知，并对此做一些说明。一般团体规范的内容包括：

(1)保守秘密。在团体活动中，成员要尽量敞开心扉，但在活动中获得的信息必须保守秘密，不向外传播。

(2)坦率真诚。团体中成员要坦率真诚地与其他团体成员进行交流，不掩饰自己的真实情感。对他人的表露，要提供反馈。

(3)遵守纪律。成员按时参加每次团体活动，不迟到，不缺席。参加活动时，注意力集中，不接打手机、看报纸、吃东西、做其他事。

(4)保持中立。在团体中，成员要尊重他人，仔细倾听，不随意打断别人的发言，听到和自己不一致的意见不指责、不评论。

(5)广泛交流。团体成员应尽量争取和团体内的其他成员都有交流的机会，避免只与自己喜欢的团体成员沟通。

2.团体过渡阶段

团体过渡阶段的目标是发展团体凝聚力，促进团体成员互动与彼此信任，鼓励成员表达和处理冲突的情景和情绪。团体成员在此阶段开始试图融于团体，并企图找出自己在团体内的位置。他们通过互相探索、解决矛盾，互相适应来找出他们在团体内互相的关系，自我察觉提高，但有矛盾心情，想安全地躲藏，又想冒险地说出，部分成员会有抗拒、焦虑的情绪，自我防卫强，有的甚至会向团体领导挑战。成员之间可能因不愿表达负面的情绪而造成彼此间的不信任。领导者应该处理焦虑及防卫或抗拒等情绪，鼓励成员及时讨论和处理团体中出现的问题，让大家有认识，而愿意彼此接纳，互相信任。领导者的示范、接纳与开放很重要，可以运用“信任之旅”、“心有千千结”、“信任圈”、“图画接力赛”等活动来促进成员信任感的建立。随着活动的逐渐深入，成员的关系也由表及里、由浅入深，相互认同、相互信任，慢慢形成相互合作的团体气氛。

3.团体工作阶段

团体工作阶段的目标是进一步增强团体凝聚力，激发成员思考，引发团体成员讨论，通过团体合作，寻找解决对策，鼓励成员从团体中学习并获得最大收益。同时需要评估成员对团体的兴趣与投入的程度，以便及时调整。这一阶段是咨询的关键阶段，尽管各类团体咨询依据的理论不同、目标不同、活动方式不同、实施方法各异，但成员间相互影响的过程是相同的。即成员彼此谈论自己或别人的心理问题和成长体验；争取别人的理解、支持、指导；利用团体内人际互动反应，发现自己的心理与行为，以期能扩展到现实生活中。发展性团体大多通过一些有趣的活动，比如自我探索、价值观探索、互相支持、脑力激荡等活动及活动后的分享来帮助团体成员成长。

4.团体结束阶段

团体结束阶段的目标是回顾和总结团体经验，处理离别情绪，协助成员对团体经历做出个人的评估，鼓励成员表达对团体结束的个人感受，让全体成员商议如何面对已建立的关系，对团体的效果做出评估，检查团体中未解决的问题，帮助成员把团体中的转变应用于实际生活中。这一阶段是团体发展中最具决定性的时期，但却往往容易被忽视。有经验的团体领导者会充分利用各种形式把握结束的时机，使团体咨询画上一个完满的句号。这一阶段会采取总结会、联谊会、反省会、大团圆等形式。通过前面阶段的互动，原来互不相识的人已成为朋友，团体气氛和谐亲密，情绪高涨，身心放松，心情畅快，相互信任。在这种气氛下离别多少会有些伤感，领导者可以通过“礼物大派送”、“真情告白”等活动，把成员的伤感情绪化为相互祝福，对成员有很大帮助。此外，需要帮助团体成员总结团体中的成长经验，巩固积极的改变，并鼓励成员将新的行为运用到生活中。团体结束后，也可以在必要时召集成员重新聚会，进一步交流，了解团体咨询的长期效果。

## 课后训练

**【做一做】**

课后作业：请写一下：你为什么选这门课及对这门课的期望是什么？要求500字以上，并把电子版发到教师邮箱。

**【测一测】**

### 16PF人格测试（网上完成）

《卡特尔16PF个性测评》是目前世界上最完善的个性心理测验之一，该测验的设计者为美国著名的心理学家卡特尔。他通过对各种生活情景、行为事件进行观察、测验，并对所得数据采用数理统计的因素分析法，将人的个性抽取出16种基本特征或称16种个性因素：乐群性、聪慧性、稳定性、恃强性、兴奋性、有恒性、敢为性、敏感性、怀疑性、幻想性、世故性、忧患性、实验性、独立性、自律性和紧张性。这16种个性因素在一个人身上的不同组合，就构成了一个人不同于其他人的独特的人格，相当完整地反映了一个人个性的全貌。由于其信度、效度高，测评简便，因而得到了广泛的应用，在人才素质测评、人力资源管理、职业生涯设计、心理诊断、教育指导及心理咨询方面均有相当的实用价值。

测试导语：

本测验共有187道题目，包括一些有关个人的兴趣和态度的问题，每个人对这些问题都各有自己的看法，回答也就自然会有所不同。因而对问题如何回答，不存在“对”与“不对”之分，只是表明您对这些问题的态度。请您尽量表达您个人的意见，不要有所顾忌。测验题每一个问题都有3个备选项，但您对每个问题只能选择一个标准答题。请尽量少选中性答案。每个问题都要回答，不要有遗漏。务必请您根据自己的实际情况回答。对每个问题不要过多考虑，请尽快回答。

1. 我对于这个问卷的说明已很清楚：

A. 是的　　B. 不一定　　C. 不是的

2. 我对本测验每个问题都会按照自己的真实情况作答：

A. 是的　　B. 不一定　　C. 不是的

3. 有度假机会时，我宁愿：

A. 去一个繁华的都市　　B. 在A和C之间的地带　　C. 闲居清静而偏僻的郊区

4. 我有足够的精力对付我的各种困难：

A. 是的　　B. 不一定　　C. 不是的

5. 即使是关在铁笼里的猛兽，我见了也会惴惴不安：

A. 是的　　B. 不一定　　C. 不是的

6. 我总避免批评他人的言行：
A. 是的　B. 有时如此　C. 不是的
7. 我的思想似乎：
A. 比较先进　B. 一般　C. 比较保守
8. 我不擅长说笑话讲趣事：
A. 是的　B. 介于A与C之间　C. 不是的
9. 如果我见到亲友邻居争执时，我就
A. 让他们自己去解决问题　B. 置之不理　C. 予以劝解
10. 在社交场合中我：
A. 谈吐自然　B. 在A和C之间　C. 退避三舍，保持沉默
11. 我较感兴趣的工作是：
A. 建筑工程师　B. 不确定　C. 社会科学研究者
12. 阅读时，我宁愿选择：
A. 自然科学书籍　B. 不确定　C. 政治理论书籍
13. 我相信许多人都有些心理不正常，但他们都不愿意这样承认：
A. 是的　B. 在A和C之间　C. 不是的
14. 我所希望的结婚对象应该擅长交际而无需有文艺才能：
A. 是的　B. 在A和C之间　C. 不是的
15. 对于头脑简单和不讲理的人，我仍然能以礼相待：
A. 是的　B. 在A和C之间　C. 不是的
16. 受人侍奉时，我常常感到局促不安：
A. 是的　B. 在A和C之间　C. 不是的
17. 从事体力或脑力劳动后，我比平常人需要更多的休息才能恢复工作效率：
A. 是的　B. 在A和C之间　C. 不是的
18. 半夜醒来，我会为种种忧虑而不能再入眠：
A. 常常如此　B. 有时如此　C. 极少如此
19. 事情进行不顺利时，我常会急得掉眼泪：
A. 时常如此　B. 有时如此　C. 极少如此
20. 我认为只要双方同意就可以离婚，不应当受传统礼教的束缚：
A. 是的　B. 在A和C之间　C. 不是的
21. 我对于人或物的兴趣都很容易改变：
A. 是的　B. 在A和C之间　C. 不是的
22. 筹划事务时，我宁愿：
A. 和别人合作　B. 不确定　C. 自己单独进行
23. 我常会无端的自言自语：
A. 常常如此　B. 偶然如此　C. 从不如此
24. 无论工作、饮食或旅游，我总是：
A. 很匆忙，不能尽兴　B. 在A和C之间　C. 很从容不迫

25. 有时我会怀疑别人是否对我的言语真正有兴趣：
A. 是的　B. 在 A 和 C 之间　C. 不是的
26. 在工厂中，我宁愿负责：
A. 机械科的工作　B. 在 A 和 C 之间　C. 人事、宣传科的工作
27. 在阅读时，我宁愿选择：
A. 有关太空旅行的书籍　B. 不太确定　C. 有关家庭教育的书籍
28. 下列三个字哪个与其他两个字属于不同类别：
A. 狗　B. 石　C. 牛
29. 如果我能到一个新的环境，我要：
A. 把生活安排的和以前不同　B. 不确定　C. 生活的和以前相似
30. 在我的一生中，我总能达到我预期的目标：
A. 是的　B. 不一定　C. 不是的
31. 当我说谎时，我总觉得内心不安，不敢正视对方：
A. 是的　B. 在 A 和 C 之间　C. 不是的
32. 假使我手中持一支装有子弹的手枪，我必须取出子弹后才能心安：
A. 是的　B. 在 A 和 C 之间　C. 不是的
33. 多数人认为我是一个说话风趣的人：
A. 是的　B. 不一定　C. 不是的
34. 如果人们知道我的内心世界，他们都会感到惊讶：
A. 是的　B. 不一定　C. 不是的
35. 假如在一个社会团体中我突然成为众人注意的中心，我会感到局促不安：
A. 是的　B. 在 A 和 C 之间　C. 不是的
36. 我经常喜欢参加规模庞大的集会，例如，舞会或公共集会：
A. 是的　B. 在 A 和 C 之间　C. 不是的
37. 在下列工作中，我喜欢的是：
A. 音乐　B. 不一定　C. 手工劳动
38. 我常常怀疑那些出乎意料地对我过于友善的人动机是否诚实：
A. 是的　B. 有时　C. 不是的
39. 我愿意把我的生活安排得像一个：
A. 艺术家　B. 不确定　C. 会计师或保险公司的经纪人
40. 我认为目前世界所需要的是：
A. 多产生一些改造世界"理想家"　B. 不确定　C. 脚踏实地的可靠公民
41. 我时常感到自己需要做剧烈的体力活动：
A. 是的　B. 在 A 与 C 之间　C. 不是的
42. 我喜欢与有礼貌的人在一起而不喜欢与粗野鲁莽的人交往：
A. 是的　B. 在 A 与 C 之间　C. 不是的
43. 在处理一些必须凭借智慧的事务中：
A. 我的亲人表现得比一般人差　B. 表现得普通　C. 表现得超人一等

44. 当领导召见我时，我：

A. 觉得可以趁机提出建议　B. 在 A 与 C 之间　C. 总怀疑自己做错了事

45. 假如待遇优厚，我愿意做护理精神病人的职务：

A. 是的　B. 在 A 与 C 之间　C. 不是的

46. 看报时，我喜欢阅读：

A. 当前世界基本问题　B. 在 A 与 C 之间　C. 地方新闻

47. 在接受困难任务时，我总是：

A. 有独立完成的信心　B. 不确定　C. 希望有别人帮助和指导

48. 逛街时，我宁愿观看一个画家写生，而不愿听别人的辩论

A. 是的　B. 不一定　C. 不是的

49. 我的神经衰弱，稍有刺激的声音就会使我颤惊：

A. 时常如此　B. 有时如此　C. 从未如此

50. 我在清晨起床时，常常感到疲乏不堪：

A. 是的　B. 在 A 与 C 之间　C. 不是的

51. 如果待遇相同，我愿选做：

A. 森林管理员　B. 不一定　C. 中小学教师

52. 每逢年节或亲友生日，我：

A. 喜欢赠送礼物　B. 不太确定　C. 不愿相互送礼

53. 下列数字中，哪个数字与其他两个数字属于不同类别：

A. 5　B. 2　C. 7

54. 猫与鱼就如同牛与：

A. 牛乳　B. 牧草　C. 盐

55. 我在小学时敬佩的老师，到现在仍然值得我敬佩：

A. 是的　B. 不一定　C. 不是的

56. 我感到我确实有一些别人所不及的优良品质：

A. 是的　B. 不一定　C. 不是的

57. 根据我的能力，即使让我做一些平凡的工作，我也会安心的：

A. 是的　B. 不太确定　C. 不是的

58. 我喜欢外出看电影或参加一些娱乐活动：

A. 比一般人多　B. 和一般人相同　C. 比一般人少

59. 我喜欢从事需要精密技术的工作：

A. 是的　B. 在 A 和 C 之间　C. 不是的

60. 在有威望、有地位的人面前，我总是较为局促谨慎：

A. 是的　B. 在 A 和 C 之间　C. 不是的

61. 对于我来说，在众人面前演讲或表演是一件难事：

A. 是的　B. 在 A 和 C 之间　C. 不是的

62. 我愿意：

A. 指挥几个人工作　B. 不确定　C. 和团体共同工作

63. 即使我做了一件贻笑大方的事情，我也能坦然处之：
A. 是的 B. 在 A 和 C 之间 C. 不是的
64. 我认为没有人会幸灾乐祸地希望我遭遇困难：
A. 是的 B. 不确定 C. 不是的
65. 一个人应该考虑人生的真正意义：
A. 是的 B. 不确定 C. 不是的
66. 我喜欢去处理被别人弄得一塌糊涂的工作：
A. 是的 B. 在 A 和 C 之间 C. 不是的
67. 当我非常高兴时，总有一种“好景不长”之感：
A. 是的 B. 在 A 和 C 之间 C. 不是的
68. 在一般困难处境下，我总能保持乐观：
A. 是的 B. 不一定 C. 不是的
69. 迁居是一件极不愉快的事情：
A. 是的 B. 在 A 和 C 之间 C. 不是的
70. 我的青少年时期，如果我与父母意见不合，我经常会：
A. 保留自己的意见 B. 在 A 和 C 之间 C. 接受他们的意见
71. 我希望把我的家庭：
A. 建设成适合自身欢乐和活动的地方
B. 在 A 和 C 之间
C. 成为朋友交往活动的一部分
72. 我解决问题多数依靠：
A. 个人独立思考 B. 在 A 和 C 之间 C. 与人互相讨论
73. 需要当机立断时，我总是：
A. 镇静地运用理智
B. 在 A 和 C 之间
C. 常常紧张兴奋，不能冷静思考
74. 最近在一两件事情上，我觉得自己是无辜受累：
A. 是的 B. 在 A 和 C 之间 C. 不是的
75. 我善于控制我的表情：
A. 是的 B. 在 A 和 C 之间 C. 不是的
76. 如果待遇相等，我宁愿做一个：
A. 化学研究工作者 B. 不确定 C. 旅行社经理
77. 以“惊讶”与“新奇”搭配为例，认为“惧怕”和（ ）搭配：
A. 勇敢 B. 焦虑 C. 恐怖
78. 下列分数中，哪一个数与其他两个属于不同类别：
A. 3/7 B. 3/9 C. 3/11
79. 不知道为什么，有些人总是回避或冷淡我：
A. 是的 B. 不一定 C. 不是的

80. 我虽善意待人，却得不到好报：
A. 是的　B. 不一定　C. 不是的
81. 我不喜欢那些夜郎自大、目空一切的人：
A. 是的　B. 在 A 和 C 之间　C. 不是的
82. 和一般人相比，我的朋友的确太少：
A. 是的　B. 在 A 和 C 之间　C. 不是的
83. 不在万不得已的情况下，我总是回避参加应酬性的活动：
A. 是的　B. 不一定　C. 不是的
84. 我认为对上级逢迎得当比工作上的表现更为重要：
A. 是的　B. 在 A 和 C 之间　C. 不是的
85. 参加竞赛时，我看重的是竞赛活动，而不计较其成败：
A. 总是如此　B. 一般如此　C. 偶然如此
86. 按照我个人的意愿，我希望做的工作是：
A. 有固定可靠的工资收入
B. 在 A 和 C 之间
C. 工资高低应随我工作的表现而随时调整
87. 我喜欢阅读：
A. 军事战斗或政治斗争的实况报道
B. 不一定
C. 动人的、富于想象力的小说
88. 有许多人不敢欺骗或犯罪，主要原因是怕受到惩罚：
A. 是的　B. 在 A 和 C 之间　C. 不是的
89. 我的父母从来不严格要求我事事顺从：
A. 是的　B. 不一定　C. 不是的
90. "百折不挠、再接再厉"的精神似乎完全被现代人所忽视：
A. 是的　B. 不一定　C. 不是的
91. 如果有人对我发怒，我总是：
A. 设法使他安静下来　B. 不太确定　C. 也会恼怒
92. 我希望人们都要友好相处：
A. 是的　B. 不一定　C. 不是的
93. 无论在极高的屋顶上或者极深的隧道中，我很少觉得胆怯不安：
A. 是的　B. 在 A 和 C 之间　C. 不是的
94. 我只要没有过错，不管人家怎样归咎于我，我总能心安理得：
A. 是的　B. 不一定　C. 不是的
95. 凡是无法运用理智来解决的问题，有时候就不得不靠权力来处理：
A. 是的　B. 在 A 和 C 之间　C. 不是的
96. 我在年轻时与异性朋友的交往：
A. 较多　B. 在 A 和 C 之间　C. 较少

97. 我在社团活动中是一个活跃分子：

A. 是的　　B. 在 A 和 C 之间　　C. 不是的

98. 在人声嘈杂中，我仍能不受妨碍，专心工作：

A. 是的　　B. 在 A 和 C 之间　　C. 不是的

99. 在某些心境下，我常常因为困惑引起幻想而将工作搁置下来：

A. 是的　　B. 在 A 和 C 之间　　C. 不是的

100. 我很少用难堪的话去刺伤别人的感情：

A. 是的　　B. 不太确定　　C. 不是的

101. 如果让我选择，宁愿选做：

A. 商店经理　　B. 不确定　　C. 建筑师

102. “理不胜辞”的意思是：

A. 理不如辞　　B. 理多而辞寡　　C. 辞藻丰富而理由不足

103. 以“铁锹”与“挖掘”搭配为例，我认为“刀子”与(　　)搭配：

A. 雕刻　　B. 切剖　　C. 铲除

104. 我在大街上，常常避开我所不愿意打招呼的人：

A. 很少如此　　B. 偶然如此　　C. 有时如此

105. 当我聚精会神听音乐的时候，假使有人在旁边高谈阔论：

A. 我仍能专心听音乐而不受干扰

B. 在 A 和 C 之间

C. 感到他破坏我的欣赏并使我生气

106. 在课堂上，如果我的意见与老师不同，我常常：

A. 保持缄默　　B. 不一定　　C. 表明自己的看法

107. 我单独和异性交谈时，总显得不自然：

A. 是的　　B. 在 A 和 C 之间　　C. 不是的

108. 我在待人接物方面，的确不太成功：

A. 是的　　B. 不一定　　C. 不是的

109. 每当做一件困难工作时，我总是：

A. 预先做好准备

B. 在 A 和 C 之间

C. 相信到时候我总会有办法解决的

110. 我结交的朋友中，男女各占一半：

A. 是的　　B. 不一定　　C. 不是的

111. 我在结交朋友方面：

A. 结识很多的人　　B. 不一定　　C. 维持几个深交的朋友

112. 我愿意做一个社会科学家，而不愿做一个工程师：

A. 是的　　B. 不太确定　　C. 不是的

113. 假如我发现别人的缺点，我常常不顾一切地提出指责：

A. 是的　　B. 在 A 和 C 之间　　C. 不是的

114. 我喜欢设法去影响和我一起工作的同伴，使他们能协助实现我的目标：
A. 是的　　B. 在 A 和 C 之间　　C. 不是的
115. 我喜欢做音乐，或跳舞，或新闻采访等工作：
A. 是的　　B. 不一定　　C. 不是的
116. 当人们表扬我的时候，我总觉得不好意思：
A. 是的　　B. 不一定　　C. 不是的
117. 我认为一个国家最需要解决的问题是：
A. 政治问题　　B. 不太确定　　C. 道德问题
118. 我有时会无故地产生一种面临横祸的恐惧：
A. 是的　　B. 偶尔如此　　C. 不是的
119. 我在童年时，害怕黑暗的次数：
A. 极多　　B. 不太多　　C. 几乎没有
120. 在闲暇的时候，我喜欢：
A. 看一部历史探险影片　　B. 不一定　　C. 看科学幻想片
121. 当别人批评我古怪不正常时，我感到：
A. 非常气恼　　B. 有些气恼　　C. 无所谓
122. 在一个陌生的城市找住址时，我经常：
A. 找人问路　　B. 在 A 和 C 之间　　C. 参考市区地图
123. 当朋友们声言要在家休息时，我仍设法怂恿他们同我一起到外面去玩：
A. 是的　　B. 不一定　　C. 不是的
124. 在就寝时，我常常：
A. 不易入睡　　B. 在 A 和 C 之间　　C. 极易入睡
125. 有人烦扰我时，我：
A. 能不露声色
B. 在 A 和 C 之间
C. 总要说给别人听，以泄气愤
126. 假如待遇相同，我愿做一个：
A. 律师　　B. 不确定　　C. 航海员或飞行员
127. “时间永恒”这是比喻：
A. 时间过得很慢　　B. 忘了时间　　C. 光阴一去不复返
128. 下列的三列符号中有哪一列应排在这一列符号之后：×0000××000×××
A. ×0×　　B. 00×　　C. 0××
129. 我不论到什么地方，都能清楚地辨别东西南北的方向：
A. 是的　　B. 在 A 和 C 之间　　C. 不是的
130. 我热爱我所学的专业和所从事的工作：
A. 是的　　B. 不一定　　C. 不是的
131. 如果我急于借用别人的东西而物主不在，我认为不告诉他而拿他的东西没有什么大碍：
A. 是的　　B. 在 A 和 C 之间　　C. 不是的

132. 我喜欢向友人追述一些以往有趣的社交经验：
A. 是的　B. 在 A 和 C 之间　C. 不是的
133. 我更愿意做一名：
A. 演员　B. 不确定　C. 建筑师
134. 工作学习之余，我总要安排计划，不让时间浪费：
A. 是的　B. 在 A 和 C 之间　C. 不是的
135. 与人交际时，我常会无端地产生一种自卑感：
A. 是　B. 在 A 和 C 之间　C. 不是的
136. 主动与陌生人交谈，对我来说：
A. 毫无困难　B. 在 A 和 C 之间　C. 是一件难事
137. 我所欣赏的音乐多数是：
A. 轻快活泼的　B. 在 A 和 C 之间　C. 富有感情的
138. 我爱想入非非：
A. 是的　B. 不一定　C. 不是的
139. 未来二十年的世界局势定将好转：
A. 是的　B. 不一定　C. 不是的
140. 在童年时，我喜欢阅读：
A. 神话幻想故事　B. 不确定　C. 战争故事
141. 我素来对机械、汽车、飞机等有兴趣：
A. 是的　B. 在 A 和 C 之间　C. 不是的
142. 即使让我做一名缓刑释放罪犯的管理人，我也会把工作搞得很好：
A. 是的　B. 在 A 和 C 之间　C. 不是的
143. 我仅仅被认为是一个能够苦干而稍有成就的人而已：
A. 是的　B. 在 A 和 C 之间　C. 不是的
144. 就是在逆境中，我仍能保持精神振奋：
A. 是的　B. 不一定　C. 不是的
145. 我认为节制生育是解决经济与和平问题的重要条件：
A. 是的　B. 不太确定　C. 不是的
146. 在工作中，我喜欢独自筹划，不愿受别人干预或提意见：
A. 是的　B. 在 A 和 C 之间　C. 不是的
147. 尽管有的同志和我意见不合，但仍能和他/她搞好团结：
A. 是的　B. 不一定　C. 不是的
148. 我在工作和学习上，总是使自己不粗心大意，不忽略细节：
A. 是的　B. 在 A 和 C 之间　C. 不是的
149. 在与人争辩或险遭事故后，我常常发抖，精疲力竭，不能安心工作：
A. 是的　B. 在 A 和 C 之间　C. 不是的
150 未经医生处方，我从不乱用药：
A. 是的　B. 在 A 和 C 之间　C. 不是的

151. 根据我个人的兴趣，我愿意参加：

A. 摄影组织活动　B. 不确定　C. 文娱队活动

152. 以“星火”与“燎原”搭配为例，我认为“姑息”与(　　)搭配：

A. 同情　B. 养奸　C. 纵容

153. “钟表”与“时间”的关系犹如“裁缝”与(　　)的关系：

A. 西装　B. 剪刀　C. 布料

154. 生动的梦境常常干扰我的睡眠：

A. 时常有　B. 偶然有　C. 从未有

155. 我爱打抱不平：

A. 是的　B. 在 A 和 C 之间　C. 不是的

156 如果我要到一个新城市，我将要：

A. 到处闲游　B. 不确定　C. 避免去不安全的地方

157. 我宁愿穿着朴素端正的衣服，而不愿穿奇装异服引人注目：

A. 是的　B. 不太确定　C. 不是的

158. 我认为安静的娱乐远胜过热闹的宴会：

A. 是的　B. 不太确定　C. 不是的

159. 我明知自己有缺点，但不愿意接受别人的批评建议：

A. 偶然如此　B. 很少如此　C. 从不如此

160. 在处理任何事情时，我总是以“是非”、“善恶”作为处理问题的原则：

A. 是的　B. 在 A 和 C 之间　C. 不是的

161. 当我工作时，我不喜欢有许多人在旁参观：

A. 是的　B. 在 A 和 C 之间　C. 不是的

162. 我认为，故意为难那些即使有错误但有文化教养的人，如医生、教师等也是不应该的：

A. 是的　B. 在 A 和 C 之间　C. 不是的

163. 在各种课程中，我较喜欢：

A. 语文　B. 不确定　C. 数学

164. 那些自以为是、道貌岸然的人最使我生气：

A. 是的　B. 在 A 和 C 之间　C. 不是的

165. 和循规蹈矩的人交谈：

A. 颇有兴趣，亦有所得

B. 在 A 和 C 之间

C. 他们的思想简单使我厌烦

166. 我喜欢：

A. 有几个有时对我很苛求而富有感情的朋友

B. 在 A 和 C 之间

C. 不受别人的干扰

167. 如果征求我的意见，我赞同：

A. 切实制止精神病患者和智能低下的人生育

B. 不确定

C. 杀人犯必须判处死刑

168. 有时我会无端地感到沮丧、痛苦：

A. 是的　　B. 在A和C之间　　C. 不是的

169. 当我与立场相反的人争辩时，我主张：

A. 尽量找出基本观点的差异　　B. 不一定　　C. 彼此让步以解决矛盾

170. 我一向重感情而不重理智，因此我的观点常常动摇不定：

A. 是的　　B. 大致如此　　C. 不是的

171. 我的学习多赖于：

A. 阅读书刊　　B. 在A和C之间　　C. 参加集体讨论

172. 我宁选一个薪水高的工作，不在乎有无保障，而不愿意从事薪水低的固定工作：

A. 是的　　B. 不太确定　　C. 不是的

173. 在参加讨论时，我总是能把握住自己的立场：

A. 经常如此　　B. 一般如此　　C. 必要时才如此

174. 我常常被一些无所谓的小事所烦扰：

A. 是的　　B. 在A和C之间　　C. 不是的

175. 我宁愿住在嘈杂的城市，而不愿意住在安静的乡村：

A. 是的　　B. 不太确定　　C. 不是的

176. 下列工作如果任我挑选的话，我愿做：

A. 少先队辅导员　　B. 不确定　　C. 修表工作

177. 一人(　　)事，众人受累。

A. 愤　　B. 偾　　C. 喷

178. 望子成龙的家长往往(　　)苗助长。

A. 揠　　B. 堰　　C. 偃

179. 气候的转变并不影响我的情绪：

A. 是的　　B. 在A和C之间　　C. 不是的

180. 因为我对于一切问题都有些见解，所以大家都认为我是一个有头脑的人：

A. 是的　　B. 在A和C之间　　C. 不是的

181. 我讲话的声音：

A. 洪亮　　B. 在A和C之间　　C. 低沉

182. 人们公认我是一个活跃热情的人：

A. 是的　　B. 在A和C之间　　C. 不是的

183. 我喜欢做出差机会较多的工作：

A. 是的　　B. 在A和C之间　　C. 不是的

184. 我做事严格，力求把事情做得尽善尽美：

A. 是的　　B. 在A和C之间　　C. 不是的

185. 在取回或归还东西时，我总仔细检查东西是否还保持原状：

A. 是的　　B. 在A和C之间　　C. 不是的

186. 我通常精力旺盛,终日忙碌:

A. 是的　　B. 在 A 和 C 之间　　C. 不是的

187. 我相信我对于上列问题没有漏答或给予不恰当的回答:

A. 是的　　B. 不确定　　C. 不是的

**测试结果**

通过网上测试我们能够得到 16 个人格因子的得分,一般我们使用 1～10 的标准分,其中 1～3 分为低分,4～7 分为平均分,8～10 分为高分。如果您在某个维度上面的得分为低分,可以解释为低分特征;如果您的分数趋中,则可以解释为平均特征;如果您的得分为高分,则您在这个测验维度上解释为高分特征。分数越低越偏向于低分特征,反过来分数越高越偏向于高分特征。

需要强调的是:一个人的性格,一般来说没有绝对的好坏之分。每一种性格,一般都有其优势和不足以及最适合这种工作的职业。我们性格的某个维度的分数高低,仅仅能够说明我们性格的特征,而并不说明或代表我们性格的优劣,以及我们未来成功可能性的大小。我们未来能否获得成功,最重要的还在于我们是否能够发挥性格中的优势,回避自身的不足,以及自己的不懈努力。

**结果解释**

因素 A——乐群性

此维度主要评估您在工作和生活中,是愿意一个人做事,还是比较喜欢与别人合作。

低分解释:缄默、孤独、冷漠

高分解释:外向、热情、乐群

因素 B——聪慧性

此维度主要评估您的智力水平和学习理解的能力。

低分解释:思想迟钝,常识浅薄,抽象思维能力弱

高分解释:聪明,富有才能,善于抽象思维

因素 C——稳定性

此维度主要测试您情绪的稳定性。

低分解释:情绪激动,容易产生烦恼

高分解释:情绪稳定而成熟,能面对现实

因素 E——恃强性

此维度主要测试在团队、组织或社会中,您是倾向于领导、影响别人还是倾向于服从。

低分解释:谦虚、顺从、通融、恭顺

高分解释:好强固执,独立积极

因素 F——兴奋性

此维度主要测试您是性格外向、热情活泼,还是性格内向、谨慎寡言。

低分解释:严肃、审慎、冷静、寡言

高分解释:轻松兴奋,随遇而安

因素 G——有恒性

此维度主要测试您是否具有明确的目标理想,以及您的责任感的强弱。

低分解释:苟且敷衍,缺乏奉公守法精神

高分解释:有恒负责,做事尽职

因素 H——敢为性

此维度主要测试您是否擅长与别人交际,以及是否有喜欢冒险的倾向。因素 H 常随年龄而增强。

低分解释:畏怯退缩,缺乏信心

高分解释:冒险敢为,少有顾虑

因素 I——敏感性

此维度主要测试您平时是比较感性、富于幻想,还是比较理智、现实。一般女性在此项上的得分高于男性。

低分解释:理智,着重现实,自恃其力

高分解释:敏感,感情用事

因素 L——怀疑性

此维度主要测试您做人是比较坦率真诚随和,还是多疑戒备。在团体活动中,低 L 做事往往优先考虑团队利益,因素 L 过分高者常常对团队的利益和稳定性产生不利影响。

低分解释:依赖随和,容易与人相处

高分解释:怀疑、刚愎、固执己见

因素 M——幻想性

此维度主要测试您做事是认真谨慎、脚踏实地,还是富于想象,倾向于思考而不是倾向于行动。

低分解释:现实、合于成规,力求妥善合理

高分解释:幻想、狂放、任性

因素 N——世故性

此维度主要测试您做人比较坦率真诚,还是比较老练世故。

低分解释:坦白、直率、天真

高分解释:精明能干、世故

因素 O——忧虑性

此维度主要测试您体验到的烦恼和忧郁程度。

低分解释: 安详沉着,有自信心

高分解释:忧虑抑郁、烦恼自忧

因素 Q1——试验性

此维度主要测试您的心态和思想是开放自由,还是比较保守落伍。

低分解释:保守、尊重传统观念和标准

高分解释:自由和激进,不拘泥于现实

因素 Q2——独立性

此维度主要测试您平时是比较倾向于独立、果断,还是依赖性强,习惯随波逐流。

低分解释:依赖、随群、附和

高分解释:自立自强,当机立断

因素 Q3——自律性

此维度主要测试您是否有坚强的意志、自制力和明确的目标感。

低分解释:矛盾冲突,不顾大体

高分解释:知己知彼,自律谨慎

因素 Q4——紧张性

此维度主要测试您在平时状况下和遇到事情的时候,是比较心平气和还是容易紧张。

低分解释:心平气和,闲散宁静

高分解释:紧张困扰,激动挣扎

**【读一读】**

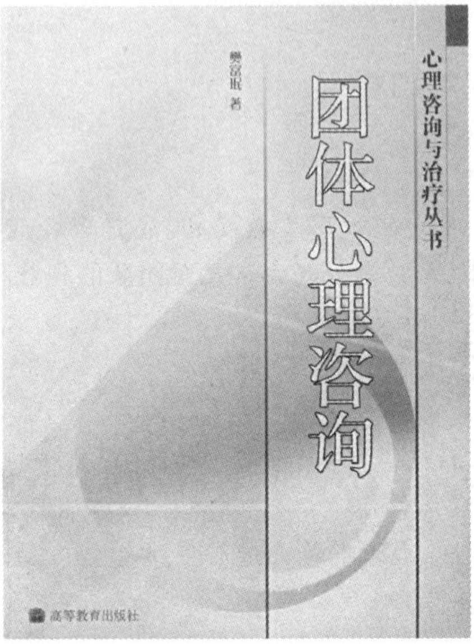


如果你想更全面地了解团体心理咨询的有关知识,那么请您阅读清华大学樊富珉教授的《团体心理咨询》(高等教育出版社 2007 年版),该书是作者 15 年团体心理咨询的研究心得、理论探讨、实践积累和培训经验的集合。

# 第二章　增强凝聚

一个人的力量是有限的，只有加入群体，发挥团队的力量，才更有机会克服遇到的困难。

增强凝聚，让我们同行，不仅是人类生存发展的需要，更是当代大学生最为迫切和响亮的心声。

**教学目标**

体会集体的力量，营造信任、尊重、安全、团结协作的团体氛围，提高集体凝聚力。

**教学环节**

一、热身活动

你问我答

目的：进一步增进学生间的相互了解。

操作：

1. 以 6～8 人为一个小组。

2. 针对小组内的一个学生，每一个人可以问他一个自己最想了解的问题。

3. 小组学生每人依次被问，如果学生对于问的问题不想回答，可以不回答。

注意：

问题不能重复，不要问政治、宗教等过于敏感的问题。

**【练一练】**

二、练习

(一)人山人海

目的：增强学生间的友谊和相互的协调性。

操作：

1. 两个学生背靠背，坐在地上。

2. 两人双手相互交叉，合力使双方一同起立。

3. 按此原理，可多人一起参加此游戏，最后全体学生一同游戏，达到全体一齐起立的效果。

4. 分享：

你能仅靠一个人的力量完成起立的动作吗？

你们小组是怎样协作，完成起立动作的？

（二）搭房子

目的：体会团体协作的力量，学会非语言的表达。

准备：每组用的报纸若干张，胶带、剪刀等物品。

操作：

1. 给每小组分配一定量的报纸、胶带、剪刀等物品。

2. 每小组利用报纸和胶带搭建一个纸房子，要求房子结实、稳固、美观。在进行该游戏的过程中，所有学生只能通过非言语进行沟通，不允许说话。

3. 当所有小组完成任务后，请各小组派代表介绍他们的房子，如房子的名称、特色、搭建过程。

4. 请学生谈谈在搭房子过程中的感受和体会。

注意：

1. 这个活动还可以搭建其他东西，如建高塔、建桥等。

2. 如果有条件，可以对建造成的房子等进行评比，如哪个房子最牢固、哪个房子最美观、哪个房子最实用，等等。

3. 每组派一名代表作为其他组的监督员兼观察员。一边监督其他小组是否遵守规则，同时观察该小组的搭建过程，如主意是怎样产生的？有分歧是怎么解决的？谁是团体中的关键人物？每个学生在团体过程中的表现与贡献？在小组介绍完毕后，由观察员介绍他所看到的和他的感受。

4. 可以结合现实情况，给游戏命名。如"重建家园"，就是在四川发生地震后，作者让学生做搭房子的游戏，并且说明我们建的房子是送给灾区人民的，要求坚固、美观、实用。这不仅能达到游戏的目的，还能激发起学生建房的积极性。

（三）心有千千结（也称解手链）

目的：体会团队对个人支持的意义和重要性。

操作：

1. 全体学生手拉手围成一个圈，并让每位学生记住，每个人的左手拉的是哪个学生的右手，右手拉的是哪个学生的左手。

2. 让学生松手后在圈内随意走动，当老师喊"停"的时候，所有学生停下来不动。

3. 让学生找到原来的左右手拉回去（允许前后移动，以便拉上手），形成许多结和扣。

4. 让学生在不松手的情况下，解开这些结和扣，回复到起始状态。

5. 请学生每人用一句话来分享活动的感受。

注意：

1. 学生解结有困难的时候，老师要给予鼓励。

2. 提醒学生可以钻、跨、绕等，实在解不开，允许松手一次。

3. 松手后拉回去的结一定要乱，如果老师发现学生拉得不够乱，可以帮助调整，使之不能轻易解开。这样活动结束后，他们的体会将更深刻。

**【听一听】**

三、基本概念——合作、信任

听说过“地域和天堂”的故事吗？

有一位牧师请教上帝：地狱和天堂有什么区别？

上帝带着牧师来到一间房子里，一群人围着一锅肉汤，他们手里都拿着一把长长的汤勺，因为手柄太长，谁也无法把肉汤送到自己嘴里。每个人脸上都充满绝望和悲哀。上帝说：这里就是地狱。

上帝又带着牧师来到另一间房子里，这里的摆设和刚才那间没有什么两样，唯一不同的是这里的人都把汤舀给坐在对面的人喝。他们都吃得很香、很满足。上帝说，这里就是天堂。

同样的条件和待遇，为什么地狱里的人痛苦，而天堂里的人快乐？原因很简单：地狱里的人只想着喂自己，而天堂里的人却想着喂人家。

科学家曾在风洞实验中发现，成群的雁以 V 字形飞行，比一只雁单独飞行能多飞 12% 的距离。

美国哈里特·朱克曼对 1901—1975 年的 286 位诺贝尔奖获得者的统计发现，与别人合作研究的有 185 人。在诺贝尔奖设立的第一个 25 年，合作的比例是 41%；在第二个 25 年，合作的比例上升为 65%；在第三个 25 年，合作的比例上升为 79%。这些数字说明，合作已成为科学研究的一种趋势。

社会心理学家研究证明，在学校的班集体中，合作学习比独立学习能创造更好的成绩。因为在合作气氛中能促进个体的社会化，达到互相理解、互相关心和互相支持，提高学生自尊心和交际能力，有利于促进心理健康。

现代社会既有竞争又有合作，竞争与合作是群体内两种主要的互动方式，也是每个人都要面临的共同课题。让大学生正确认识和处理竞争与合作的关系，学会在竞争中合作，在合作中竞争是大学教育的一项重要任务。

一个人的能力是有限的，善于与人合作，才能弥补自身的不足，达到自己原本达不到的目标。清末的红顶商人胡雪岩不甚读书识字，但他却从生活经验中总结出了一套“花花轿子人抬人”。他善于观察人的心理，把士、农、工、商等各阶层的人都聚拢起来，以自己的优势，与这些人协同作业。他与漕帮协作，及时完成了粮食上交的任务；与王有龄合作，胡雪岩也有了机会在商场上发达。如此种种的互惠合作，使胡雪岩从一个钱庄里的小学徒工变成了一个执江南半壁钱业之牛耳的巨贾。

一个人的力量是有限的，但只要有心与人合作，你就有可能在与他人的协作中实现仅凭自己的力量无法实现的理想。故合作是成功的重要基础。

学会合作，就要学会共处，学会关心他人、信任他人。

信任是合作的基础和前提。一个人只有信任别人，才能得到别人的信任。美国心理学家安德森曾设计了一种测试量表，列出555个描写人品的形容词，让大学生指出其中最喜欢的与最不喜欢的品质。研究表明，在8个评价最高的形容词中，有真诚、忠诚、真实、信得过、理解和可靠，而评价最低的品质是说谎、装假和不老实。[①] 可见，只有真诚可信，才能赢得人心，取得他人的信任。

信任能够促进沟通和协调，增进友谊。在人际交往中，相互信任与彼此接纳是建立在彼此用心交流的基础之上的。如果只有一方积极维护友谊、信任对方是不够的。

有这样一个故事：达蒙与皮西厄斯。

这个故事发生在公元前四世纪西西里岛的一个城邦国锡拉库扎。据罗马演说家西塞罗的说法，这两个人都是哲学家毕达哥拉斯的追随者。

达蒙与皮西厄斯是最要好的朋友。他们从小就在一起做事情。他们一直在一起玩耍与学习。两人亲如兄弟，彼此完全信任。

皮西厄斯是一个坦率直言的人，经常在公开场合演讲，他在演讲中说任何国王都不能对臣民拥有绝对的权力。

国王狄奥尼修斯听说了皮西厄斯的演讲，非常恼火，下令皮西厄斯和达蒙来见他。两人来了，狄奥尼修斯国王命令皮西厄斯收回他讲的话，皮西厄斯回答说："我不能，我只讲真话，您不能阻止任何人讲真话。"

狄奥尼修斯更加生气，决定以叛国罪处死皮西厄斯。

皮西厄斯仍然不改变观点，但他请求国王在处死他之前先放他回家安排一下家里的事情。

国王大笑道："要是放你回家，你永远就不再回来了。"

皮西厄斯回答说："我会回来的，我可以留下抵押来向您保证。"

"那么你要留下什么作为抵押呢？"国王问。

这时达蒙站了出来说："我来做抵押，人人都知道我与皮西厄斯的友谊。我向你保证只要我被关在监狱，他一定会回来的。"

国王对达蒙说："你要明白，要是皮西厄斯不能在规定的时间内返回，要处死的就是你了。"

达蒙说："这个我明白，但是皮西厄斯一定会回来的。他言而有信。"

于是，皮西厄斯回家去了。达蒙被投进了监狱。过了几天，国王狄奥尼修斯到监狱来看达蒙。嘲笑说："你的朋友还没有回来呢，现在你怎么看他？"

达蒙答道："他会回来的，我完全相信他。"国王摇摇头离开了。

过了几天，国王又来到关押达蒙的囚室，说："期限快到了，我想你的朋友不会回来了，你这个傻瓜竟然相信他。"

达蒙看着狄奥尼修斯，平静地说："如果在人力范围之内，皮西厄斯一定会回来的。他一

---

① 白羽：《改变心力——团体心理训练与潜能激发》，浙江文艺出版社2006年版，第147页。

定是在路上遇到麻烦才耽误的。”

国王被达蒙的自信惊住了，但是到了处决日，皮西厄斯仍没有回来。刽子手到监狱来提达蒙，狄奥尼修斯最后一次问达蒙说：“你还叫皮西厄斯‘朋友’吗？”

达蒙笑道：“是的，皮西厄斯就是我的朋友。”

就在这时，门“砰”地开了，进来的是皮西厄斯。他的样子可怕极了，衣服破烂不堪，浑身是伤，流着血，蓬头垢面。他踉跄上前倒在达蒙的怀里，叹道：“我总算按时赶到了，我很高兴你还活着。我乘的船出了事，路上又遇到了抢劫，但我知道我得不停地走。”皮西厄斯转身对国王说：“我已准备好受死。”

国王惊呆了，他从未见过这样的忠诚与信任。他撤销了行刑命令，宣布释放皮西厄斯和达蒙两人。“但是，首先，你们能否为我办一件事情？”他对两人说。

“我们能做什么？”两位朋友问。

“能不能告诉我，怎样才能拥有像你们这样的友谊？”

从这个故事中，你领悟到了什么呢？

**课后训练**

**【测一测】**

## 合作能力测试

合作是一个求同存异的过程，在合作的过程中，为了实现最终的目标，个人需要放弃一部分自己的利益。但是，几乎每个人都有短视和自私的缺点，不愿意更多地为他人考虑，缺乏分享的精神。

心理学家威廉·詹姆士曾经说过：“如果你能够使别人乐意和你合作，不论做任何事情，你都可以无往不胜。”合作是一种能力，更是一种艺术。唯有善于与人合作，才能获得更大的力量，争取更大的成功。

下面是合作能力测试题：

1. 我喜欢在别人的领导下完成工作。
2. 我不喜欢参加小组讨论。
3. 与陌生人一起讨论时，我会放不开。
4. 我喜欢与人一起分担一项工作。
5. 我与周围人的关系很和谐。
6. 我觉得自己要比别人缺少伙伴。
7. 很少有人可以让我感到可以真正信赖。
8. 我时常感到寂寞。
9. 我相信大合作大成就，小合作小成就。
10. 我感到自己不属于任何圈子中的一员。
11. 我与任何人都很难亲密起来。
12. 我的兴趣和想法与周围人不一样。
13. 我常感到被人冷落。
14. 没人很了解我。

15. 在小组讨论时我感到紧张不安。
16. 我善于把工作分解开，让合适的人一起做。
17. 我感到与别人隔开了。
18. 我感到羞怯。
19. 我要好的朋友很少。
20. 我只喜欢与同我谈得来的人接近。

**测试结果**

每题均有两个测试结果，即“是”和“否”。答一个“是”得 1 分，答“否”得 0 分。得分在 12 分以上表示合作能力亟待提高；8～11 分表示一般；5～7 分表示合作能力较好；4 分以下表示合作能力非常好。

以下是对希望提高合作能力者的建议：

1. 借鉴合作成功者的成功合作经验，总结合作失败的教训，为己所用。
2. 培养发现别人的优点，并能不吝赞赏，发挥其长处的能力。
3. 与合作者求同存异。
4. 学会正确评估自己和合作者的能力、优缺点。
5. 培养团队意识和合作精神。

**【读一读】**

姜戎的《狼图腾》（长江文艺出版社 2004 年版），在帮助我们对狼更全面了解的同时，也对合作精神有了更进一步的理解。有人评价《狼图腾》“是一部奇书”，“最值得称道的是战斗中的团队精神”。

# 第三章 认识自我——我是谁

一个人的真正伟大之处，就在于他能够认识自己。

——德国著名作家约翰·保罗

我是谁？我从何处来？我向何处去？我的生命源头在哪里？我的生命归宿在何方？我存在的本质是什么？我为什么活着？我应该怎么活着？我活得像我吗？我的生命的价值和意义是什么？今天的我还是“我”吗？我是父母未生我之前的那个“我”，还是父母生我之时的那个“我”，还是后来社会规范的这个“我”？我有哪些特征？为什么我会有这些特征？我能主宰“我”吗？

**教学目标**

帮助学生明白自己是独特的我，了解自己的长处和短处，学会接纳自己和他人。

**教学环节**

一、热身活动

你行我秀

目的：活跃气氛、训练配合。

操作：

1.学生分组，每七八人一个组。

2.每位学生想一个动作，动作要求简单易做。

3.小组学生一起拍腿和拍掌(用双手分别拍两下腿互拍一下掌)，嘴上同时喊“哼哼哈”，每个动作与“哼哼哈”三个字对应。

4.由第一位学生一边喊“哼哼”一边拍两下腿后，在喊“哈”的时候(不拍手)做一个自己的动作，然后紧接着在喊完“哼哼”同时拍两下腿后，在喊“哈”的时候做一个小组中其他任何一个学生的一个动作，那个学生就要接着做一个自己的动作，然后再马上做一个别人的动作(不做动作的学生还是继续做拍腿和拍掌动作)，嘴上同时喊“哼哼哈”三字。如此循环，最后速度越来越快，配合越来越默契。

注意：

每个人的动作必须简单，如果复杂则跟不上喊的节奏。

**【练一练】**

二、练习

(一)看手

目的：了解世界上任何一个人都是独特的。

操作：

1.每个人仔细地观察自己的右手(1分钟)，看看它的大小、颜色、形状、纹路、厚薄等。

2. 看一分钟后，要求学生用自己的左手抚摸右手，然后轻轻地对着右手说："谢谢你这么多年一直陪伴着我，谢谢你为我做了这么多。"

3.所有学生伸出手，在小组里介绍一下自己手的特征，看看有什么发现。

4.每组派代表分享这个活动的启发和体会。

(二)独特的我

目的：协助学生认识自己的长处和短处，学会欣赏自己的长处，接纳自己的短处，扬长避短，并找到优化自我的方向。

操作：

1.分小组，下发每人一张习作"独特的我"。

2.老师先说明每个人都很独特，有自己的所长所短，了解自己非常重要，可以充分发挥自己所长，走自己独特的发展道路。再让学生独自填写表格。

3.写完后在小组内交流。

4.每组派代表在大组内分享。

练习：独特的我

| 我的长处 | 我的限制 |
| --- | --- |
| | |
| 这些长处和短处是怎样影响我的？ | |
| 当我发现了这些以后，我的感觉是： | |

(三)小小动物园

目的：促进学生自我了解，并了解他人，学习接纳每个人的独特性。

准备：每人一支笔、一张纸，6～8人一组。

操作：

1. 老师将纸发给每一个学生。要求学生想一想，如果用一种动物代表自己，会选择哪种动物？

2. 学生思考后，在纸上写上此种动物的名称或画出那个动物。

3. 所有学生写完后，同时拿出纸，请每个学生看一看在这个小小动物园里都有哪些动物，哪些与自己相似，哪些不同，你在这个动物园中的感受如何？

4. 在小组内分享。每个学生轮流介绍自己为什么会选出这个动物代表自己。有些学生选择的动物是因为像自己的特质，有些学生选择的动物是自己期望成为的，如像狮子一样强壮不受欺负。当学生介绍自己时，其他人可以有不同的回应，以促使当事人进一步思考。

注意：

该练习可能带出学生个人的许多生活体验，可以视团体的情况决定是否深入探讨下去。

**【听一听】**

三、基本概念——认识自我、悦纳自我

对于大学生而言，一个普遍需要面对的课题就是："我到底是谁？""我是怎样的一个人？"认识自己、了解自己绝不比认识世界容易。早在古希腊时期，"认识你自己"这句刻在德拉斐神庙里的名言就激励着人们不断探索自我、实践自我、超越自我。

（一）自我意识的定义

自我意识也称自我概念，也有称自我形象的（清华大学樊富珉），简单地说就是人对自己存在的察觉，即自己认识自己的一切，包括认识自己的生理状况、心理特征以及自己与他人的关系。比如，你喜欢你的外表、能力、性格、家庭背景吗？你满意你自己的成绩和努力吗？你认为别人对你评价如何？别人是喜欢你还是讨厌你？等等。

自我意识不仅影响到人的心理健康，而且影响人的成就水平。正如马斯洛所指出的那样，一个有稳固基础的自我形象是迈向自我实现的先决条件。也像尼采所说的那样，聪明的人只要能认识自己，便什么也不会失去。

（二）自我意识的内容

人的自我是丰富的、立体的，多角度的，如生理自我、心理自我、家庭自我、学校自我、社会自我、道德自我等。

一般而言，自我意识包括三方面的内容：

第一，个体对自身生理状态的认识和评价。指对自己身高、体重、容貌、身材、性别等的认识以及对生理病痛、温饱饥饿、劳累疲乏的感受等。

第二，个体对自身心理状态的认识和评价。指对自己知识、能力、情绪、兴趣、爱好、性格、气质等的认识和体验。如果一个人对自己心理自我评价低，嫌自己能力差，智商不高、情绪起伏太大、自制力差、性格不成熟，就会否定自己。

第三，个体对自己与周围关系的认识和评价。指对自己在群体中的地位、作用以及自己和他人相互关系的认识、评价和体验。如果一个人认为自己不善于交流和沟通，周围的人不喜欢自己，不接纳自己，没有知心朋友，就会感到很孤独、很寂寞。

（三）自我意识的构成

自我意识既是心理活动的主体，又是心理活动的客体，属于认知、情感、意志过程的多层次、多纬度的心理现象。所以，它的构成分为：

第一，自我认知。主要涉及“我是一个什么样的人”、“我为什么是这样的人”等。它包括：自我感觉、自我观察、自我概念、自我分析、自我评价。

第二，自我体验。属于情绪范畴，以情绪体验的形式表现出人对自己的态度，主要涉及“我是否接受自己”、“我是否满意自己”、“我是否悦纳自己”等，它主要是一种自我的感受，如自尊、自爱、自信、自卑、自弃、自傲、责任感、义务感、优越感、成就感等。

第三，自我控制。主要表现为人的意志行为，调节控制自己对自己的态度和对他人的态度，涉及“我怎样节制自己”、“我如何改变自己”、“我如何成为理想的那种人”等，如自主、自立、自强、自制、自我监督、自我调节、自我控制等。

案例：某大学一名女研究生，大学期间学习成绩非常优秀，以第一名的优势保送本校读博士生，但后来却发生了几次自杀未遂的事情。她先是从二楼跳下来，只是腿受伤而已，后来又半夜割腕后自己到校医院要求抢救。医生发现，她的手臂上到处都是一个个刀割的伤痕。该学生后来被送进了杭州市第七人民医院。那她的问题出在哪里呢？医生通过和她交谈，认为她在学习和科研上都没有问题，但在感情问题上对自己存在错误认知。她看着别人一个个都找到了朋友，而自己却没有朋友，就认为是没有人喜欢自己，因此非常想引起他人的注意。所以曾经暴食，从 90 斤的体重增加到 150 斤，后来又减肥，又从 150 斤减到 90 斤，最后就又发生了几次自杀未遂事件。

（四）自我意识的发展

自我意识从无到有、从有到成熟需要经历一个漫长的发展过程。这一过程包括“自我中心期”、“客观化期”、“主观化期”。在人的一生中，需要 20 多年的发展，自我意识逐渐稳定。

1.“自我中心期”（生理自我期）——从出生到 3 岁左右

从出生到七八个月之前，物我不分，没有自我意识。

从七八个月开始，自我意识开始萌芽，听到自己的名字会做出反应，开始将自己与外部世界区别开来。

2 岁左右，自我意识的一大飞跃，幼儿能够第一次用“我”来代替自己的名字。

3 岁左右，儿童的自我意识又有了新的发展，开始出现羞耻感、疑虑感，出现占有欲和嫉妒感，自主性更强，但其行为还是以自我为中心的，即以自己的身体为中心，以自己的想法和情感来认识和投射外部世界。因此，心理学上将这一时期称为“生理自我期”。

2.“客观化期”（社会自我期）——从 3 岁到青春期

从 3 岁到青春期，是个体接受社会化影响最深、最强的时期，也是社会角色学习的重要时期。通过客观环境（幼儿园、小学、中学）对其施加的各种影响，个体在其中接受来自社会的教化，通过对游戏、劳动等不同形式的活动进行学习、模仿和认同，习得社会规范，体验不同场合的感情，并有意识地了解自己和他人，学会如何适应他人，控制自己。这个时候开始把目光转向关注自我的内心世界。但其主要还是通过外在的、他人的观点去评价事物，认识他人，对自己的认识也服从于权威或他人评价。因此这一时期称为“社会自我期”。

3.“主观化期”（心理自我期）——从青春期到青年后期

从青春期到青年后期，是自我意识发展的关键时期。其间自我意识的发展大致经历了一个自我分化（主观我和客观我、理想我和现实我的分化）、自我矛盾（主观我和客观我、理想我和现实我、独立意向与依附心理、交往需要和自我封闭的冲突）、自我统一的过程，最终趋于成熟。这一阶段，个体开始清晰地意识到自我内在的心理世界，关注自己内在的心理体验，喜欢用自己的思维和观点去认识和评价周围，开始有明确的价值探索和追求，独立意识强烈。心理学上称这一时期为"心理自我期"。

（五）认识自我、悦纳自我

1.认识自我

美国心理学家约翰·哈里提出了关于人自我认知的窗口理论：

| | 自知 | 自不知 |
|---|---|---|
| 他知 | (A)<br>公开的自我 | (B)<br>盲目的自我 |
| 他不知 | (C)<br>隐秘的自我 | (D)<br>未知的自我 |

他认为人对自己的认识是一个不断完善的过程。因为每个人的自我都有四部分：公开的自我、盲目的自我、隐秘的自我和未知的自我。通过与他人分享隐秘的自我及通过他人的反馈，减少盲目的自我，人对自己的了解就会更多、更客观。

认识自我有以下几个途径：

（1）自我反省

自我反省可以通过写日记、进行自我对话、通过和自己的比较等方式进行。

（2）以他人为镜

以他人为镜子，一是可以通过与他人比较认识自我，二是可以通过他人对自己的评价来认识自我。

（3）以实践结果为镜

通过自己所取得的成就、成果及社会效应来分析自己，也可以从自己的失败的经验中认识自己，还可以通过心理测验等方法来了解自己。

2.悦纳自我

每个人都知道自我是最重要的，可总是有些人不能真正尊重自己、爱惜自己。他们可以喜欢朋友、喜欢知识、喜欢自然，唯独不喜欢自己。结果是他们不快乐。实际上悦纳自我是发展健全自我的核心和关键。

悦纳自我有四层含义：

其一，无条件地接受自己，接受自己的全部，无论是优点和缺点，无论是成功还是失败。

其二，改变过分追求完美的习惯，不苛求自己。人不可能永远成功，每一次失败都会为成功奠定基础。

其三，建立和巩固良好的自我感觉。既不以虚幻的自我补偿内心的空虚，也不以消极回避漠视自己的现实，更不以怨恨、自责甚至厌恶来否定自己。

其四，从错误和失败中吸取教训，但不被它们打垮，永远给自己机会。

课后训练

**【测一测】**

## 自我意识测试①

| 题　　目 | 评价 是 | 中 | 非 |
|---|---|---|---|
| 1.遇到不公平的事,你能控制自己的感情吗? | A | B | M |
| 2.一个人时,你常陷入对未来的幻想之中吗? | V | A | M |
| 3.朋友们认为你为人热情吗? | V | C | Z |
| 4.你对任何事情都抱有实事求是的态度吗? | M | X | A |
| 5.你有可能成为你所在集体的领导吗? | V | A | C |
| 6.你对任何事情都满怀信心吗? | B | Z | M |
| 7.朋友有困难时,你会慷慨解囊吗? | C | A | X |
| 8.你喜欢与人辩论吗? | A | B | C |
| 9.你做事喜欢尽善尽美吗? | A | C | B |
| 10.你的同学认为你有想象力吗? | A | B | X |
| 11.你愿意将财产奉献给你认为正当的事业吗? | V | A | X |
| 12.你的老师认为你的理解力强吗? | C | Z | B |
| 13.与别人相处时,你能忍让吗? | C | A | X |
| 14.你是否对任何事情都爱发表不同的意见? | V | A | Z |
| 15.朋友认为你是一个主持公道的人吗? | C | M | A |
| 16.遇到急事,你能三思而行吗? | M | X | B |
| 17.你浪漫吗? | A | C | X |
| 18.你有能力参加业余活动吗? | V | Z | X |
| 19.你能舍己救人吗? | C | Z | M |
| 20.对你来说,人格比利益更重要吗? | C | M | X |
| 21.如果成功可能性很小,你会铤而走险吗? | V | A | B |
| 22.你羡慕英雄吗? | V | A | M |
| 23.你善于交际吗? | A | M | B |
| 24.你喜欢论述别人认为不可能的事吗? | C | B | M |
| 25.你的同学认为你是一个多疑的人吗? | B | Z | V |
| 26.你觉得自己是一个明智的人吗? | M | X | B |
| 27.你的想法、爱好、对事物的判断会从一个极端到另一个极端吗? | V | B | C |

**测试结果解释(参考)**

1.得 8 个 A 以上者的评价:

你雄心勃勃,凡事都想做得尽善尽美,总是想去干一些可望而不可即的事情,由于对这

① 见兰州职业技术学院大学生心理健康中心网站,http://www.lvu.edu.cnSiteIAM/XinLiZiXun/onews.asp? id=180。

些事情缺乏了解，所以容易见异思迁，缺乏持之以恒的精神，以致经常愿望落空。应注意克服夸夸其谈的缺点，培养求实精神，要面对现实。

2. 得 7 个 B 以上者的评价：

你的急躁和缺乏对事物的了解使你有时好像是一个理想主义者，但实际上你具有更多的是虚荣心、兴趣，同时也说明你并不缺少善良和热情的冲动，这会使你重新认识自己并不断进取。

3. 得 6 个 C 以上者的评价：

你为人热情，富有想象力，很诚恳。你也很浪漫，很有正义感，有人情味和求实精神。你喜欢依法办事，审时度势，爱思考，感到幸福的事莫过于生活在和睦、舒畅而又能够发挥创造力的环境中。

4. 得 6 个 M 以上者的评价：

实用和安全是你的生活准则，同时，遇到任何情况都有自己的解决方法。对生活充满信心，渴望得到柔情，但不沉溺于幻想中，总想从生活中吸取有益的东西，这一特点常对周围的人有积极影响。

5. 得 6 个 V 以上者的评价：

天资很好，很有理想，总是尽一切努力去实现自己的愿望。在自己完全沉溺在幸福之中时，会有些得意忘形。在胜利面前不停滞不前，但在逆境中容易泄气。有能力调动周围的人，有才气。

6. 得 6 个 X 以上者的评价：

不富于幻想，也不狂热，对自己、对别人都始终如一。生活在自己的小天地里，保护自己的利益，对外界发生的事情漠不关心。若方法得当，会很有成就，但有时恰恰相反。

7. 得 4 个 Z 以上者的评价：

对任何事情，甚至对自己的事情都无动于衷，固执己见、多疑，常处于从属地位。有才干，但不太会选择自己的道路，自主能力较差。优点是忠诚，缺点是麻木不仁。

**【读一读】**

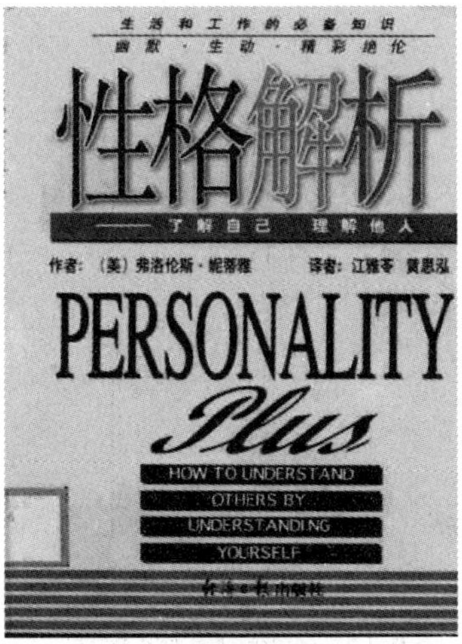


在我们成长的过程中，有很多人问过这样的问题："我是谁？""我为什么是这个样子？"，

等等，也对于其他人的行为感到难以理解。这本由美国作者弗洛伦斯·妮蒂雅所著、经济日报出版社 2002 年版的《性格解析》就是解答这些问题的最好的钥匙。书中所述的四种基本性格类型：活泼型（简称为 S 型）、完美型（简称为 M 型）、力量型（简称为 C 型）及和平型（简称为 P 型），有助于了解我们自己和理解他人。

# 第四章　认识自我——原生家庭

一个儿童若生活于批评中，他将学会谴责；
一个儿童若生活于敌意中，他将学会对抗；
一个儿童若生活于同情中，他将学会自怜；
一个儿童若生活在嘲弄中，他将学会消极退缩；
一个儿童若生活在妒忌中，他将学会钩心斗角；
一个儿童若生活在羞耻中，他将学会内疚；
一个儿童若生活在鼓励中，他将学会有自信；
一个儿童若生活在容忍中，他将学会有耐心；
一个儿童若生活在赞美中，他将学会感激；
一个儿童若生活在接纳中，他将学会爱。

在我们的成长经历中，我们之所以成为现在的我，是有根可寻的，让我们来看看他们是如何影响我们的……

**教学目标**

帮助学生探索家庭和重要他人对个人成长、个人性格的影响，了解和体会在个人的成长过程中，环境起着至关重要的作用，是个体人格形成的主要因素，而家庭对人的塑造力是人格发展的基石，从而增进了解自我。

**教学环节**

一、热身活动

开火车

目的：激活团体动力，打消拘谨气氛。

操作：

1. 全体学生分为6～8人小组，以小组为单位进行游戏。

2. 在游戏开始之前，小组内每位学生说出一个火车站的站名来代表自己。

3. 游戏开始后，假设甲代表北京站，而另一个人乙代表上海站，甲就要说："开呀开呀开火车，北京的火车就要开。"全组学生一起问："往哪开？"甲说："往上海开。"那代表上海的乙就要马上快速反应，接着说："上海的火车就要开。"然后大家一起问："往哪开？"再由乙迅速地选择另外的游戏对象，说："往某某地方开。"如果对方稍有迟疑，没有反应过来就算输了。输者应受罚，例如表演节目、学猫叫等。

注意：

1. 火车站名不能重复。

2. 此活动可以变小组代表单位，每一个小组代表一个站名，以小组为单位进行应答，输的小组集体受罚，则气氛会更活跃。

**【练一练】**

二、练习

(一)谁塑造了我

目的：协助学生探索个人的发展历程，增强自觉。

准备："谁塑造了我"练习表。

操作：

1. 老师阐释重要人物的概念，同时解释在每个人的成长过程中，其塑造与成形往往是有根可寻的。让学生仔细回想，并填写练习中不同人物对自己的看法、评语及任何难忘的正面和负面的经历。

2. 思考下列问题：

(1)你对哪一个人的看法最为重视，为什么？

(2)最难填写的或资料最少的是哪一部分？原因是什么？

3. 分小组交流。

4. 小组派代表在团体内分享。

练习：谁塑造了我

| 人物 | 看法、评语 | 难忘的经历 |
| --- | --- | --- |
| 自己 | | |
| 老师 | | |
| 父亲 | | |
| 母亲 | | |
| 一位重要人物 | | |
| 另一位重要人物 | | |

(二)原生家庭

目的：了解个人成长历程中家庭主要成员对自己的影响。

准备："家庭对我的影响"练习表。

操作：

1. 下发练习表"家庭对我的影响"并填写。

2. 思考：做完练习以后，你的发现有哪些？

3. 小组学生间交流。

4. 分享感受和体会。

注意：老师必须强调这些人物是与学生住在一起或多年来照顾他的。学生对他们的印象是18岁之前的。

练习:家庭对我的影响

A:原生家庭

请写三点你欣赏他们的地方和三点你不欣赏他们的地方。这些人物必须是与你同住或多年来照顾你的。你对他们的印象是 18 岁之前的。

| | 欣赏的 | 不欣赏的 |
| --- | --- | --- |
| 祖父 | ______ | ______ |
| 祖母 | ______ | ______ |
| 外祖父 | ______ | ______ |
| 外祖母 | ______ | ______ |
| 爸爸 | ______ | ______ |
| 妈妈 | ______ | ______ |

B:我的发现

______

C:小组交流分享

______

______

**【听一听】**

三、基本概念——环境对个体人格的影响

人格的形成除了先天遗传的因素外,环境起着至关重要的作用,是个体人格形成的主要因素。研究表明:人格是遗传和环境交互作用的产物。这些环境包括大的环境,如生活的时代、地域、文化、社会制度、经济条件等,也包括小的环境,如家庭环境、学校教育、身边重要他人的影响等。

(一)社会文化的影响

社会文化包括政治、经济、国家的宣传体系、宗教、风俗习惯、传统及生产力水平等。人一出生,就置身于社会文化之中并受社会文化的熏陶与影响,文化对人格的影响伴随着人的终生。社会文化塑造了社会成员的人格特征,使其成员的人格结构朝着相似性的方向发展。如中国人的含蓄、勤俭、关注群体与美国人的开放、进取、关注自我无不与社会文化有关。[①]又如心理学家米德(M. Mead)等人研究了新几内亚的三个民族的人格特征,结果表明:来自于同一祖先的不同民族各具特色,鲜明地体现了社会文化对个体的影响力。居住在山岳地带的阿拉比修族,崇尚男女平等的生活原则,成员之间互相友爱、团结协作,没有恃强凌弱,没有争强好胜,一派亲和景象。居住在河川地带的孟都古姆族,生活以狩猎为主,男女间有权力与地位之争,对孩子处罚严厉,这个民族的成员表现出攻击性强、冷酷无情、嫉妒性强、妄自尊大、争强好胜等人格特性。居住在湖泊地带的张布里族,男女角色差异明显,女性是这个社会的主体,她们每日操作劳动,掌握着经济大权,而男性则处于从属地位,其主要活动

① 樊富珉、费俊峰编著:《青年心理健康讲座十五讲》,北京大学出版社 2006 年版,第 116 页。

是艺术、工艺与祭祀活动，并承担着孩子的养育责任。这种社会分工使女人表现出刚毅、支配性、自主的性格，男儿则有明显的自卑感。[①]

大学生的人格形成受中国文化特征的影响和所处的时代特征的影响，同时受大学校园文化、大学同伴及大众传媒的影响是非常明显的。

（二）家庭环境的影响

家庭常被视为人类性格的加工厂，在人的成长中起着至关重要的作用。一般认为，家庭对人的塑造力是人格发展的基石。

家庭是我们接触到的第一个社会环境。人一出生就体验着家庭环境带给他们的一切影响。家庭所处的经济地位和政治地位、父母亲的教育理念和教育方法、家庭成员之间的关系等对人格的形成都有非常大的影响。家庭不仅具有其自然的“遗传”因素，也有着社会的遗传因素。俗话说“有其父必有其子”，其中不无一定的道理。

心理学上有个名词叫“原生家庭”，就是指人从小成长的家庭。原生家庭塑造人的个性，影响人格成长，培养管理情绪的能力，为个人成长后人际互动的模式定型。原生家庭对人的影响是潜移默化的，在原生家庭成长时经历过的情绪体验，会在成长后与其他人的相处中不受意识控制地重复出现。很多人不知不觉间复制着父母的思维方式和行为模式，“复写”着父母的人生。

家庭教养方式一般可以分为三类。第一类是权威型教养方式，这类父母在对子女的教育中，表现得过于支配，孩子的一切由父母来控制。成长在这种教育环境下的孩子容易形成消极、被动、依赖、服从、懦弱，做事缺乏主动性，甚至会形成不诚实的人格特征。第二类是放纵型教养方式，这类父母对孩子过于溺爱，使孩子更多表现为任性、幼稚、自私、野蛮、无礼、独立性差、唯我独尊、蛮横胡闹等。第三类是民主型教养方式，父母与孩子在家庭中处于一个平等和谐的氛围中，父母尊重孩子，给孩子一定的自主权，并给予孩子积极正确的指导。父母的这种教育方式使孩子形成了一些积极的人格品质，如活泼、快乐、直爽、自立、彬彬有礼、善于交往、富于合作、思想活跃等。

家庭是一个人的避风港湾，也是一个人心灵风波的始发站。家庭可以解决一个人的问题，也可以制造一个有问题的人。我们每个人，从性格特征、沟通方式、人际交往到情绪管理、人格发展和恋爱婚姻，无不留存着原生家庭所给予的“胎记”，或多或少地受着它的影响。

（三）学校教育的影响

学校常被称为再造性格的大师。它通过各种活动有目的、有计划地向学生施加影响。学生在学校不仅掌握一定的科学文化知识，也接受一定的意识形态和掌握一定的道德标准，学会为人处世的方式，形成自己的性格。

教师对学生人格的发展具有指导定向作用。教师的人格特征、行为模式与思维方式对学生产生巨大影响。每个教师都有自己独特的风格，这种独特的风格影响着学生表现出不同的行为表现。洛奇（Lodge）在一项教育研究中发现，在性情冷酷、刻板、专横的教师所管辖的班集体中，学生的欺骗行为增多；在友好、民主的教师气氛中，学生的欺骗行为减少。心理学家勒温等人也研究了不同管教风格的教师对学生人格的影响作用。他们发现在专制型、放任型和民主型的管理风格下，学生表现出不同的人格特点。

---

① 吴建玲：《大学生心理健康与心理素质训练》，华南理工大学出版社2007年版，第123页。

学校是同龄群体会聚的场所，同伴群体对学生人格具有巨大的影响。心理学家研究发现，大学生交朋友非常重视个性特征。比较有人缘的学生一般具有以下个性：对人一视同仁，有同情心，待人热情开朗，有责任感，忠厚诚实，谦逊，独立思考，兴趣爱好广泛。而在学生中不受欢迎的人，个性往往表现为：自我中心，不为他人着想，缺乏责任感，把自己置身于集体之外，不尊重他人，操纵欲支配欲强，对他人冷漠、孤僻、不合群，情绪不稳，喜怒无常，狂妄自大，自命不凡，气量小，人际关系过于敏感，嫉妒心强，有敌意，不求上进，生活懒散，兴趣贫乏等。①

班集体是学校的基本组织结构，班集体的特点、要求、舆论和评价对于学生人格的发展具有"弃恶扬善"的作用。良好的班风能形成学生积极性、主动性、独立性和自觉性的优良性格等特征。班级活动的生动性、趣味性和灵活性，能使学生形成好奇、探究、活泼、开朗的性格。

上述因素对个人的人格的形成有十分重要的作用，但都是人格形成的外因，而外因是通过内因起作用的。人格的自我调控系统就是人格发展的内部因素。人格调控系统是以自我意识为核心的，自我意识是人对自身以及对自己同客观世界的关系的意识，具有自我认知、自我体验、自我控制三个子系统。自我调控系统的主要作用是对人格的各个成分进行调控，保证人格的完整、统一、和谐。它属于人格中的内控系统或自控系统。因此，培养良好的自我意识是培养良好人格的关键。

## 课后训练

**【做一做】**

课后完成"大学四年经济成本表"

**大学四年经济成本表**

| 项　　目 | 一年 | 四年 |
|---|---|---|
| 学费书费 | | |
| 宿费 | | |
| 服装费用 | | |
| 娱乐费用 | | |
| 上网费用 | | |
| 手机费用 | | |
| 其他费用 | | |
| 总　　计 | | |

**【测一测】**

### 田纳西自我概念问卷②

指导语：

这份问卷的目的是帮助你了解自己。请将你的性别、专业等资料及每个题目的答案写

① 樊富珉、费俊峰编著：《青年心理健康讲座十五讲》，北京大学出版社2006年版，第118页。

② 赵国祥：《现代大学生心理健康教程》，人民教育出版社2007年版，第53页。

在答案纸上，不要在问卷上做任何记号。请仔细阅读每个题目，并判断所叙述内容与你的实际情况是否相同。如果完全不相同，请在答题纸上该题号右边的①格中打“×”；如果大部分不相同，请在该题号右边的②格中打“×”；如果部分相同，部分不同，请在该题号右边的③格中打“×”；如果大部分相同，请在该题号右边的④格中打“×”；如果完全相同，请在该题号右边的⑤格中打“×”。即：①完全不相同；②大部分不相同；③部分相同，部分不同；④大部分相同；⑤完全相同。

问题：

1. 我的身体健康。
2. 我喜欢经常保持仪表整洁大方。
3. 我举止端正，行为规矩。
4. 我的品德好。
5. 我是个没有出息的人。
6. 我经常心情愉快。
7. 我的家庭幸福美满。
8. 我的家人并不爱我。
9. 我讨厌这个世界。
10. 我待人亲切友善。
11. 偶尔我会想一些不可告人的坏事。
12. 我有时候会说谎。
13. 我的身体有病。
14. 我全身都是病痛。
15. 我为人诚实。
16. 我的道德不坚强，有时想做坏事。
17. 我的心情平静，不忧不愁。
18. 我经常心怀恨意。
19. 我觉得家人不信任我。
20. 我的家人朋友对我很器重。
21. 我很受别人欢迎。
22. 我很难交到朋友。
23. 有时候我觉得很想骂人。
24. 我偶尔会因身体不舒服，脾气变得有点暴躁。
25. 我的身体既不胖，也不太瘦。
26. 我对自己的外貌感到满意。
27. 我觉得我不太值得别人信任。
28. 我经常觉得良心不安。
29. 我瞧不起我自己。
30. 我对我自己现在的情形感到满意。
31. 我已经尽力去孝顺我的父母。
32. 我觉得我对家人不够信任。

33. 我对自己的社交能力感到满意。
34. 我对自己待人的方式感到满意。
35. 偶尔我会在背后说些别人的闲话。
36. 比赛时,我总是希望赢。
37. 我觉得身体不太舒服。
38. 我对自己身体的某些部分不太满意。
39. 我觉得我的行为合乎我自己的良心。
40. 我对自己的道德行为感到满意。
41. 我觉得我这个人还不错。
42. 我对自己感到不满意。
43. 我不太喜欢我的家人。
44. 我对目前与家人所保持的良好关系,感到满意。
45. 我觉得我在社交方面不够理想。
46. 我觉得我和他人处得不够理想。
47. 听到黄色笑话,我有时会忍不住笑出来。
48. 我有时会把当天该做的事情拖到第二天。
49. 我的动作时常显得很笨拙。
50. 我很少感到身体不舒服。
51. 我在日常生活中常凭着良心做事。
52. 为了胜过别人,有时候我会使用不正当的手段。
53. 在任何情况下,我都能够照顾自己。
54. 我经常不敢面对难题。
55. 我常和家人发生争吵。
56. 我的行为常无法满足家人的期望。
57. 和陌生人谈话,我觉得困难。
58. 我尽量去了解别人对事物的看法。
59. 我偶尔会发脾气。
60. 我很会照顾自己的身体。
61. 我常常睡得不好。
62. 我很少做不正当的事。
63. 对我而言,做正当的事或表现良好的行为是有困难的。
64. 我时常没有经过事先考虑,就贸然行事。
65. 我遭遇到困难时,都能轻而易举地加以解决。
66. 我很关心我的家人。
67. 我尽量公平合理地对待朋友与家人。
68. 我和别人在一起时,常觉得不自在。
69. 我和别人相处得很好。
70. 对于我所认识的人,我并非每个都喜欢。

请你仔细检查一遍,看是否有遗漏,然后计算分数。非常感谢!

**问卷计分：**

姓名：　　　　　　　　　　　　　　　　　　　　　　专业：

| (1)(2)(3)(4)(5) (1)(2)(3)(4)(5) | (1)(2)(3)(4)(5) (1)(2)(3)(4)(5) | (1)(2)(3)(4)(5) (1)(2)(3)(4)(5) | |
|---|---|---|---|
| 1①②③④⑤　13①②③④⑤<br>2①②③④⑤　14①②③④⑤ | 25①②③④⑤　37①②③④⑤<br>26①②③④⑤　38①②③④⑤ | 49①②③④⑤　60①②③④⑤<br>50①②③④⑤　61①②③④⑤ | PH＝ |
| 3①②③④⑤　15①②③④⑤<br>4①②③④⑤　16①②③④⑤ | 27①②③④⑤　39①②③④⑤<br>28①②③④⑤　40①②③④⑤ | 51①②③④⑤　62①②③④⑤<br>52①②③④⑤　63①②③④⑤ | ME＝ |
| 5①②③④⑤　17①②③④⑤<br>6①②③④⑤　18①②③④⑤ | 29①②③④⑤　41①②③④⑤<br>30①②③④⑤　42①②③④⑤ | 53①②③④⑤　64①②③④⑤<br>54①②③④⑤　65①②③④⑤ | PER＝ |
| 7①②③④⑤　19①②③④⑤<br>8①②③④⑤　20①②③④⑤ | 31①②③④⑤　43①②③④⑤<br>32①②③④⑤　44①②③④⑤ | 55①②③④⑤　66①②③④⑤<br>56①②③④⑤　67①②③④⑤ | FA＝ |
| 9①②③④⑤　21①②③④⑤<br>10①②③④⑤　22①②③④⑤ | 33①②③④⑤　45①②③④⑤<br>34①②③④⑤　46①②③④⑤ | 57①②③④⑤　68①②③④⑤<br>58①②③④⑤　69①②③④⑤ | SO＝ |
| 11①②③④⑤　23①②③④⑤<br>12①②③④⑤　24①②③④⑤ | 35①②③④⑤　47①②③④⑤<br>36①②③④⑤　48①②③④⑤ | 59①②③④⑤　70①②③④⑤ | SC＝ |
| ID＝ | SA＝ | B＝ | TOT＝ |

请计算分数，并填写在表格内：

1. 计算 PH(生理自我)：把第一排和第二排的 12 个题目的分数相加，即题目 1、2、13、14、25、26、37、38、49、50、60、61 的分数相加，圆圈内的数字就是分数，如第 1 题你选择④就是 4 分。把两行的分数加起来，并写在 PH＝　　后。假如加起来得 36，就是“PH＝36”。
2. 计算 ME(道德伦理自我)：把第三排和第四排的 12 个题目的分数相加。
3. 计算 PER(心理自我)：把第五排和第六排的 12 个题目的分数相加。
4. 计算 FA(家庭自我)：把第七排和第八排的 12 个题目的分数相加。
5. 计算 SO(社会自我)：把第九排和第十排的 12 个题目的分数相加。
6. 计算 SC(自我批评)：把第十一排和第十二排的 10 个题目的分数相加。
7. 计算 ID(自我认同)：1 到 24 题(共 24 题)的分数相加，把所得的和写在 ID＝　后。
8. 计算 SA(自我满意)：25 到 48 题(共 24 题)的分数相加，把所得的和写在 SA＝　后。
9. 计算 B(自我行动)：49 到 70 题(共 22 题)的分数相加，把所得的和写在 B＝　后。
10. 计算总分 TOT＝ID 分＋SA 分＋B 分。

反向题目是 5、8、9、13、14、16、18、19、22、25、27、28、32、37、38、39、42、43、45、46、49、52、54、55、56、67、61、63、64、68。

其中：

生理自我：用以表示受试者对其身体、健康状态、身体外貌、技能和性方面的感受。

道德伦理自我：用以表示受试者对其道德价值、宗教信仰、好人与坏人的看法。

心理自我：用以表示受试者对其个人价值及能力等的评价。

家庭自我：用以表示受试者对自己作为家庭成员中的一分子的价值感及胜任感。

社会自我：用以反映受试者在与他人交往中的一分子价值感及胜任感。

自我批评：用以测量受试者自我防御或自我批评的程度。

自我认同：用以反映受试者对自我现状的描述。

自我满意：用以反映受试者对自己现状的满意或接纳程度。

自我行动：用以反映受试者在接纳自己或拒绝自己后，实际所采取的应对行动或表现在外的行为。

自我总分：用以表示受试者对整个自我的看法，得分越高，表示他越喜欢自己、信任自己、认为自己是个有价值的人，并且依此行事。

**【读一读】**

萨提亚，家庭治疗创始人，国际著名心理治疗师。美国著名的《人类行为》杂志（*Human Behavior*）称她为"每个人的家庭治疗大师"。《新家庭如何塑造人》（世界图书出版社 2006 年版）是萨提亚的经典著作之一，亦是家庭治疗理论的重要著作，是每个渴望身心和谐的人的必读书籍。正如萨提亚本人所说："我写这本书最大的希望是帮助我们每个人获得成为和谐的人的权利和义务。书中所展现的经验和榜样会引导我们用创造性的方式去理解彼此、关爱自身和他人，为孩子提供一个让他们得以发展出力量和完美人格的基础。"

# 第五章　珍惜生命，感恩生活

我们既然来到这个世上，就得珍惜生命的价值。在某种意义上说，生要比死更难。死，只需要一时的勇气，生，却需要一世的胆识。

感恩是一种处世哲学，是一种生活态度，是一种优秀品质，是一种道德情操。

感恩是生活中的大智慧，是一种歌唱生活的方式，它来自对生活的爱和希望。

感恩是一份美好感情，是一种健康心态，是一种良知，是一种动力。人有了感恩之情，生命就会得到滋润，并时时闪烁着纯净的光芒。

## 教学目标

通过面对灾难的生命思考，通过计算上大学的经济账，使大学生懂得珍惜生命，学会用一颗感恩的心好好生活。

## 教学环节

一、热身活动

雨点变奏曲

目的：感受团体气氛，激活团体动力，引出生命的主题。

操作：

1. 让学生利用身体的任何部分碰撞发出两种以上的声音（可以发现学生会发出各种各样的声音，场面一片混乱）。

2. 让所有学生用最擅长的方式（不许用口）发出声音（这时，会发现学生已经形成几个主流的声音，如鼓掌）。

3. 老师引导学生渐渐形成五种声音发出的方式：

双手搓—两个手指互相敲击—四个手指互相敲击—双手鼓掌—跺脚

4. 问学生如何将我们发出的声音变成有节奏的声音呢？是不是可以利用一种自然界的现象来使我们发出的声音变得美妙动听？

想象一下，我们发出的声音和下雨会不会有许多相似的地方：

(1)“风起”——双手搓

(2)“小雨”——两个手指互相敲击

(3)“中雨”——四个手指互相敲击

(4)“大雨”——双手鼓掌

(5)“暴雨”——跺脚

(6)狂风暴雨——跺脚＋鼓掌

5. 老师说："让我们用声音来描绘一曲《雨点变奏曲》。现在开始风起（稍停顿，让学生搓手一些时间），下小雨……小雨变成中雨……中雨变成大雨……大雨变成暴雨……暴雨变成狂风暴雨……狂风暴雨变成暴雨……暴雨变成大雨……大雨变成中雨……又渐渐变成小雨……变成风起……"

注意：

1. 老师应注意引导并控制场面，使其热烈而不混乱。

2. 活动结束后，可以启发学生思考：这个活动让我们想起了现实生活中的什么？（可以启发学生把雨点和人生的起伏相联系：生活中不会处处是阳光，也会碰到小雨、中雨、大雨、暴雨等，但无论怎样，我们都要相信阳光总在风雨后）。

**【练一练】**

二、练习

（一）地震带给我的思考

目的：通过反思，使学生更加珍惜生命。

准备："地震带给我的思考"练习表。

操作：

1. 老师引导语：

2008 年 5 月 12 日 14 时 28 分，四川汶川发生了 8 级地震。

2010 年 1 月 12 日 16 时 53 分，海地发生了 7.3 级地震。

2010 年 2 月 27 日 3 时 27 分，智利发生了 8.8 级大地震。

2011 年 3 月 11 日，日本发生 9 级大地震。

这些地震让无数无辜生灵惨遭涂炭，让无数善良、淳朴的黎民百姓痛失亲人、痛失家园，并在心灵深处留下无法愈合的伤痛的巨大灾难。因为这些灾难，很多人痛苦、悲伤，眼含热泪。特别是 2008 年的"5·12"地震后，许多人不吃不眠，什么都干不成，守候在电视机前，关注着灾情的进展，我们当时能做的就是为逝去的亡灵而祈祷，为勇敢的幸存者而祝福！那么经过这些灾害，我们每个同学有些什么思考呢？

2. 老师给学生发练习表"地震带给我的思考"，让学生思考后填写。

3. 在小组内交流。

4. 派代表在班级里汇报。

5. 老师总结。

是的，在巨大的自然灾害降临时，人的生命显得是那样脆弱、那样的无奈和无助。我相信，通过这些灾难，我们都会更加敬畏生命、珍惜生命、善待生命，都会更加珍惜生命中所拥有的一切！

我们要懂得一个人的生命来之不易，生命不仅仅属于自己，还属于爱你的人。我们要珍惜生命，要健康，不仅要身体健康，而且要心理健康。要快乐，既要会用微笑迎接鲜花和掌声，也要学会用微笑面对挫折和困难。因为我们已经懂得，健康和快乐是生命的源泉和动力。

总之，我们应该倍加珍惜我们生命过程中所拥有的一切！我们之所以要怀着虔诚的心情敬畏生命、珍惜生命、善待生命，就是为了让我们的生命不留下遗憾，就是为了让我们自己和他人的生命健康、快乐、丰富、充实、从容和精彩。

练习:地震带给我的思考

| |
|---|
| 1. 地震灾害时我所失去的: |
| 2. 地震灾害后我从中获得的: |
| 3. 看清楚上面所列的影响后,我觉得…… |

(二)一位学者的信——面对灾难的生命思考[①]

目的:启发学生对生命做深刻的思考。

操作:

1. 老师一边放 PPT,一边朗读学者的信(也可以印发给学生,让学生轮流读)。
2. 学生分享感受。

**《面对灾难的生命思考》**

——写给 5·12 四川大地震

在我们举国同哀 5·12 四川大地震遇难同胞时,我们除了对死难者寄予深切的哀思和永远的纪念、对幸存者寄予深厚的同情和现实的帮助外,我们还需要用我们自己的心去深情领会生命本身,不管是他人的生命还是自己的生命,不管是已逝者的生命还是仍健在者的生命。这种领会是从外向内的,是从人向己的,是从低向高的,是从心到行的。

**感受生命。**面对大灾难带来的巨大的生命冲击,我们首先是感受生命——用心感受。感受是我们的心接收到外界信息而受到影响,这是最直观、最直接的体验。面对电视、网络、报纸各种媒体所呈现的灾区各种生命故事,我们会动用我们的心去直观而直接地感受那些受到灾难威胁和毁灭的生命以及生命场景。这些感受会进一步激发起我们自己内在生命的原动力,包括我们的情感、意识、无意识、意志,等等,尤其是情感。从生命教育角度说,我们首先必须有意识地去感受生命,感受他人的生命。只有充分直接而强烈的感受,才可能激发出我们自己生命的力量而进入生命的感动。

**感动生命。**感受的强烈程度直接影响我们自己生命所受到的感动的程度。感动不再只是一种直观体验,而是我们自己生命更为深层次的情感体验,是我们的思想感情受外界事物的影响而激动,并引起同情或向慕。当我们看到一个个舍己救人的场景时,我们会为生命的博大而感动;当我们看到那么多无辜的生命在瞬间被抛入另一个世界时,我们会为生命的脆弱而感动;当我们看到经历 100 多个小时还奇迹般活下来的生命奇迹时,我们会为生命的强大而感动;当我们看到举国同哀已逝生命时,我们会为生命的感通而感动。感动之情,会将我们因于日常生活的平淡而沉寂的生命意识搅动,会让我们生命的血流更加奔腾,会让我们的生命力量更加积极地勃发。

---

① 何仁富:《面对灾难的生命思考》,《思想理论教育》2009 年第 10 期。

**感通生命。**当我们的生命被感动即发出强大力量时，我们生命的能量就会被敞现出来，我们生命的力量就会被延伸出去，于是我们生命的宽度就会在瞬间被大大延展。于是，我们的生命与他人的生命就会出现交集、关联、作用，甚至重叠。此时，他人的痛就会成为我们心中的痛；他人的哀就会成为我们自己的哀；他人的苦就会成为我们自己的苦。我们就会用我们的心去触摸他人受伤的心。此所谓感同身受是也。感通是基于人之为人的基本生命意识，所谓路人见孺子将入于井而必生恻隐之心。因为感通，所以我们会有感通的情感体验，共同的情感激发。因为感通，逝者不再是孤寂的逝者，而是可以寄托深情厚谊的逝者。全国哀悼日的举国同哀遇难同胞，是这种生命感通的最好呈现，也是生命教育的独特形式。

**感格生命。**感通生命是生命与生命的情感碰撞，是生命宽度的增加。但是，在灾难面前，特别是在大灾难面前，只有这种生命的感通还是不够的。尽管我可以感同身受地体验他人生命的痛苦，可是如果只是我们自己去体验，那么他人生命的痛苦不会因为我们的这种感通而有丝毫减少。因此，在感通基础上，我们还需要进一步提升，感格生命。感格者，谓感于此而达于彼也。我们的生命因此而感动，并同样体验到其他生命的痛苦而有感通，我们还必须通达于他人的生命，将我们的感同身受、将我们的关切、将我们的语言和行动，传递到那些苦痛的生命，这就是“达于彼”。从感格生命来说，重要的不是我们为那些痛苦和灾难流了多少泪，而是出了多少力。捐钱捐物，做志愿者，就是我们在感格生命处的生命意识的直接彰显。

**感激生命。**如果说感受、感动、感通、感格都更多是着眼于自己生命与他人生命的关联，那么感激生命则更加强调我们如何从这种关联中寻找自己生命的力量依据，着眼于我们自己生命的拓展与跃升。因为有生命的消逝，我们当感激我们还活着；因为有他人生命的伤残，我们当感激我们生命的健康；因为有他人生命的苦难，我们当感激我们自己生命的自如。此感激，当然不是自鸣得意，不是自以为是。因为，所有你生命的外在和内在的东西都不是你自己单独获得的，即使是，那也是生命本身而不是你，你必须感激那些赋予你生命的所有。

感激天地，赋予你生命的可能与现实；感激父母，给予你生命的延绵；感激先贤，给予你生命以灵魂粮食；感激老师，给予你生命以飞翔的翅膀。感激亲情友情爱情；感激天地圣贤父母；感激兄弟姐妹朋友；感激路人与仇敌；感激苍生万物！在这些感激中，你突然发现，你的生命不再单单只属于你自己的，你属于所有。你珍惜你的生命，就是珍惜宇宙一切；你实践你的生命就是创造一切。在感激中生活，你的生命不再孤单，你的生命不再弱小，你的生命也不再枯萎。

（三）算算上大学的经济账

目的：了解自己上大学的成本，深知父母的不易，懂得感恩。

操作：

1. 老师引导语：当我们过着衣食无忧的大学生活的时候，有没有计算过自己生命的成本？有没有想到过父母的艰辛与不易？有没有想到过——感恩？

2. 让学生拿出上次课程结束时布置的作业：大学四年的经济成本。看着计算后的数字并重点思考：

- 这些成本占了父母收入的几分之几？
- 除了经济成本以外，在我们成长的过程中，父母还为我们付出了什么？
- 算过以后，你有什么感想和体会？

3. 思考后在小组内交流。

4. 派代表在班级内汇报。

（四）一封大学生在 BBS 上的帖子——“纪念：我即将逝去的妈妈”

目的：启发学生懂得珍惜，学会感恩。

操作：

1. 教师或学生朗读“纪念：我即将逝去的妈妈”。

2. 读好后，在班级里分享感受。

**纪念：我即将逝去的妈妈**

母爱是人间最宝贵最纯粹的爱，母亲是世界上最爱你最疼你的人。我想这话没错，只不过我就要失去了。去年，大四毕业前夕。爸爸打来电话，说妈妈要做个子宫肌瘤的切除手术。我就回到了家，刚做完手术的母亲躺在床上。……确切地说，手术已经没有办法治疗了……妈妈说，“活得太短了，不算是好妈妈”。我竟一时语塞，不知道说什么好。我只能跟她说，好多陌生人都给了她最大的祝福。妈妈用帽子遮着眼睛，但我相信妈妈也流泪了，因为我看见妈妈用手抹了抹眼角。

该帖引发众多网友对亲情的讨论，回帖/浏览数为 242/3246，位列当日某某大学 BBS 十大排名的第 1 名。

相关回帖中，很多网友表示被感动，纷纷对主人公的妈妈送去衷心的祝福：“泪流满面了”，“哭了”，“写得真好，我看着眼睛就有点湿润了…祝福天底下所有善良的母亲”，“再长的文章，我也看完了，眼睛红红的。先保佑你的妈妈，保佑她能陪伴你的家庭走得更远些，同时我也想到了我的父母，所谓含辛茹苦，希望他们也能一直健康”。“坚强的生活吧！生命还得继续！”

也有网友提到自己亲人的相似经历：“我也掉泪了，因为我母亲 2006 年年底的时候也是因为癌症去世了，爸爸也是辛苦地照顾了妈妈最后的时光，而且一贯坚强的他也是多次落泪，今生最大的遗憾就是来不及报效妈妈老人家了……”“跟我外公的情况很像，本来以为只是胃癌，切除一部分就行了。开了刀后发现已经扩散了，切除也没有意义了”，“看了这篇文章，想到自己因为癌症过世的奶奶，不禁潸然泪下”。

还有部分网友表示亲情永远是最重要的，以后一定要多关心家人：“家人永远是最重要的，是值得自己用一生去守护的人”，“亲人最重要”，“我们都要珍惜自己的妈妈”，“祝天下父母永远健康！经常往家里打电话，不为别的，只为听到二老的声音，只为安心！”“愿天下所有的母亲平安幸福，为人子女的要善待自己的父母，不要到‘子欲养而亲不待’时才追悔莫及”，“好好珍惜跟家人在一起的日子吧”，“好好珍惜现在，珍惜现在拥有的一切，善待所有的人”。“祝福我的父母，希望在他们的有生之年自己能倾尽所有的孝心！”

（五）“感恩的心”故事及手语歌

目的：让学生懂得感恩，学会用一颗感恩的心来生活。

操作：

1. 由老师讲述故事：感恩的心。

2. 全体同学围成一圈，跟着老师做手语歌：感恩的心。

### 感恩的心

我来自偶然，像一颗尘土
有谁看出我的脆弱
我来自何方，我情归何处
谁在下一刻呼唤我
天地虽宽，这条路却难走
我看遍这人间坎坷辛苦
我还有多少爱
我还有多少泪
让苍天知道
——我不认输
感恩的心，感谢有你，伴我一生
——让我有勇气做我自己
感恩的心，感谢命运，花开花落
——我一样会珍惜

这是2005年年底我在海南参加中国心理协会团体咨询培训时学会的一首手语歌《感恩的心》。很美的音乐，很美的歌词，却只能用无声的语言来表达它深刻的内涵。当时我回来以后的第一件事就是从网上下载这首歌，把它存在我的电脑里，一遍一遍地听，一遍一遍地回忆着我第一次听到这首歌的感受。

我给几个小孩讲了一个故事，关于这首歌的由来。

台南有一个先天失语的八岁的小女孩，爸爸在她很小的时候就去世了。她和妈妈相依为命。妈妈每天很早出去工作，很晚才回来。每到日落时分，小女孩就开始站在家门口，充满期待地望着门前的那条路，等妈妈回家。妈妈回来的时候是她一天中最快乐的时刻，因为妈妈每天都要给她带一块年糕回家。在她们贫穷的家里，一块小小的年糕已是无上的美味了。

有一天，下着很大的雨，已经过了晚饭时间了，妈妈却还没有回来。小女孩站在家门口望啊望啊，总也等不到妈妈的身影。天，越来越黑，雨，越下越大，小女孩决定顺着妈妈每天回来的路自己去找妈妈。她走啊走啊，走了很远，终于在路边看见了倒在地上的妈妈。她使劲摇着妈妈的身体，妈妈却没有回答她。她以为妈妈太累，睡着了，就把妈妈的头枕在自己的腿上，想让妈妈睡得舒服一点。但是这时她发现，妈妈的眼睛没有闭上！小女孩突然明白：妈妈可能已经死了！她感到恐惧，拉过妈妈的手使劲摇晃，却发现妈妈的手里还紧紧地握着一块年糕……她拼命地哭着，却发不出一点声音……

雨一直在下，小女孩也不知哭了多久。她知道妈妈再也不会醒来，现在就只剩下她自己。妈妈的眼睛为什么不闭上呢？她是因为不放心她吗？她突然明白了自己该怎样做。于是擦干眼泪，决定用自己的语言来告诉妈妈，她一定会好好地活着，让妈妈放心地走……

小女孩就在雨中一遍一遍用手语做着这首《感恩的心》，泪水和雨水混在一起，从她小小的却写满坚强的脸上滑过……“感恩的心，感谢有你，伴我一生，让我有勇气做我自己……感恩的心，感谢命运，花开花落，我一样会珍惜……”她就这样站在雨中不停歇地做着，一直到妈妈的眼睛终于闭上……

我给孩子们讲完这个故事，发现他们的小脸上已经挂满了泪珠。她们真的很伤心，不停地抽泣着。

他们说小女孩真可怜，她的妈妈真可怜。我不知道他们能不能明白这首歌的真正含义，但是我相信到某些特定的时刻他们一定会想起这首歌，想起这个小女孩。他们会珍惜自己的生命，用一颗感恩的心去面对生命中的坎坷辛苦，无论多大的风雨，他们都可以勇敢地去面对，永不放弃。

是的，生命是如此的珍贵，我们要感激父母给了我们这一次生命，让我们能来到这个世界活过一次；感谢老师，教给了我们知识，让我们成为一个有用的人；感谢朋友，给了我们友谊，让我们在生命的旅程中不再孤独；感谢坎坷，让我们在一次次失败中变得坚强；感谢敌人，让我们不断完善，不断朝前进步，永远在风雨中同行……

**【听一听】**

三、基本概念——学会感恩

"5·12"汶川大地震已慢慢成为我们伤痛的记忆，成为我们心口永远的痛。顷刻间，地动山摇，短短几十秒，历史改写，生死改变。上一秒亲人朋友还在说说笑笑，而下一秒却变成了阴阳两隔，永不相见。有的孩子地震前还在吮吸着母亲甘甜的乳汁，在他幼小的心灵里对母亲的记忆甚至还来不及定格，而一眨眼母亲却永远地离开了他……短短数十秒，数万鲜活的生命永远失去了颜色，消失于瞬间。这一切来得是那么突然，让人措手不及。

离开的人们让我们知道生命是那么脆弱，而活着的人们让我们知道生命可以这么坚强。让我们学会珍惜，珍惜身边的每一个人，用心感受身边的每一件事。让我们学会感恩，感恩父母生命的赐予，感恩亲人和朋友，是他们让我们看到了生活的色彩斑斓。

（一）培养感恩意识的重要性

什么是感恩？牛津字典给出的定义是："乐于把得到好处的感激呈现出来且回馈他人。"可见感恩是一种对恩惠心存感激的表示，是每一位不忘他人恩情的人萦绕心间的情感，是一种生活态度。如，我们要感恩父母带给我们生命，在生活中给予我们点点滴滴的关爱与照顾；感恩朋友带给我们真挚的友情，在生活中给予我们的关心和鼓励；感恩生活让挫折磨炼我们的意志，让苦难锤炼我们的品质，使我们更深刻地理解生活；感恩社会，感谢他们孕育了一个个相像而又不尽相同的个体，组成了一个丰富多彩的大千世界；感恩大自然，岁荣岁枯，春夏秋冬，山水相映，鸟语花香；感恩洒在我们身上的每一缕阳光，感恩路人投来的每一个微笑，感恩这一切的存在让我体验到了真实的美好，等等。

感恩，是中华民族的传统美德，也是作为一个人最起码的道德品质和行为准则。中华民族具有优良的"感恩"传统。"谁言寸草心，报得三春晖"的动人诗句，"恩欲报、怨欲忘，报怨短、报恩长"的经典词句，以及"施恩不图报"的美德，"知恩不报，非君子"，"滴水之恩，当涌泉相报"的古训；饮水知源、恩风长扇的佳话，都反映了古人对"感恩"的认同和崇尚。这些无非是要告诉我们，做人要学会感恩。

感恩绝不是对父母之恩的简单回报，它更是大学生的一种责任意识、自立意识、自尊意识，更是一种精神境界的追求。感恩，不仅仅是一种美德的要求，更是生命的一个基本要素。因此，培养大学生的感恩意识，让大学生拥有一颗感恩的心，不仅是提高大学生心理健康水平的需要，更是提高他们道德修养的必需。

（二）如何培养感恩意识

如何提高大学生的感恩意识？从大学生个人角度谈，可以从以下几个方面去努力：

1. 知恩图报

知恩图报，首先要对别人为自己的付出心存感激。有一则“千人糕”的故事，大概意思是这样的：大人说，今天我们来吃“千人糕”，小孩稀奇得不得了，等到糕上台，却原来是普通的年糕，小孩大失所望。于是大人解释说，这个糕是由许多人做成的。试想，糕是米磨成的，米是农民种出来的，农民的工具又是由许多工匠做出来的，这些工匠的原料又是由更多的人做成的，难道台上的糕不是“千人”所做的糕吗？小孩恍然大悟。现在好多人每每取得成绩，总想到的是自己吃了多少苦，经过了多少的努力和奋斗，才取得了如此的成果，而没有想到这些成绩的取得是许多人集体的智慧，是大家帮助的结果。你取得的成绩应该感谢所有帮助过你的人。父母给了我们生命，老师给了我们知识，朋友给了我们友谊，挫折给了我们坚强，等等，这一切都是恩情，都要心存感激。美国总统罗斯福家里有一次不幸被偷，朋友写信安慰他，他却这样回信：“我应该感谢那个小偷。第一，贼偷去的只是我的东西，而没有伤害我。第二，贼只偷去我部分的东西，而不是全部。第三，最值得庆幸的是，做贼的是他，而不是我……”罗斯福面对不幸，也能从中找出感恩的理由，因此对于世间万物，你都可以找出感激的理由。

知恩图报，还应该“滴水之恩，当涌泉相报”。我们从亲人、从老师、从朋友、从他人、从社会那里得到多少恩惠，当以更大的诚意给予回报。这里也有一个典故：鲁宣公二年（公元前607年），宣子在首阳山（今山西省永济县东南）打猎，住在翳桑。他看见一人非常饥饿，就去询问他的病情。那人说：“我已经三天没吃东西了。”宣子就将食物送给他吃，可他却留下一半。宣子问他为什么，他说：“我离家已三年了，不知道家中老母是否还活着。现在离家很近，请让我把留下的食物送给她。”宣子让他把食物吃完，另外又为他准备了一篮饭和肉。这个饿汉就是灵辄。后来，灵辄做了晋灵公的武士。一次，灵公想杀宣子，灵辄在搏杀中反过来抵挡晋灵公的手下，使宣子得以脱险。宣子问他为何这样做，他回答说：“我就是在翳桑的那个饿汉。”宣子再问他的姓名和家居时，他不告而退。

美国加州大学心理学家柳博米斯基在系统研究了51份如何提高幸福感的调查报告后，归纳出了5个幸福要素：懂得感恩、乐观思考、记录下幸福的事、发挥你的强项和多多行善。可见，一个人知恩图报，还可以提高自己的幸福感。

2. 停止抱怨

阿里巴巴集团主席兼首席执行官马云说过：不抱怨的人生态度才是第一位的。世界首富比尔·盖茨说过：人生是不公平的，习惯去接受它吧。请记住，永远都不要抱怨。卡内基训练负责人黑幼龙说：“抱怨会让我们陷入一种负面的生活、工作态度中，常常在他人身上找缺点，包括最亲密的人。不抱怨的人一定是最快乐的人，没有抱怨的世界一定最令人向往。”畅销心灵作者张德芬说，“抱怨是最消耗能量的无意举动”。有一本书《不抱怨的世界》，是美国的威尔·鲍温写的，你在买书的时候会同时赠送你一个紫色的手环。有人说，一只手环21天改变了600万人的命运。即让大家将紫色的手环戴在一只手上，当你发生抱怨的时候就换到另一只手上，不断交替更换，直到达成连续21天不抱怨、不批评、不讲闲话。结果是养成了新的习惯。书上有一段话：“改变你的言语，改变你的思维；停止抱怨，在好事发生时表达感激，你就能改变自己的人生，也让所有人的未来更美好。”停止抱怨将有利于我们学会感恩。这时，我忽然想起了有人讲过这么一个故事，题目就是：

### 你怎么看你自己

她站在台上，不时不规律地挥舞着她的双手；仰着头，脖子伸得好长好长，与她尖尖的下巴扯成一条直线；她的嘴张着，眼睛眯成一条线，诡谲地看着台下的同学；偶尔她口中也会咿咿唔唔的，不知在说些什么。基本上她是一个不会说话的人，但是，她的听力很好，只要对方猜中，或说出她的意见，她就会乐得大叫一声，伸出右手，用两个指头指着你，或者拍着手，歪歪斜斜地向你走来，送给你一张用她的画制作的明信片。

她就是黄美廉，一位自小就染患脑性麻痹的病人。脑性麻痹夺去了她肢体的平衡感，也夺走了她发声讲话的能力。从小她就活在诸多肢体不便及众多异样的眼光中，她的成长充满了血泪。然而她没有让这些外在的痛苦击败她内在奋斗的精神，她昂然面对，迎向一切的不可能，终于获得了加州大学艺术博士学位。她用她的手当画笔，以色彩告诉人“寰宇之力与美”，并且灿烂地“活出生命的色彩”。全场的同学都被她不能控制自如的肢体动作震慑住了。这是一场倾倒生命、与生命相遇的演讲会。

“请问黄博士”，一个同学小声地问，“你从小就长成这个样子，请问你怎么看你自己？你都没有怨恨吗？”我的心头一紧，真是太不成熟了，怎么可以当着面，在大庭广众之下问这个问题，这太刺人了，我很担心黄美廉会受不了。

“我怎么看自己？”美廉用粉笔在黑板上重重地写下这几个字。她写字时用力极猛，有力透纸背的气势。写完这个问题，她停下笔来，歪着头，回头看着发问的同学，然后嫣然一笑，回过头来，在黑板上龙飞凤舞地写了起来：

一、我好可爱！

二、我的腿很长很美！

三、爸爸妈妈这么爱我！

四、上帝这么爱我！

五、我会画画！我会写稿！

六、我有只可爱的猫！

七、还有……

忽然，教室内鸦雀无声，没有人敢讲话。她回过头来定定地看着大家，再回过头去，在黑板上写下了她的结论：“我只看我所有的，不看我所没有的。”掌声由人群中响起，看看美廉倾斜着身子站在台上，满足的笑容，从她的嘴角荡漾开来，眼睛眯得更小了，有一种永远也不被击败的傲然写在她脸上。我坐在位置上看着她，不觉两眼湿润起来。走出教室，美廉写在黑板上的结论，一直在我眼前跳跃：“我只看我所有的，不看我所没有的。”十几天过去了，我想这句话将永远鲜活地印在我心上。

看到这个故事，或许你的脑海里会出现这样的画面：我有一个幸福的家庭，我的爸妈很爱我，我的外公、外婆、爷爷、奶奶非常爱我，我与同学相处和睦，有很多认识或不认识的朋友支持我，我可以做我喜欢的工作，可以自由地表达我的看法，有一台电脑，可以上网……我真的没有理由抱怨什么。

3. 实用方法

怎样培养感恩意识，马斯洛曾经提供过一些实用的方法，在此你也不妨一试：

(1)想象一下你所爱的某个人将要去世，甚至很快就要离开人世。请发挥想象力，设身处地地想一想你将会有怎样的心情，你将会失去什么？你又会为哪些事伤心不已？你会感到遗憾或后悔吗？你将怎样与他诀别，才不致使自己后悔？

(2)想象自己马上就要死了，甚至正站在断头台的边缘。想象眼前的一切对你而言是多么生动与宝贵？你将对你最爱的人说再见时的感受是什么？此时此刻你最想说的话是什么？你最想做的事是什么？

小学的语文课本里有一篇课文为《轮椅上的霍金》，讲述了霍金的故事：

## 轮椅上的霍金

霍金在轮椅上坐了40年，全身只有三根指头会动，演讲和答问只能通过语音合成器来完成，然而他撰写的科学著作《时间简史》在全世界拥有无数的读者。

命运对霍金十分残酷。1963年，21岁的霍金在剑桥大学读研究生时，不幸患上会导致肌肉萎缩的卢伽雷氏症，不久就完全瘫痪，被长期禁锢在轮椅上。1985年，霍金因患肺炎做了穿气管手术，又被彻底剥夺了说话的功能。40年过去了，疾病已使他的身体彻底变形。医生曾断言，身患绝症的他只能活两年，但他却一直坚强得活了下来。虽然他的身体一直没有离开过轮椅，他的思维却飞出了地球，飞出了太阳系，飞出了银河系，飞到上百光年外的宇宙深处，飞向了神秘莫测的黑洞。他成了与爱因斯坦齐名的杰出的英国科学家。

霍金的魅力不仅在于他是一个充满传奇色彩的物理天才，也因为他是一个令人折服的生活强者。他不断求索的科学精神和勇敢顽强的人格力量深深地吸引了每一个人。

有一次，在学术报告结束之际，一位年轻的女记者抢先跃上讲坛，面对这位当时已在轮椅上生活了几十年的科学巨匠，深深景仰之余，又不无悲悯地问："霍金先生，病魔已将您永远固定在轮椅上，你不认为命运让你失去太多了吗？"

这个问题显然有些唐突和尖锐，报告厅内顿时鸦雀无声，一片静默。

霍金的脸上却依然充满恬静的微笑。他用还能活动的手指，艰难地叩击键盘。于是，随着合成器的标准伦敦音，宽大的投影屏上缓缓而醒目地显示出如下一段文字：

我的手指还能活动，

我的大脑还能思维；

我有终身追求的理想，

有我爱和爱我的亲人和朋友；

对了，我还有一颗感恩的心……

心灵震颤之余，掌声雷动。人们纷纷拥向台前，簇拥着这位非凡的科学家，向他表示由衷的敬意。

霍金正视自己的命运，他并不觉得自己失去了很多。却觉得自己还拥有许多。他让我们懂得了：活着的人重要的是要有灵魂、要有思想和一颗感恩的心。一个人一旦拥有这些，他便是快乐的，是幸福的……

## 课后训练

**【测一测】**

### 测测你的感恩之心[①]

有一种情感可以给心插上翅膀，带着心在天堂里飞翔。它的名字叫——感恩。

1. 你对祖国的忠诚度是：
 A. 50％　　B. 90％　　C. 100％
2. 对于亲人为你的倾情付出，你会对他们表示感谢吗？
 A. 基本不会　　B. 有时会　　C. 经常会
3. 在大街上遇到乞讨者，你会：
 A. 避而远之　　B. 坦然走过　　C. 给予帮助
4. 对于你所在的学校，你所持的态度是：
 A. 很不满意　　B. 有些不满　　C. 基本满意
5. 在公共汽车上遇到行动不方便的老年人，你会：
 A. 无动于衷　　B. 不好意思让座　　C. 主动让座
6. 在餐馆就餐，你会对服务员表示感谢吗？
 A. 从来不会　　B. 看有无必要　　C. 经常会
7. 你还能记得几位教过你的小学老师的名字？
 A. 基本没印象　　B. 1～2位　　C. 多数都记得
8. 你对报答父母养育之恩如何理解？
 A. 还父母的债　　B. 社会舆论　　C. 源于血缘的亲情
9. 你如何看待你和竞争对手的关系？
 A. 对立关系　　B. 相互依存　　C. 让我成长
10. 对于别人善意的劝告，你所持的态度是
 A. 从不接受　　B. 看心情　　C. 虚心接受

**测试解释：**

1. 如果A选项偏多，你要注意了，这说明你的感恩意识较为缺乏，建议你从上述问题中提到的行动开始，逐步树立感恩意识。

2. 如果B选项偏多，说明你是个懂得感恩的人，你已经初步了解感恩的意义。希望你将这种感恩的意识转化为行动。

3. 如果C选项偏多，恭喜你，你已经将感恩上升为人生中的大智慧。希望你感恩的行动不仅仅体现在回报层面，而是体现在奉献。

**【读一读】**

威尔·鲍温(Will Bowen)是美国最伟大、最受尊崇的心灵导师之一。由他写的《不抱怨的世界》(陕西师范大学出版社2009年版)，随书附赠的一只紫色的手环改变了无数人的命运！全世界有80个国家，600万人参与了“不抱怨”活动！

---

① 转自南方心理热线，http://www.psyonline.cn/article.php?articleid=3304。

《不抱怨的世界》提出的神奇“不抱怨”运动，是我们现代人最需要的。我们可以这样看：天下只有三种事：我的事，他的事，老天的事。抱怨自己的人，应该试着学习接纳自己；抱怨他人的人，应该试着把抱怨转变成请求；抱怨老天的人，请试着用祈祷的方式来诉求你的愿望。这样一来，你的生活会有想象不到的大转变，你的人生也会更加的美好、圆满。

# 第六章　我真的很不错

我们必须有恒心，尤其要有自信力！我们必须相信我们的天赋是用来做某种事情的，无论代价多么大，这种事情必须做到。

——居里夫人

不是因为有些事情难以做到，我们才失去自信，而是因为我们失去了自信，有些事情才显得难以做到。

先相信自己，别人才会相信你。

——罗曼·罗兰

## 教学目标

帮助大学生了解什么是自信、懂得自信是人走向成功的第一要素，学会自我肯定、自我激励。

## 教学环节

一、热身活动

成长三部曲

目的：活跃团体气氛，体会成长中的挫折。

操作：

1. 老师说明活动规则：全蹲、双手抱膝代表“鸡蛋”，半蹲、双手向后代表“小鸡”，站立、双手向后代表“大鸡”。

2. 全体同学全部从“鸡蛋”开始。

3. 两人一组进行猜拳，赢者从“鸡蛋”变成“小鸡”，输家仍是“鸡蛋”。然后同学寻找同类(例如，“鸡蛋”和“鸡蛋”，“小鸡”和“小鸡”等)再进行猜拳，赢家再成长一步(例如：从“小鸡”到“大鸡”)，输家退后一步(例如：从“小鸡”到“鸡蛋”)。然后再寻找同类进行猜拳，一直到“大鸡”与“大鸡”的赢家算完成游戏，可以回到自己的座位上坐好，输家继续游戏。

4. 游戏进行到大部分同学都回到座位上了，场上只剩下两三个人时即可结束。

5. 体会分享。请未完成游戏的同学分享感受。

注意：

1. 体会分享时，也可以请一次就成功的人分享感受。虽然一开始他们很高兴，因为他们很顺利就成功了，但后面看到人家玩得那么开心，也许他们也会有失落感。通过分享，启发同学明白任何事情都有两面性。

**【练一练】**

二、练习

(一)天生我才

目的:学习发现自己和别人的优点并欣赏,促进相互肯定与接纳。

准备:练习表“天生我才”。

操作:

1. 老师下发每位学生一张“天生我才”练习表,并让每个学生填写。

2. 填写完毕后,同学们在小组内交流。交流按照表格中的项目开始,先说第一项,每位同学说出同一项后,再开始下一项。

3. 讨论:你是否同意每个人都有长处?原因何在?

练习:天生我才

我最欣赏自己的外表是________________

我最欣赏自己对朋友的态度是________________

我最欣赏自己对求学的态度是________________

我最欣赏自己的一次学业成绩是________________

我最欣赏自己的性格是________________

我最欣赏自己对家人的态度是________________

我最欣赏自己做事的态度是________________

(二)优点轰炸(戴高帽子)

目的:学习发现别人的优点并欣赏,促进相互肯定与接纳。

准备:每组一顶高帽子。

操作:

1. 6～8 人一组围圈坐下。

2. 请一位同学戴上高帽,坐或站在团体中央,其他人轮流说出他的优点及欣赏之处(如性格、相貌、才能等)。

3. 每个同学到中央戴一次高帽,被小组其他同学轰炸一次。

4. 被称赞的同学说出哪些优点是自己以前察觉到的,哪些是不知道的。

5. 体会分享。

注意：

1. 必须说优点。态度要真诚，努力去发现他人的长处，不能毫无根据地吹捧，这样反而会伤害别人。

2. 参加者要注意体验被人称赞时的感受如何？怎样用心去发现他人的长处？怎样做一个乐于欣赏他人的人？

（三）做一幅成功的心像图（可以根据上课的时间选择做）

目的：通过成功场面的想象练习，激发学生新的能量和才华，增强其自信心。

操作：

1. 每位同学坐在椅子上，尽量放松自己，感到舒适，闭上眼睛，开始想象一个自己获得成功的场景（约5分钟）。

2. 完成想象后，睁开眼睛，在小组里描述自己想象的内容。

3. 小组内讨论及交流，重点内容为：

这种练习给你的感受如何？

它有没有给你的心灵带来什么变化？如果有，是什么样的变化？

4. 派代表在班级里分享。

**【听一听】**

三、基本概念——增强自信

（一）什么是自信心

自信就是自己相信自己，指的是一个人对自身能力与特点的肯定。自信意味着对自己的“信任”、欣赏和尊重，意味着胸有成竹，处事有把握。自信是人们在实践中表现出来的一种美好的性格特征。

一个失去自信的人总感到他们的精神世界中笼罩着层层自卑阴云，使自己陷入自我失败的误区；一个失去自信的人，也就否定了自我价值，这时思维很容易走向极端，并把一个在别人看来不值得提的问题放大，甚至坚定地相信这就是阻碍自己进步的唯一障碍。很难想象一个缺乏自信的人会有出类拔萃的成就。

（二）自信的重要性

1. 自信能使人成功

自信是每个人走向成功的第一要素。古往今来，每一个伟大的人物在其生活和事业的旅途中，无不以坚强的自信为先导。只有相信自己，才能激发进取的勇气，才能感受生活的快乐，才能最大限度地挖掘自身的潜力。

富兰克林·罗斯福是被世人公认的20世纪最伟大的美国总统，在美国历任总统的排名中稳居前三名，在他前面的只有华盛顿和林肯。他连任四届总统，打破了开国总统华盛顿树立的不连任三届的传统。他创立了总统个人外交的模式，成为战后30年来习以为常的国家首脑会议的先导。他向美国行政、立法、司法均衡制约的格式挑战，大大扩大了总统的权力。他推行新政，使美国走出了20世纪30年代大萧条的危机，开创了国家垄断资本主义的先河。他摆脱了孤立主义影响，使美国参与了世界反法西斯战争，走向世界，最终成为世界首屈一指的强国。罗斯福这些成就的取得与他优秀的人格有着不可分割的关系。自尊和自信对罗斯福一生事业的成功有着积极的推动作用，成为他一生不断进取的巨大动力。但罗斯福一度非常胆小怕事，据他自己说，当老师叫他起来背诵课文时，他就双腿发抖，呼吸急促，嘴唇颤动不止，回答得含糊而且不连贯，往往在同学的讥笑中颓废地坐下来。由于长着一口龅牙，更使他处于一种难堪的境地。但他没有因此而封闭、退缩和忧郁，在别人的嘲笑声中，他咬紧牙床，使嘴唇不颤动；靠紧膝盖，使双腿不发抖，最终一字一句地把自己的观点表达出来。他清楚自己身上的种种缺陷，但没有因此而自卑、自暴自弃，最后成了全世界有名的勇者之王。罗斯福谈到自己的成功时，并不认为自己有什么天赋和非凡才干，只是自己善于自我激励，把平凡的才能在尽可能的限度内，发挥到异乎寻常的高度。

19 世纪之前的 300 年间，数学家们一直为证明一元四次以上的方程是否有解而忙碌着，可惜他们不是望而却步，就是半途而废，没有一位能解开这个结。1818 年，挪威一位 18 岁的阿尔贝，在研究了前人的有关这一问题的大量资料后，坚定地对他的老师说："让我来解答这一历史难题吧，我能证明四次以上的方程是否有解。"他凭着自信、聪明和勤奋，花了 6 年的时间，给了历史一个圆满的回答：一般高于四次的方程没有代数解。这就是著名的阿尔贝—鲁菲尼定理。

2. 自信让我们变得更有价值

每个人的本性中都隐藏着信心，如果你认定自己是一个不起眼的陋石，那么你可能永远只是一块陋石，如果你坚信自己是一个无价的宝石，那么你可能就是一块宝石。有个故事可以说明这个道理。

从前某个寺庙里有位德高望重的老方丈。有一天，这位老方丈为了启发他的徒弟，给他的徒弟一块石头，叫他去杂货市场，并且试着卖掉它。这块石头很大，很漂亮。但是方丈说："不要卖掉它，只是试着卖掉它。注意多观察，多问一些人，然后只要告诉我在杂货市场它能卖多少就可以了。"

这位徒弟去了。在杂货市场，许多人看着石头想：它可作很好的摆件，小孩子可以玩，或者可以把它当做称菜用的秤砣，等等。于是他们出了价，但只不过是几个小钱。那位徒弟回来说："它最多只能卖几个铜钱。"方丈说："现在你去黄金市场，问问那里的人。但是不要卖掉它，只问问价。"从黄金市场回来，这位徒弟很高兴，说："这些人太棒了。他们乐意出到 1000 两银子。"方丈说："现在你去珠宝商那儿，但不要卖掉它。"他又去了珠宝商那儿。他简直不敢相信，他们竟然乐意出 5 万两银子，他不愿意卖，他们继续抬高价格——他们出到 10 万。但是徒弟仍然说："我不打算卖掉它。"他们说："我们出 20 万、30 万，或者你要多少就多少，只要你卖！"徒弟仍然说："我不能卖，我只是问问价。"他不能相信："这些人疯了！"他自己觉得杂货市场的价已经足够了。他回来后，师父拿回石头说："如果你认为你只是一块石头，那么你就是一块石头；如果你认为你是一块金子，那么你就是一块金子。"

这个故事给我们的启示是：做任何事都要相信自己，面对困难，要立即行动起来，不能给自己借口不去做，完成目标任务的最大的障碍就是自己害怕完不成目标，要随时保持一种积极的心态，从自身做起，才能使自己更好地发展。

因为自信，我们就会紧紧抓住每一个稍纵即逝的机会；因为自信，我们能够抓住每一个在别人看来也许不那么重要的小机会；因为自信，我们用心对待每一次上天垂青的机会，积极努力；因为自信，我们对生活充满了感恩，感谢我们的父母、朋友、同事，让我们生活得更有意义。于是，我们就会获得各种收获，我们的生命也会因此而变得更有价值。

人生需要目标，有目标才有奋斗，有奋斗才有充实感。要人生充实必定要自信。人生不可能一帆风顺，它是一条充满艰辛坎坷、曲折，充满挑战，充满挫折的旅途。当新的一天又到来时，你是否把自己定格在忙碌中？当太阳升起时，你是否把握住那每一缕阳光？有目标有自信的人，在忙碌中依然能感受太阳的温馨，依然能嗅出生活的七彩光环，因为只有自信才能体验出人生的内涵。

乔诺·吉拉德，是美国有史以来最著名的销售大王。他出生在美国的一个贫民窟，比人们想象中的还要贫困。在很小的时候他上街去擦皮鞋补贴家用，最后连高中都没有念完就辍学了。他的父亲总是说他根本不可能成才。父亲的打击一度让他失去自信，甚至有一段时间，他连说话都会变得结结巴巴。幸运的是，他有一个伟大的母亲，是她常常告诉乔诺·吉拉德："乔，你应该去证明给你爸爸看，你应该向所有人证明，你能够成为一个了不起的人。你要相信这一点：人都是一样的，机会在每个人面前。你不能消沉、不能气馁。"母亲的鼓励重新坚定了他的信心，燃起了他想要获得成功的欲望，他变成一个自信的人！从此，一个不被看好，而且背了一身债务几乎走投无路的人，竟然在短短 3 年内成为被吉尼斯世界纪录称为"世界上最伟大的推销员"，而且至今还保持着销售昂贵商品的空前纪录——平均每天卖 6 辆汽车！他是一直被欧美商界当成"能向任何人推销出任何产品"的传奇式人物。

我们能够从他那传奇、精彩的人生中看到：人生需要自信！

3. 自信使人更加美丽

自信原本就是一种美丽，可有的人太在意外表而失去了很多快乐。

有一个叫珍妮的小女孩，她总爱低着头走路，因为她一直觉得自己长得不够漂亮。有一天，她到饰品店买了一只漂亮的蝴蝶结。那是一只多么美的蝴蝶结啊！珍妮欣喜得左看右看。店主不断地赞美她戴上蝴蝶结挺漂亮的，珍妮虽然不信，但是心里挺高兴的，不由得昂起了头，急于让大家看看，就连出门时与人撞了一下都没在意。珍妮走进教室，迎面碰上了她的老师，"珍妮，你昂起头来真美！"老师微笑着对她说。那一天，珍妮得到了许多人的赞美。她想一定是因为头上戴了漂亮的蝴蝶结，可往镜中一照，她才发现头上根本就没有蝴蝶结，可能出门时就被撞丢了。这原本就不存在的蝴蝶结却奇迹般地让珍妮找回了自信，也让大家看到了珍妮隐藏着的美丽。这美丽不是让人惊艳的外表，而是那发自内心的自信。是它，让原本黯淡的眼神璨若星辰，让原本平淡无奇的小脸熠熠生辉……

无论是贫穷还是富有，无论是貌若天仙还是相貌平平，只要你昂起头，快乐自信会让你变得可爱——人人都喜欢的那种可爱！

意大利女演员索菲亚·罗兰，是国际著名影星，曾主演过《卡桑德拉大桥》等多部电影，并荣获奥斯卡最佳女演员金像奖。一系列的非凡创造，使这位经历坎坷的私生女，无可争辩地进入了超级电影明星的行列，同时毫无逊色地居于世界美女之林。

然而，有谁知道，在罗兰 16 岁初涉电影界的时候，却因形象缺陷引起了麻烦。

罗兰第一次拍电影时，试了很多镜头，每次都换不同的摄影师，但都对罗兰留下否定的反映。摄影师们抱怨说："你的鼻子太长、臀部太发达，无法把你拍得美艳动人。"著名导演卡洛·庞帝是最先欣赏罗兰的电影界人士，此时也不得不找罗兰谈话。于是，两人之间进行了一次有趣的对话。

“我刚才同摄影师开了个会，他们说的结果全一样，噢，就是关于你的鼻子。”

“我的鼻子怎么了？”

“嗯，咳，如果你要在电影界做一番事业，你也许该考虑作一些变动。”

“你的意思是动动我的鼻子？”

“对，还有，也许你得把臀部削减一点。你看，我只是提出所有摄影师的意见。这鼻子不会有多大问题，只要缩短一点，摄影师就能够拍它了，你明白吗？”

“我的脸确实与众不同，但是我为什么要长得和别人一样呢？”

“……”

“至于我的臀部，无可否认，我的臀部确实有点发达，但那是我的一部分，是我所以成其为我的一部分，那是我的特色。我愿意保持我的本来面目。”

“好吧。真抱歉，我不该提出这些问题……”

对话结束了，问题解决了。试想，如果罗兰缺乏自信和主见，匆忙去做了整容手术，我们还能见到今天的罗兰吗？

后来，罗兰功成名就写自传时，她写道：“我从不低估自己。我从不根据别人的标准来判断自己。我总是对自己寄予很大的希望，如果我失败了，那是自作自受。因此，无论是失败或是挫折我都不会抱怨，因为对降临到我头上的任何不幸，我都不能责怪别人。我在16岁时就已经有了自知之明：我是一个幸存者，我依靠自己，不仰仗别人。”

罗兰的经历告诉我们，美是具有个性的，而魅力来源于自信，只有自信才会自然。[①]

（三）如何提高自信

美国作家爱默生说：“自信是成功的第一秘诀。”可以说，拥有自信就拥有无限机会。那么如何增强自信呢？

1. 正确认识自我，悦纳自我。每个人都有自己的优点和长处，同时也存在缺点和限制。我们不仅要欣赏自己的长处，好的、成功的方面，肯定自己的价值，同时也要接纳自己的不完善和失败。接纳自己的不完善也是自信的表现，是完善自我的起点。

2. 多进行积极的自我暗示。自我暗示是意识与潜意识之间互相沟通的桥梁。通过暗示，可以使意识中的最具力量的意念转化到潜意识里。即通过有意识的自我暗示，将有益于成功的积极思想和感觉。法国心理学家E.艾库在他的《自我暗示》一书中讲到一个例子：我们把一块长10米、宽30米的厚木板放在地上，人们轻而易举就可以从上面走过去。但是如果把这块木板放到五六层楼高的地方，人在上面恐怕连一米也迈不过去。为什么在地面就可以轻松做到的事情，换到十几米的高度就使人这么为难了呢？就是因为“可能会掉下去”的心理暗示束缚了我们自己。因此，需要不断对自己进行正面的心理强化，坚持积极的自我暗示、自我激励、自我激发、自我鼓励，从而使自己保持良好的心态，振作精神，努力去实现自己预想的目标。一旦自己有所进步（不论大小）就对自己说：“我能行！”“我很棒！”“我能做得更好！”等，这将不断提升自己的信心。

3. 勇于行动。很多人当他要从事某项活动时，就想着可能带来的种种不利和困难，以致不得不放弃行动，而且还以为自己这样不行，那样不行，从而丧失信心。因此，勇于行动非

---

① 郑洪烈主编：《大学生心理素质训练教程》，上海交通大学出版社2005年版，第58—61页。

常重要，只有你去做了，你才真正知道自己的能力。当然在行动前做好充分准备，在行动中扬长避短，展现自己的优势、特长，做自己喜欢做的事这些都很重要。

4. 多结交自信的朋友。俗话说“近朱者赤，近墨者黑”。能和自信心强的人多接触、多交流，对增强自信同样有帮助。

5. 不可谦虚过度。谦虚是必要的，但不可过度，过分贬低自己对自信心的培养是极为不利的。

6. 学会微笑。在纷繁芜杂的现实生活中，微笑可以带给你一方明净的天空；在蜿蜒崎岖的人生道路上，微笑可以带给你一阵无声的鼓点，帮你抛却倦怠与萎靡，重新昂起不屈的头颅。

7. 给自己设定恰当的目标。给自己设定的目标不要太高，目标太高不易达到，如果达不到，对自信心有所破坏。在目标达成后，再设定更高的目标，一步一步前进，有利于自信心的增强。

8. 冒一次险。当你做了以前不敢做的事以后，你会发现原来做这事其实并没有什么了不起！这对提升自信心很有帮助。

9. 尽量依靠自己。有事尽量依靠自己解决，能不断激发自身的潜力，并且通过一次次的成功，不断提升自信水平。

自信是成功的第一要诀，有志于成才、成功的人请培养你的自信。我在网上看到一段话，觉得说得很好，在此稍作修改后和大家一起共享：

相信自己行，才会我能行；
别人说我行，努力才能行；
今天若不行，明天争取行；
能正视不行，也是我能行；
不但自己行，帮助他人行；
相互支持行，合作大家行；
争取全面行，做事才能行。

**课后训练**

**【测一测】**

### 自信心测试[①]

请根据你的实际情况，对下列题目做出“是”或“否”的回答。

1. 你觉得自己经常会遇到麻烦。
2. 你觉得在众人面前讲话是很困难的。
3. 如果可能，你将会改变你自己的许多事情。
4. 你很难做出决定。
5. 你没有许多开心的事情可做。
6. 你常常感到心烦。
7. 你对新鲜事物的适应很慢。
8. 你与你的同学相处得不好。

---

① 转自，http://www.sinoblog.org10/40.html。

9. 你的家人通常不关心你的感情。
10. 你常常会做出让步。
11. 你的父母对你期望太多。
12. 你是个很麻烦的人。
13. 你的生活一团糟。
14. 别人通常不听你的意见。
15. 你对自己的评价不高。
16. 你多次有离家出走的念头。
17. 你常常觉得学习很烦,没有意思。
18. 你认为自己不如大部分人长得漂亮。
19. 你常常在众人面前欲言又止。
20. 你觉得家人不理解你。
21. 你不像大部分人那样讨人喜欢。
22. 你常常觉得你家里的人好像是在督促你。
23. 你常常对你所做的事情感到失望。
24. 你常常希望你是另外一个人。
25. 你是不能被人依靠的。

**评分规则:**

每题回答“是”记 0 分,回答“否”记 1 分。各题得分相加,然后乘上 4 即为你的总分。
50 分以下:说明你很自卑;
50～70 分:说明你自信程度较低,有些自卑;
70～80 分:说明你自信程度正常,无自卑;
80 分以上:说明你自信程度较高或过于自信。

**【读一读】**

欣赏是一种心态,是一种境界,更是一种方法,它能让平凡的生活蜕变为美丽和谐的艺术。有了欣赏,一切美好愿望将具备实现的可能性。学会发现自己及他人的长处,用“欣赏”的方法去处事,不管是对自己还是对他人都很重要。由国家心理咨询师、家庭治疗师陶思璇写的《欣赏的神奇力量》(陕西师范大学出版社 2009 年版),将教会你怎么欣赏自己和欣赏他人。

# 第七章　做情绪的主人

一个人具有过人的智商，却不懂得怎样控制自己的情绪和情感，他是个危险的人。

积极的人在忧患中看到机会，而消极的人则在机会中看到忧患。

**教学目标**

帮助大学生了解情绪，学会用艾利斯 ABC 人格理论管理情绪，做情绪的主人。

**教学环节**

一、热身活动

抓手指

目的：活跃团体气氛，打消防卫心理，初步接触情绪。

操作：

1. 所有同学围成一个圆圈，如果场地较小也可以围成两圈，里外各一圈，内外圈同学相向而立或坐。

2. 伸出每个人的右手，将掌心向下；再伸出左手，掌心向上。将右手食指顶住你右边同学的左掌心，而你的左掌心则与你左边同学的右食指的指尖相接触。

3. 老师设计一段引导语，语言里要间隔出现“情绪”两个字。当老师一说到“情绪”这两个字的时候，同学使用自己的左手掌去抓旁边同学的右手食指，而自己右手的食指则争取快速逃脱，不让别人的左手掌抓住。

引导语为：

说起情绪，我就想起了许多有关的词语：像“怒发冲冠”、“勃然大怒”，那是形容一个人愤怒情绪的；“眉开眼笑”、“喜笑颜开”、“喜上眉梢”，那是表达一个人的情绪如何快乐的；像“惊慌失措”、“惶恐不安”，则反映了一个人的情绪一定非常紧张；如果书中出现了“悲痛欲绝”这个词，说明那个人正在极度伤心之中；“热泪盈眶”这个词，看似写悲，其实写喜；而像“破涕为笑”这个词，那描写的就是我们情绪的变化了！

注意：

1. 老师的引导语要混杂设置一些接近动作口令的近义词或读音相近的词语，以刺激同学的听觉器官，有意造成同学在活动过程中的失误。

2. 可以让赢的人刮输的人一个鼻子，以增加紧张感。

**【练一练】**

二、练习

（一）情绪红绿灯

目的：了解情绪的概念。

准备：把有关情绪的词语如高兴、惊讶、悲伤等分别写在不同的纸上。

操作：

1. 请几位同学上台，在事先准备好的情绪词语里抽签，让他们根据签里写的情绪进行表演。

2. 每个同学表演完以后，由其他同学猜测是什么情绪。

3. 讨论：什么是情绪，让同学总结情绪的概念。

4. 老师给出情绪的概念。

（二）心情涂鸦

目的：了解自己最近的情绪，懂得每个人都有自己的独特心情。

准备：白纸及彩色笔。

操作：

1. 老师下发白纸和彩色笔。每位同学用彩笔画下自己最近的心情。

2. 画好后，让小组其他同学猜测自己画的是什么心情，然后在小组内相互分享。

3. 每组派一个代表在班级内分享体会。

（三）心理短剧：忧愁的老太太

目的：初步理解情绪与认知的关系。

准备："两位老太太的对话"。

操作：

1. 事先把两位老太太的对话发给两位女同学，让她们做好心理剧的表演准备。

2. 老师说明场景，让两位女同学表演。

3. 两位女同学表演完毕后，让所有同学讨论：同样的情况，为什么从不同的角度思考问题，会带来不一样的情绪？

4. 老师总结情绪和认知有关的概念。

**附：**

1. 场景。一个老太太有两个女儿，一个在卖太阳伞，另外一个在卖雨鞋。老太太无论阴天还是晴天都是愁眉不展，唉声叹气。邻居的另外一个老太太见到这种情况，就主动问其原因。

2. 两位老太太的对话。

老太太 2：

老姐啊，你为什么每天都愁眉不展，唉声叹气的？你有两个女儿，都很孝顺，也都有自己的生意，你生活上应该没有什么烦恼才对啊？

老太太 1：（还是愁眉不展，唉声叹气，看着天）

你不知道我心里的担忧啊！就因为两个女儿都很好，所以我希望她们每天都能够生意兴隆。但是，你看这天！如果是晴天，卖太阳伞的女儿生意就会比较好，但是卖雨鞋的女儿却门庭冷落；而雨天则刚好相反。所以我每天望着天，不知该盼望它是晴天好还是雨天好，所以我每天都很担忧啊！唉！（长叹）

老太太 2：

哦，原来这样子啊！呵呵，你为什么要愁呢？你为什么不换个角度想想呢？如果是晴天，那天你应该高兴，因为卖太阳伞的女儿生意会很红火；如果是雨天，那么你也应该很开心，因为你的另外一个女儿今天的生意一定会很好。

老太太1：(深思，若有所悟)

对哦，我怎么就没想到这个呢！好，以后每天我都不用再担忧了。

(四)故事分享：狐狸和葡萄

目的：进一步理解情绪与认知的关系。

操作：

1. 老师一边放PPT，一边讲《狐狸和葡萄》故事。

2. 故事讲完以后，让同学讨论：

- 为什么在同样的刺激下，六只狐狸会发生不同的结果？
- 情绪和什么有关？

3. 老师介绍艾利斯ABC人格理论。

**附：狐狸和葡萄的故事**

在一个炎热的夏天，几只口干舌燥的狐狸，来到一个葡萄架下。抬头仰望，琳琅满目、晶莹剔透的大个葡萄挂满枝头，狐狸的口水就流下来了。第一只狐狸开始跳，够不着，咬咬牙、跺跺脚、使使劲，再跳，还是够不着，再使劲还是够不着，葡萄还是高高地挂在上面。再去周围找找，梯子、板凳、砖头，等等，什么都没有。"这葡萄肯定是酸的，不好吃。走吧，捉只鸡，喝杯可乐、矿泉水，什么不行啊！"于是乎，这只狐狸心安理得，哼着小曲，高高兴兴地走了。第二只狐狸使劲地跳，同样也够不着葡萄，心想："我吃不到这葡萄，死不瞑目。"于是从天亮跳到天黑，又从天黑跳到天亮，结果呢，这只狐狸累死在葡萄架下了。第三只狐狸吃不着葡萄，开始骂大街："是谁这么缺德，把葡萄栽那么高，让老子吃不着。"结果把一个老农骂出来了，"怎么着，这葡萄是我种的，你骂什么，偏不让你吃，再骂，再骂就打死你"，于是老农抡起锄头，打死了狐狸，结果第三只狐狸含恨而死。第四只狐狸，也没办法吃到葡萄，还挺内向，憋在心里，就这样整天压抑，愁眉苦脸，结果抑郁成疾，得癌症而死。第五只狐狸，心想："想吃葡萄都吃不着，真没用，还活着干什么，活着还有什么意义呢？"于是乎，找棵歪脖子树，上吊死了。第六只狐狸，跳了几下，吃不着葡萄，一气之下，就精神分裂了，整天蓬头垢面，满大街转悠，口中念念有词"吃葡萄不吐葡萄核，不吃葡萄倒吐葡萄核……"

(五)情绪遥控器

目的：让同学觉察自己常见的负性情绪，帮助同学练习理性情绪自助训练，认识自己和他人的非理性信念，并寻找替代性的合理认知方式 。

准备："情绪遥控器"练习表。

操作：

1. 让同学分组围圈而坐。老师下发"情绪遥控器"练习表，让同学填写"情绪遥控器"练习的前三栏：在"烦恼的事"上写出一件最近比较困扰自己的事情(最多填三件)。在"情绪脸谱"上针对每件事，画出相应的表情，表示这件事情引起的情绪。在"我思我想"部分针对每件事，挖掘情绪背后的认知，写出引起这种情绪的想法和观点。

2. 大家都写好后，在小组内交流。主要依照填写的内容，讲讲最近都有什么烦心事，它引起的情绪是什么，情绪背后的想法是什么？

3. 每个同学在自己的练习纸上完成"找错误"和"情绪遥控器"部分，即寻找自身的非理性认知，并且尝试用理性和积极的认知方式进行替代。

4. 每个同学将自己完成的练习向左传，同时会接到右边传来的练习，每个同学帮助其他学生完成后半部分，重点填写“情绪遥控器”部分。

5. 依此类推。活动过程中，每位同学将给小组中的所有人“找错误”和“寻找合理认知”。

6. 分享体会和感受。

**练习：情绪遥控器**

| 烦恼的事 | 情绪脸谱 | 我思我想 | 找错误 | 情绪遥控器（找积极的理由） | 目标 |
|---|---|---|---|---|---|
| 例如：没钱 | ☹ | 别人都看不起我 | “都”太泛化和绝对 | 金钱不是友谊的基础，没钱的时候刚好能鉴别谁是真朋友 | ☺ |
| | | | | | |
| | | | | | |
| | | | | | |

**【听一听】**

三、基本概念——做情绪的主人

（一）何为情绪

情绪是人内心的感受经由身体表现出来的状态，是人对客观事物的态度体验及相应的行为反应。一般来说，情绪包括主观体验、生理唤起和表情行为。

1. 情绪是人的一种主观体验

一般人们会用愉快、平静、不安、紧张、厌恶等来描述主观体验。人在受到伤害时，会感到痛苦；在朋友聚会时，会感到快乐；在面临危险情境时，会感到恐惧；在自己的需要得到满足时，会感到幸福愉快；在遭到不公时，会感到气愤不平等，这些情绪都是一种内心感受和主观体验。人类最基本的七种情绪是：高兴、生气、愤怒、害怕、惊讶、悲伤、轻蔑。

2. 情绪有其生理基础

生理唤起是指情绪产生的生理反应，即情绪的生理成分，它包括所有的生理变化。如恐惧或暴怒时心跳加速、血压升高、呼吸频率增加，痛苦时血管容积缩小，焦虑时呼吸急促、心跳加快，愤怒时汗腺分泌旺盛、面红耳赤等。然而不同情绪所产生的生理反应可能是类似的，如流泪，有的是因为伤心而流（痛哭流涕），有的则是因为高兴而流（喜极而泣）。因此，单靠生理反应是无法判断到底引发了何种情绪。

3. 情绪的表现形式是表情行为

个体因情绪而表现出来的外显行为，包括语言和非语言，可分为面部表情、姿态表情、语调表情等。

面部表情：

悲伤时，双肩颤抖、泪流满面；

害怕时，双目圆睁、肌肉紧张；

高兴时，喜笑颜开等。

姿态表情：

痛苦时，捶胸顿足；

愤怒时，摩拳擦掌等。

语调表情：

悲伤时，语调低沉、言语缓慢；

兴奋时，语调高昂、语速加快等。

（二）情绪是怎样引起的

我们每天都伴随着各种各样的情绪，有时轻松、有时焦虑，有时快乐、有时痛苦，是什么在左右着我们的情绪呢？

1. 情绪是由“刺激”引发的

人不会无缘无故地产生情绪，必然有引发的刺激。这些刺激大多是来自外在事件。例如所谓“人生四大喜”——久旱逢甘露、他乡遇故知、洞房花烛夜、金榜题名时，皆能引起个体欣喜愉快的情绪，而现实中的一些挫折、不顺则会引起沮丧、失意的情绪。外在环境也能影响人的情绪，例如阳光和煦、景色怡人的环境，会让人心情舒畅；而拥挤嘈杂的环境则会令人烦躁和压抑。此外，内在生理和心理方面的刺激也会引发相应的情绪。如体弱多病使人情绪消沉；一段痛苦的往事，会勾起悲伤、烦恼的情绪等。

2. 情绪与人的认知密切相关

同样的刺激未必引起相同的情绪。因为情绪的产生常常是个人认知判断引起不同的内心体验。如前面讲的《狐狸和葡萄》的故事，同样是受到吃不到葡萄这件事的刺激，但由于六只狐狸对吃不到葡萄这件事的解释不同，因此它们产生的情绪也是不同的。又如对于大学生来说，很多人会受到失恋的刺激，但有的人会自杀，有的会自卑，有的会失落，有的会“红刀子进白刀子出”，有的会发奋努力、取得成就，就是因为对于失恋这个刺激的不同认知所引起的不同情绪。由此可见，情绪的产生不仅需要刺激的存在，还必须以个人的需要为依据，通过认识活动，对刺激加以解释、评价、确认自己对它采取何种态度，并且体验到这种态度，才产生了某种性质的情绪。

3. 情绪受个人的生理状态和动作行为的制约

如，躯体的病患或不适会引起情绪的低落；昂首挺胸，易使人充满自信；垂头丧气，让人悲观失望等。

4. 情绪和每个人的性格关系密切

对于性格有各种各样的分法。根据弗洛伦斯·妮蒂雅《性格解析》中的划分法，人的性格可以分为四种类型：一类是乐观型，他考虑事情总喜欢往好的地方想，他的情绪经常是愉快的；一类是领导型，他性急易怒，经常指责和挑剔，他的情绪经常是愤怒的；一类是完美型，他对自己和他人都要求很高，不容易看到自己的长处，而总是看到自己的不足，他的情绪经常是忧郁的；一类是冷静型，他随遇而安，缺乏激情，他的情绪往往是平和的。

（三）情绪健康的标准

情绪健康的表现如下：

1. 保持积极乐观的心态。包括好奇心，善于关注和发现生活、学习中积极的事物，并能够充分地享受愉快，主动创造能使自己感到愉快的生活和事业。

2. 接纳自己的情绪变化。喜怒哀乐人皆有之，不能也不必过分压抑。能接受自己的情绪，使情绪获得适当的表现，不苛求自己，不过于追求完美，以平常心来面对自己情绪上的波动。

3. 善于及时调整自己的不良心态。当出现不良情绪时，要采取各种方式及时调整和处理，否则情绪垃圾越堆越多，容易影响身心健康。

4. 宽容别人以增加愉快体验。俗话说怨恨是一把双刃剑，既会伤人，也会伤自己。在别人有错误的时候不去怨恨别人，更不拿别人的错误来惩罚自己，用一颗宽容的心、积极的态度去面对，自然会成为快乐的人。

5. 掌握有效的调节方法。当我们出现不良情绪时，要学会用各种方法及时调整。

（四）管理情绪的方法

怎样才能较好地调控自己的情绪，做情绪的主人呢？有如下方法可以尝试：

1. 认知调整法

我们已经知道，同样的刺激由于每个人对这个刺激的认知不同，就会产生不同的情绪，因此改变认知也可以改变情绪。

理性情绪疗法也称合理情绪疗法（Rational Emotive Therapy），简称 RET. 是心理学家艾利斯提出的。他有一个著名的理论，称为 ABC 人格理论。说的是：A（Activating events）代表事件，B（Belief）代表对这个事件的认知，C（Consequences）代表结果（情绪、行为）。他认为：结果（C）并不是由某一诱发性事件（A）直接引起的，而是由经历这一事件的个体对这一事件的解释和评价（B）引起的。所以我们必须通过改变认知 B 来调节情绪！

2. 转移注意法

一是把消极情绪转移到积极情绪上去，二是从关注不利因素转移到分析原因上去。有意识地把自己的情绪转移，非常有助于改变情绪。如有的人在愤怒的时候拼命干活，或者做运动，当产生消极情绪的时候，就去逛街、娱乐，来分散注意力，用时间上的推移来淡化内心的烦恼，用积极的情绪来抵消消极的情绪。

3. 合理宣泄法

不良情绪的及时合理的宣泄是非常重要的。从心理健康的角度讲，过分压抑产生的情绪，只会使情绪困扰加重，不利于心理健康，而适度的、合理的宣泄可以把不愉快的情绪释放出来，从而使紧张的心理得到放松。倾诉、流泪、写日记等都可以达到宣泄的效果。

4. 生理调解法

当一个人陷入紧张、抑郁、焦虑等不良情绪时，通过对身体各部分主要肌肉的系统放松练习，可以抑制那些伴随紧张而产生的生理反应，从而减轻心理上的压力和紧张焦虑的情绪。生理放松的方法很多，如深呼吸、渐进性肌肉放松、气功、瑜伽、冥想等。

5. 音乐陶冶法

音乐治疗始于 20 世纪 40 年代，中国于 20 世纪 80 年代开始尝试。科学家认为，当人处在优美悦耳的音乐环境之中，可以改善神经系统、心血管系统、内分泌系统和消化系统的功能，促使人体分泌一种有利于身体健康的活性物质，可以调节体内血管的流量和神经传导。另一方面，音乐声波的频率和声压会引起心理上的反应。良性的音乐能提高大脑皮层的兴奋性，可以改善人们的情绪，激发人们的感情，振奋人们的精神。同时有助于消除心理、社会因素所造成的紧张、焦虑、忧郁、恐怖等不良心理状态，提高应激能力。

另外寻求支持、积极暗示等方法都有助于我们缓解情绪的紧张和困扰。

## 课后训练

**【测一测】**

### (一)情商测试[①]

完整的情商包括自我意识、情绪调节、自我激励、冲动控制和人际技巧五大方面，以下小小的趣味测试帮助你了解自己的情商：

1. 你经常想知道别人是怎样看待或评价自己的。 A. 是 B. 否
2. 当工作进展不顺利时，你认为这预示着结局可能不妙。 A. 否 B. 是
3. 在你最好的朋友和你说话前，你就能先看出他(她)的情绪状况。 A. 是 B. 否
4. 你常常为一些忧心事夜不能眠。 A. 否 B. 是
5. 你常常会受浪漫爱情片或伤感片感染。 A. 否 B. 是
6. 如果人际关系不妙，你觉得首先应当检讨并改变自己的看法或做法。 A. 否 B. 是
7. 如果你忘了恋人或爱人的生日，更可能是因为自己太忙，而不是不善于记别人的生日。 A. 是 B. 否
8. 当你与自己的恋人或爱人争吵后，你能在他人面前掩饰住自己的沮丧。 A. 否 B. 是
9. 你对自己几乎能使每个与自己打交道的人高兴而自豪。 A. 是 B. 否
10. 你厌烦讨价还价，尽管讨价还价能使你少花一百来块钱。 A. 否 B. 是
11. 你十分相信直率说话能使一切事情变得容易解决。 A. 否 B. 是
12. 在讨论中，尽管知道自己是正确的，但你也会转换，不愿与对方争论。 A. 否 B. 是
13. 在工作中做出一个决策，你会不时反省一下，看看它是否正确。 A. 否 B. 是
14. 你不会担心环境的改变，因为你对自己的适应能力有信心。 A. 是 B. 否
15. 如果有群体性的休闲娱乐活动，你往往能提出有趣的建议。 A. 是 B. 否
16. 若你有一根魔棒，你将用它改变自己的外貌和个性。 A. 否 B. 是
17. 不管你工作多努力，你的上司似乎总在催促着你。 A. 否 B. 是
18. 你觉得恋人或爱人的厚望会对你构成不小的压力。 A. 否 B. 是
19. 你认为小小一点压力是不会伤害任何人的。 A. 否 B. 是
20. 你会把个人隐私告诉你最好的朋友。 A. 是 B. 否
21. 你会对你的合作者发火，如果他(她)总是唠唠叨叨对你不放心。 A. 否 B. 是
22. 你的锻炼没有收效，是因为方法不对，而不是锻炼本身无效。 A. 是 B. 否
23. 你打牌输了，是因为牌不好，而不是打牌太难。 A. 是 B. 否
24. 如果你的朋友说了伤你感情的话，你会认为他是个以自己为中心，言行不考虑别人的人。 A. 否 B. 是
25. 如果失败，往往是因为你本不想做，而不是你无能。 A. 是 B. 否

评分方法：选 A 得 1 分，选 B 得 0 分，计算累积总分。

---

① 吴建玲主编:《大学生心理健康与心理素质训练》，华南理工大学出版社 2007 年版，第 112－113 页。

**参考结果：**

得 20～25 分：你对自己的才能极有信心。你不会轻易被情绪击倒，而且十分善于控制自己的情感。一般情况下，你能与他人融洽相处，并显得出类拔萃。但如果过于自信，因感觉过好而令人生厌，或者忽视艰苦努力，则仍可能会成为一个失败者。

得 9～19 分：你能意识到自己与他人的感情，但有时仍显得不够关注。你对自己不断提出要求和目标，如果你能更好地分析与理解自己与别人的感情和需求，并能不怕挫折、吸取教训、扬长避短，你会显现出自己的优势的。

得 0～8 分：你太注重自己而漠视他人了。粗鲁的行为方式也许能帮你一时，但很快你就会发现这样会失大于得的。你要学会尊重别人的意见和需求，学会在不损害别人的利益的同时得到自己想到的东西。如果得了低分，你不要太沮丧。关注一下自己的情商，亡羊补牢，为时未晚。

### （二）焦虑测试(SAS)

指导语：下面有 20 条文字，请仔细阅读每一条，把意思弄明白，然后根据你最近一星期的实际感觉，在适当的一栏里打钩。

A 栏表示没有或很少时间；B 栏表示有少部分时间；C 栏表示相当多时间；D 栏表示绝大部分或全部时间。E 栏由工作人员评定。

| 评 定 项 目 | A | B | C | D | E |
|---|---|---|---|---|---|
| 1. 我觉得比平常容易紧张或着急 | | | | | |
| 2. 我无缘无故地感到害怕 | | | | | |
| 3. 我容易心里烦乱或觉得惊恐 | | | | | |
| 4. 我觉得我可能将要发疯 | | | | | |
| 5. * 我觉得一切都很好，也不会发生什么不幸 | | | | | |
| 6. 我手脚发抖打战 | | | | | |
| 7. 我因为头痛、颈痛和背痛而苦恼 | | | | | |
| 8. 我感觉容易衰弱或疲乏 | | | | | |
| 9. * 我觉得心平气和，并且容易安静坐着 | | | | | |
| 10. 我觉得心跳得很快 | | | | | |
| 11. 我因为一阵阵头晕而苦恼 | | | | | |
| 12. 我有晕倒发作，或觉得要晕倒似的 | | | | | |
| 13. * 我吸气、呼气都感到很容易 | | | | | |
| 14. 我的手脚麻木和刺痛 | | | | | |
| 15. 我因为胃痛和消化不良而苦恼 | | | | | |
| 16. 我常常要小便 | | | | | |
| 17. * 我的手脚常常是干燥温暖的 | | | | | |
| 18. 我脸红发热 | | | | | |
| 19. * 我容易入睡并且一夜睡得很好 | | | | | |
| 20. 我做噩梦 | | | | | |

**计分方法：**

回答 A、B、C、D 分别记 1、2、3、4 分，其中带＊的反向计分题的计分为 4、3、2、1 分。累加各题得分为量表分。量表分乘以 1.25 为标准分。

中国常模：

SAS 标准分的分界值为 50 分，其中 50～59 分为轻度焦虑，60～69 分为中度焦虑，69 分以上为重度焦虑。

### （三）抑郁测试（SDS）

指导语：下面有 20 条文字，请仔细阅读每一条，把意思弄明白，然后根据你最近一星期的实际感觉，在适当的一栏里打钩。

A 栏表示没有或很少时间；B 栏表示有少部分时间；C 栏表示相当多时间；D 栏表示绝大部分或全部时间。E 栏由工作人员评定。

| 评　定　项　目 | A | B | C | D | E |
|---|---|---|---|---|---|
| 1. 我觉得闷闷不乐，情绪低沉 | | | | | |
| 2. ＊我觉得一天之中早晨最好 | | | | | |
| 3. 我有一阵阵要哭出来的感觉 | | | | | |
| 4. 我晚上睡眠不好 | | | | | |
| 5. ＊我吃得跟平常一样多 | | | | | |
| 6. ＊我与异性密切接触时，和以往一样感到愉快 | | | | | |
| 7. 我发觉我的体重在下降 | | | | | |
| 8. 我有便秘的苦恼 | | | | | |
| 9. 我心跳比平常快 | | | | | |
| 10. 我无缘无故地感到疲乏 | | | | | |
| 11. ＊我的头脑和平常一样清楚 | | | | | |
| 12. ＊我觉得经常做的事并没有困难 | | | | | |
| 13. 我觉得不安而平静不下来 | | | | | |
| 14. ＊我对未来抱有希望 | | | | | |
| 15. 我比平常容易生气激动 | | | | | |
| 16. ＊我觉得做出决定是容易的 | | | | | |
| 17. ＊我觉得自己是个有用的人，有人需要我 | | | | | |
| 18. ＊我的生活过得很有意思 | | | | | |
| 19. 我认为如果我死了，别人会生活得更好 | | | | | |
| 20. ＊平常感兴趣的事我仍然感兴趣 | | | | | |

**计分方法：**

回答 A、B、C、D 分别记 1、2、3、4 分，其中带＊的反向计分题的计分为 4、3、2、1 分。累加各题得分为量表分。量表分乘以 1.25 为标准分。

中国常模：

SDS 的分界值为 53 分，53～62 分为轻度抑郁，63～72 分为中度抑郁，72 分以上为重度抑郁。注：量表总分值仅作为参考而非绝对标准，应根据临床（要害）症状来划分。

**附:快乐方法**

情绪仿佛是生命的河流,蜿蜒曲折地流经我们的人生、穿过我们的生活。能够和情绪做好朋友的人,情绪的河流往往是轻松、喜悦、活泼的。无法和情绪做朋友的人,情绪的河流往往是沉郁、起伏、不安的。

适度的运动,会使你身轻如燕,心情愉快。

爱你周围的人并使他们快乐。

用出自内心的微笑和人们打招呼,你将得到相同的回报。

遗忘令你不快乐的事,原谅令你不快乐的人。

真正地去关怀你的亲人、朋友、工作和四周细微的事物。

别对现实生活过于苛求,常存感激的心情。

享受人生,别把时间浪费在不必要的忧虑上。

身在福中能知福,亦能忍受坏的际遇,且不忘记宽恕。

献身于你的工作,但别变成它的奴隶。

随时替自己创造一些容易实现的盼望,每隔一阵子去过一天和你平常不同方式的生活。

追求一些新的兴趣,但不是强迫自己去培养一种习惯。

每天抽出一点时间,让自己澄心静虑,使心灵宁静。

回忆那些使你快乐的事。

凡事多往好处想。

替生活中制造些有趣的小插曲,制造新鲜感,使自己耳目一新。

抓住瞬间的灵感,好好利用,别轻易虚掷。

为你的工作做妥善的计划,使你有剩余的时间和精力任由支配。

搜集趣闻、笑话,并与你周围的人共享。

安排一个休假,和能使你快乐的人共度。

去看一部喜剧片,大笑一场。

送自己一份礼物。

给心爱的人一个惊喜。

**【读一读】**

由[美]坎菲尔德、[美]汉森、[美]霍桑合著的《心灵鸡汤:发现快乐的人生课》(中信出版社 2010 年版),告诉我们关于快乐更深层次的理解以及如何在生活中更好地去体会它。美丽的课程、鼓舞人心的故事、渊博的智慧将成为你的人生向导,改变你的生活并让你体验到前所未有的满足感。

# 第八章　学会与压力同处

谁没有过成功的喜悦，谁没有过失败的痛苦？正是成功的喜悦，加上失败的痛苦，构成了实实在在的人生。

## 教学目标

帮助大学生了解压力、探索压力，学会化解压力，为心灵创造一片明朗的天空。

## 教学环节

一、热身活动

青蛙跳水

目的：活跃团体气氛，引出压力概念。

操作：

1. 所有学生围圈而坐。

2. 由一学生开始以顺时针方向每个学生轮流讲一个字："一""只""青""蛙""跳""下""水"，"咚"；"两""只""青""蛙""跳""下""水"，"咚""咚"；……如果谁讲错了，或反应比较慢，就罚表演节目。

3. 节目表演后，再从头开始。

4. 讨论为什么这么简单的游戏不断有人会出错，从而引出压力的概念。

**【练一练】**

二、练习

(一)压力知多少

目的：了解压力的概念。

准备："压力知多少"问卷表。

操作：

1. 每人下发一张"压力知多少"问卷表，并且让学生做出选择。

2. 学生选择完毕，老师公布答案(全部错误)。

3. 老师讲述压力的基本概念。

**"压力知多少"问卷表**

(　)1. 人一旦有压力的感受，他首先一定会觉得神经紧张。

(　)2. 只要你遭受到压力，你一定会知道的。

(　)3. 长期的运动会减弱你抗拒压力的能力。

(　)4. 有压力总是不好的。

（　）5. 压力会制造不愉快的问题，但不会置你于死地。

（　）6. 打针吃药就可以控制压力。

（　）7. 你离开单位时就会留下工作的压力而不会把它带回家。

（　）8. 压力只是“心事”，与身体无关。

（　）9. 压力是可以完全消除的。

（　）10. 除非你改变生活方式，否则你对压力一点也没办法。

（二）压力圈的填写及分享

目的：探索压力及学会如何应对压力。

准备：“压力圈”图。

操作：

1. 老师发放每人一张“压力圈”图，要求把最大的压力填到大圈里，最小的压力填到小圈里。

2. 找出压力产生的原因有哪些？环境（社会因素）（如噪声、学习紧张、时间紧迫、家庭发生变故等）、身体（生理因素）（如疾病、外伤、营养不良等），想法（心理因素）（如认为某个情境是困难的、危险的、痛苦的等）。当压力发生时，有没有躯体症状？如有，在身体的相应部位涂色。

3. 学生在小组内交流图中所填的内容。

4. 每组派代表汇报压力状况。

5. 根据汇报的结果，找出各小组的共同压力，并要求各组针对这些压力讨论如何应对。

6. 各组汇报讨论结果（应对措施）。

7. 分享通过这次活动的收获和体会。

练习：“压力圈”图[①]

① “压力圈”图来源：清华大学樊富珉教授。

1. 在大小圈球内写下最近生活中的各种压力(大球代表大压力;小球代表小压力)。
2. 分组分享与交流:
(1)你的压力来源有哪些?
(2)每个球给你的感觉是什么?
(3)压力很大时你身体的感觉如何? 哪一部分不舒服?
3. 大组分享与讨论。

(三)减压26式
目的:改变对压力的认识,懂得如何面对压力。
准备:"减压26式"表。[①]
操作:
1. 老师下发每人一张"减压26式"表。
2. 所有学生围成一圈,轮流朗读,每人一句。
3. 在团体内分享感受。

**减压26式: FROM A TO Z**

| | | |
|---|---|---|
| A | Appreciation | 接纳自己接纳人,避免挑剔免伤神 |
| B | Balance | 学习娱乐巧安排,平衡生活最适宜 |
| C | Cry | 伤心之际放声哭,释放抑郁舒愁怀 |
| D | Detour | 碰壁时候要变通,无须撞到南墙头 |
| E | Entertainment | 看看电影听听歌,松弛神经选择多 |
| F | Fear Not | 正值无惧莫退缩,哪怕背后小人戳 |
| G | Give | 自我中心限制大,关心他人展胸怀 |
| H | Humor | 戴副"墨"镜瞧一瞧,苦中寻乐自有福 |
| I | Imperfect | 世上谁人能完美,尽力而为心坦然 |
| J | Jogging | 跑跑步来爬爬山,真是赛过食仙丹 |
| K | Knowledge | 知多一些头脑清,无畏担心全减少 |
| L | Laugh | 每天都会笑哈哈,压力面前不会垮 |
| M | Management | 不怕多却只怕乱,时间管理很重要 |
| N | No | 适当时候要讲"不",不是样样你都行 |
| O | Optimistic | 凡事要向好处看,无须吓得一头汗 |
| P | Priority | 先后轻重细掂量,取舍方向不难求 |
| Q | Quiet | 心乱如麻自然慌,心静如水自然安 |
| R | Reward | 日忙夜忙身心倦,爱惜自己要牢记 |
| A | Appreciation | 接纳自己接纳人,避免挑剔免伤神 |

① 樊富珉、费俊峰编著:《青年心理健康十五讲》,北京大学出版社2006年版,第317—318页。

续 表

| | | |
|---|---|---|
| S | Slow Down | 做下停下喘口气,不必做到脑麻痹 |
| T | Talk | 找人聊聊有人听,被人理解好开心 |
| U | Unique | 人比人会气死人,自我突破最要紧 |
| V | Vacation | 放放假或充充电,活力充沛展笑脸 |
| W | Wear | 穿着打扮用点心,精神焕发好心情 |
| X | X-Ray | 探寻压力的源头,对症下药有计谋 |
| Y | Yes, I Can | 相信自己有潜能,勇往直前步青云 |
| Z | Zero | 从零开始向前看,每日都是新起点 |

(香港浸会大学学生事务处辅导中心编)

(四)腹部呼吸法(也称深呼吸)

目的:体验放松。

操作:

全体学生选择一个舒服的座位坐好,然后把一只手放在肚子上,也就是腹部胸肋下面,这就是膈肌的位置。先慢吸气 3～5 秒直到肺部充满,再屏气一会儿,然后缓慢呼气 3～5 秒。当一个人吸气的时候,应该感到腹部向外移动,同时膈肌将空气深吸入肺内。在吸气的同时,膈肌伸展到腹部,在呼气的同时,膈肌靠近腹部。在腹式呼吸时,肩膀不动。吸气呼气最好都用鼻子(平时站着、坐着、躺着都可以练)。

(五)渐进性肌肉松弛法

目的:学会肌肉放松。

操作:

1. 学习紧张每组肌群,顺序为:

(1)手臂部的紧张:伸出右手,握紧拳,紧张右前臂;伸出左手,两手同时握紧拳,紧张手和臂。

(2)头部的紧张:皱起前额部肌肉,像老人那样皱起眉头;皱起鼻子和脸颊(可咬紧牙关,使嘴角尽量向两边咧,鼓起两腮,仿佛在极痛苦状态下使劲一样。)

(3)躯干部位的紧张:耸起双肩,紧张肩部肌肉;挺起胸部,紧张胸部肌肉;拱起背部,紧张背部肌肉;屏住呼吸,紧张腹部肌肉。

(4)腿部的紧张:伸出右腿,右腿向前用力像在蹬一堵墙,紧张右腿;伸出左腿,左腿向前用力像在蹬一堵墙,紧张左腿。

2. 采取一个舒适的姿势坐在椅子上,闭上双眼。按照上面的顺序先紧张、约 5 秒后突然放松,感受肌群紧张与放松之间的不同。关注这组肌群降低紧张度后 5～10 秒后再进行下一组群,直至躯体的肌群更松弛。

(六)冥想练习(也称注意集中训练法)

目的:在自由想象中达到放松身心的目的。

准备:减压音乐艾尔加的《威风凛凛》。

操作:

在音乐声中跟随老师的引导语,自由地想象。

引导语：

在阵阵均匀的呼吸中，我仿佛来到了大海边，整个海滩空无一人，它只属于我。我张开双臂对着碧蓝的大海，闻着她特有的清香。我犹如高空中飞翔的海鸥一般拥抱着大海，体味着她的波涛汹涌和微波绵绵，一切烦恼都烟消云散。我仰卧在水清沙白的海滩上，沙子细而柔软，感到舒服，也能感受到阳光的温暖。耳边听到海浪的声音，感到无比舒适。微风吹来，使我有说不出的舒畅感觉。微风带走我的思想和心中的思绪，只剩下一片金黄阳光。海浪不停地拍打海岸，思维随着节奏飘荡，涌上来又退下去。现在只有蓝色天空和大海笼罩着我的心。

阳光照着我的全身，身体感到暖洋洋的。阳光照着我的头，我感到温暖与沉重；轻松暖流流到我的脸颊，感到温暖与沉重；流进我的脖子，感到温暖而沉重；流进我的前胸与后背，感到温暖而沉重；流进腹部，感到温暖而沉重；流进双臂，感到温暖而沉重；流到胃部，感到温暖轻松；最后流进我的心脏，感到温暖轻松。我的呼吸变慢，变得轻松。心跳也变得慢而有力，整个身体变得平静。心里安静极了，已经感觉不到周围的一切，四周好像没有任何东西，我安然躺卧在大自然中，十分自在。

（安静几分钟后结束，音乐停止）

（七）抗压碎碎念

目的：学会积极暗示。

操作：

1. 所有学生用右手握紧拳头，伸出大拇指，掌心朝上。

2. 小组学生用大拇指套进右边学生的拳头里，连成一个紧握拳头的圆圈（如图心心相印）。

心心相印

3. 跟着老师一起喊：

当压力来临时，对自己说："我以前做过，这次我能再次完成"，"没有必要担心"，"很快就会结束"；

当接受挑战时，对自己说："一步一步来"，"我能做好"，"做错了也无伤大雅"；

当感受恐惧时，对自己说："深呼吸，停止紧张"，"我原来成功过，这次也一定能成功"；

当压力过去时，要自我庆贺："太好了，终于结束了，我依旧安然无恙。"

注意：手的姿势还有如下几种：

1. 同心同德：所有学生用右手握紧拳头，伸出大拇指，掌心朝下，用大拇指套进左边学生的拳头里，连成一个紧握拳头的圆圈（见图）。

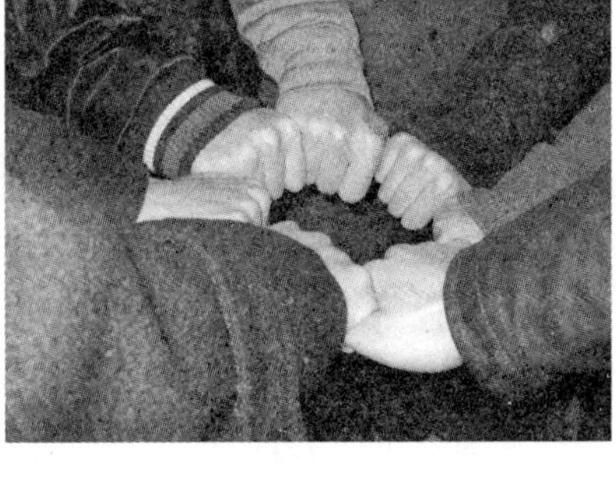

同心同德

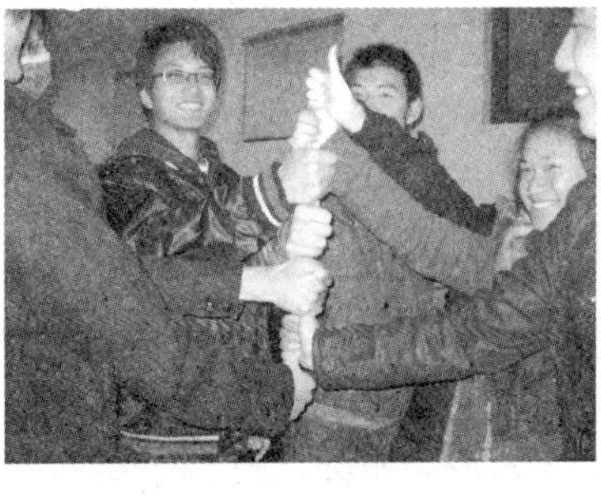

一心一意

2. 一心一意：所有学生用右手握紧拳头，大拇指朝上，每个人依此套上去(见图)。

3. 高耸入云：小组学生中最高者把手伸直，其他学生把手贴在他的手臂上(见图)。

高耸入云

智叠罗汉

4. 智叠罗汉：小组学生中手最大者，伸出手掌，掌心朝上，其他学生的手压在这只手上(见图)。

5. 犬犬之心：在小组中，每一个学生用手抓住左边学生的手臂(见图)。

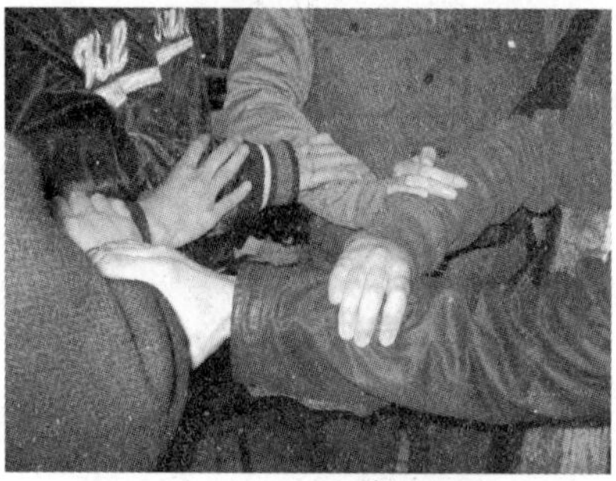
犬犬之心

众志成城

6. 众志成城：左手做同心同德手势，右手做心心相印手势(左右手反过来也可以)，再把两只手靠拢(见图)。

**【听一听】**

四、基本概念——压力管理

(一) 压力概念

我们每天都要面对生活中大大小小的变化，面临各种挫折和冲突。大到亲人死亡，事业受挫，小到居住地点的改变、生活习惯的改变。压力危害身心健康的数据铺天盖地。美国压力管理协会指出75%～90%的初期内科疾病是由压力引起的(Rosch，1991)。哈佛大学的研究发现，生活在极度压力状态下的人比无忧无虑的人突发心脏病致死高4.5倍(Kawachi，1994)。一项全球的调查显示，无法有效控制压力的人比压力适度的人死亡率高出40%(Eysenck，1988)。压力扩散成为普遍性的问题。压力危害着人类，是引发许多个人、家庭、健康和社会问题的根源。在现代社会，压力管理已经成为生命中不可避免的一部分。学习如何管理压力涉及你是否能掌控自己的命运。

压力这个概念首先是由薛利(Hans Salye)(加拿大内分泌专家)提出来的。他认为压力产生于个体无能力、无资源应对外在需要的非特定的生理反应。压力是精神与身体对变化的反应，也可以说是个体对外在或内在事件的生理与心理反应。

压力具有主观性、评价性和活动性的特点。主观性指的是同样的事件对不同的人，所引起的压力状况是不同的。评价性指的是个体对压力产生的好坏优劣的看法也是不同的。活动性指的是压力的大小、强弱。

有的人以为困难和痛苦才产生压力，其实不然，有时太过轻松或快乐的事也会引起压力。一般来说，压力可以分为以下四种：

一是快乐的压力。如毕业、结婚、怀孕、生子、乔迁等都会造成某种程度的压力。

二是空闲的压力。如大材小用、无法发挥潜能。

三是痛苦的压力。如疾病、失业、债务、离婚等危机事件。

四是过重的压力。如过高的期望、繁重的工作等。

压力对每个人来说，并非都是坏事。压力有正性压力和负性压力之分。正性压力可以使个体产生一种愉快、满意的体验，可以促进个体处于兴奋状态，树立工作目标，增强工作动力，迅速提高工作绩效，从而使个体在工作中得到满足感、成就感等自我价值实现的感觉。负性压力则会使个体产生一种不愉快、消极痛苦的体验，从而产生挫折感和失败感 。由此可见，压力对我们的心理健康的影响是很大的。适度的压力可以调动我们的资源来应对当前问题，达到心理与工作压力的良性适应；而过度压力则会对工作者的机体造成抑制，导致身体、情绪和行为的不适，对其心理带来负面影响。

（二）缓解压力的途径和方法

缓解压力的途径和方法很多，可以从以下几个层面进行：

1. 由心理层面达到压力缓解的效果。

（1）改变认知。由于压力有主观性的特征，压力的感觉很大程度取决于我们的个人认知。同一件事，对有的人是机遇或挑战，但对有的人就是压力和负担。因此，面对压力，我们可以改变对事件的看法或思考方式，重新评估整个事件，寻找新的含义和积极的后果，这一事件引起的负面影响就会减少。

（2）思想中断法。当脑中出现负向的思考，挥之不去，以致影响学习、工作时，不妨试着喊“停止”，让思绪突然被打断，改换一些有帮助、更有建设性的思维。

（3）知觉放松。利用冥想、谈心、音乐欣赏、唱歌等放松思想。

（4）积极暗示。通过积极暗示，提高面对压力、解决压力的信心。

2. 由生理层面达到压力缓解的效果。

（1）呼吸调节法。因为压力大的时候，容易出现焦虑，这时最常出现浅而快的呼吸，腹式呼吸以一种更放松的方式取代了这种浅快的呼吸方式，因而减轻了焦虑。

（2）肌肉松弛法。人在压力大的时候，容易出现一些躯体症状，通过从上到下身体各个部位的放松，可以减少压力带来的身体症状，从而达到精神松弛，消除心理的紧张。

（3）运动调节法。适量的运动和休闲活动也是缓解压力引起的肌肉长期紧张的非常好的方法。运动是人的自然发泄的途径，运动之后，身体会恢复正常的平衡状态，会觉得精神放松，也会改变身体的负荷，提高新陈代谢，减少肌肉紧张度。

（4）饮食降压法。补充优质蛋白，它能提高人的免疫力，促进组织器官功能恢复、抗疲劳、缓解压力。瘦肉、鱼类、低脂奶、蛋、坚果类、豆腐、豆浆等都是优质蛋白的良好来源；补充B族维生素，它能调节能量代谢、调节内分泌系统，维护神经系统稳定，稳定精神与情绪。含

B族维生素的食物有：糙米、杂粮、全麦面包、深绿色蔬菜、低脂牛奶等；补充钙、镁，钙是天然的神经稳定剂，能够抚慰情绪、松弛神经。镁可以让肌肉放松，帮助调节心跳和心率。含钙、镁的食物是：瘦肉、牛奶（尤为低脂牛奶含钙量高且含脂量低）、豆腐、豆浆、杏仁、虾皮、芝麻酱、香蕉、洋芋、菠菜、葡萄干、海带、核桃、芥菜等；补充维生素C，多吃可稳定情绪。人体内酸性物质积聚，而肉类食物属于酸性，会加重疲劳感。相反，新鲜蔬菜、水产品等碱性食物能使人迅速恢复体力。

3. 建立与运用社会支持系统缓解压力。

人是社会性的，需要他人的支持、也需要他人的关怀。我们每个人都有一个社会支持系统：家庭、同伴、单位、社会机构等。对我们大学生而言，家庭的支持资源有：父母、兄妹、长辈等；同伴的支持资源有：同学、同辈、朋友等；单位的支持资源有：领导、老师、班主任、辅导员、心理咨询师等；社会机构的支持资源有：医生、老乡、热线电话、心理咨询机构等。当我们面临压力，觉得一个人无法去面对解决时，就要充分利用我们的社会支持系统，相信在大家的同情、支持和帮助下，一切问题都能解决。

## 课后训练

**【测一测】**

### 工作(学习)压力测试表

过去三个月的经历，0＝从来没有　1＝偶尔有　2＝有时有　3＝经常有　4＝几乎总是

1. 对工作（学习）没有热情。
2. 即使睡眠充足也感到疲劳。
3. 在工作（学习）中履行职责时感到沮丧。
4. 遇到小困难时情绪低落、不理智或没耐心。
5. 我不需要更多的时间和精力。
6. 对我的工作（学习）感到悲观、无助或沮丧。
7. 做决定的能力比以前低。
8. 我认为我的工作（学习）效率不应该这么低。
9. 工作（学习）质量达不到期望值。
10. 我感到身体、情感和精神上都很虚弱。
11. 抵抗疾病的能力下降了。
12. 对性爱（恋爱）的兴趣减低了。
13. 饮食改变。
14. 感觉对别人的问题和需要很无情。
15. 和老板（老师）、同事（同学）、朋友及家人的关系似乎更紧张了。
16. 健忘。
17. 很难集中注意力。
18. 容易心烦。
19. 有不满意、做错事或丢了什么的感觉。
20. 缺乏长远目标。

**评估方法：**

0～25分：表明处理工作压力的能力很强；

6～40分：表明正在承受工作压力，需要适当的预防；

41～55分：表明工作压力很大，需要采取应对措施；

56～80分：表明正在走向崩溃，必须马上采取措施。

**【读一读】**

积极地思考和行动，勇于直面今天的困难与挑战，就能得到肯定和理想的结果。这是一个看似简单的道理，但真正拥有这种人生态度的人仍是极少数。因为我们总是受困于忧虑、空想、抱怨、自卑等诸多负面情绪，为自己制造了太多的包袱，让生活充满了障碍，并养成了消极避世的习惯。

美国勒尔顿的著作《放下的力量》(陕西师范大学出版社2010年版)，将教你如何用最简单的方法，直面自己的痛苦与挫折，告别偏执于消极，轻松化解工作压力，重拾积极生活的信心。它让你的生活从此告别沉重和平庸，变得更加充实且富有激情。

# 第九章　人际交往——建立良好的人际关系

人生的美好是人情的美好，人生的丰富是人际关系的丰富。

人一生的成长、发展、成功、幸福，是与人的沟通和交往息息相关的。

人一生的愉快、烦恼、欢乐、悲伤、爱与恨，也是与别人的沟通和交往分不开的。

**教学目标**

帮助大学生了解人际交往中的心理，察觉自己在人际交往中的不良心理，解决自己在人际交往中的困惑。

**教学环节**

一、热身活动

找朋友

目的：学会注视和表达。

操作：

1. 让每位学生把自己的右手放在这个班级里最先认识的那个人的左肩上，双目注视，说："我第一次认识你的时候，是在什么时候、什么地方，给我的感觉是……"

2. 分享感受。

**【练一练】**

二、练习

（一）案例讨论

目的：引出人际关系问题，学会处理人际关系问题。

操作：

1. 老师给出案例（见下面案例）

2. 让学生在小组里讨论：

（1）王某为什么感到苦恼？她和李某之间发生了什么问题？

（2）如果你是王某，你会怎么处理？

**案例**

某天晚上我在心理咨询室值班，来了一位某医学院的女生王某，最近她在浙江杭州某所医院实习，感到非常苦恼。经询问，我了解了事情的原委：

因到杭州实习，王某向一位朋友借了医院附近的一间房子居住，王某因一人住比较害怕，就邀请了原来只是认识，但并不熟悉的同校的一位女生李某一起居住。开始两人感情还好，但由于两人的性格及生活习惯不一致，王某多次向李某指出后没有效果，两个人的关系就发生了变化。

因两人都是考研究生的，有一天早晨，王某经过李某的同意到李某的书包里拿复习资料复印，发现了李某的日记本。出于好奇，同时也很想知道，李某到底对她是怎么想的，于是，王某就偷看了李某的日记本。看完日记以后，王某说当时自己全身颤抖，都不知道应该怎么办了？

原来李某在日记上把王某骂得一塌糊涂，而且还说是因为有经济利用价值（住她的房不付房租），所以表面上还得讨好她。另外在日记上还一再诅咒她的家人、诅咒她和她男朋友的关系。

她心里很苦恼，不知应该怎么办？

（二）突围闯关

目的：促进人际关系，培养团队合作精神。

操作：

1. 突围

（1）有一位学生站在团体中间，作为突围者，其他学生用手臂互相勾结形成包围圈。

（2）突围者可以采用钻、跳、推、绕、拉、诱骗等方式，力求从圈子里突围出来，而包围的人尽力不让他出来。

（3）坚持一段时间，突围者不能成功时可以宣称放弃。换另外的学生去体验，如果突围成功就马上换人。

（4）学生分享突围活动的感受。

2. 闯关

（1）一位学生站在圈外，作为闯关者，力图设法打入圈内，可以用推、拉、钻、绕、跳跃、甜言蜜语等方法。

（2）其他学生围圈面向外，彼此勾紧手臂，竭力排拒，不理睬闯关者。

（3）如果闯关成功或者闯关者宣布放弃，可以换人再试。

（4）学生分享闯关活动的感受。

分享的重点：

1. 活动中你是否感觉到团体的重要？

2. 你们或你是怎样阻止或进入成功的？

3. 被团体拒之圈外是什么感受？

4. 团体在合作中有些什么问题，怎样改进？

（三）寻找自身人际交往中的不良心理

目的：察觉自己在人际交往过程中的不良心理。

操作：

1. 老师给学生下发表格《大学生交往的不良心理》。

2. 每个学生对照表格，找出自己的不良心理。

3. 在小组中交流和分享。

4. 每组派代表在班级内汇报。

练习:大学生交往的不良心理

对照此表,看看自己在交往过程中有哪些不良心理?

| 不良心理 | 主要表现 | 检查结果 |
|---|---|---|
| 自卑心理 | 总觉得自己不足太多 | |
| 自傲心理 | 总觉得自己优于别人,盛气凌人,自以为是,不愿与人为伍 | |
| 自恋心理 | 过分地自我关心,自我欣赏、抱怨别人不重视他或她 | |
| 害羞心理 | 过多地约束自己的言行,表情羞涩,神情不自然,不能充分表达自己的思想感情,被动 | |
| 封闭心理 | 把自己的真情实感和欲望掩盖起来,过分地自我克制,使交往无法深入 | |
| 恐惧心理 | 感到紧张、担心和害怕,以至于手足无措、语无伦次 | |
| 孤僻心理 | 行为怪癖、偏执,为人孤独,不愿与人交往 | |
| 刻板心理 | 喜欢把人按某种类型来划分,而不是根据这个人的本身 | |
| 投射心理 | “以己之心,度人之腹”,自己善良(自私)就认为别人也善良(自私) | |
| 泛化心理 | 把对方的某一优点或缺点无原则地加以泛化,所谓“一好(丑)遮百丑(好)” | |
| 逆反心理 | 把对方的言行不加以分析地反抗和抵制,使双方关系紧张 | |
| 随意心理 | 过于放纵自己的情绪,随心所欲,情绪变幻莫测,使人难以适应 | |
| 自私心理 | 以自我为中心,以满足自己的欲望为目的,不顾他人利益和需求 | |
| 虚假心理 | 对人缺乏真诚,如逢人只说三分话、虚情假意等 | |
| 支配心理 | 以满足支配欲为目的,拉帮结派,惹是生非,一旦对方不听其支配,便拒绝交往或施以惩罚 | |
| 嫉妒心理 | 对他人的长处和优势、荣誉和成绩十分不满,抱有憎恨情绪,冷嘲热讽 | |
| 敌视心理 | 仇视他人,厌恶他人,产生报复和攻击行为 | |
| 敏感心理 | 对他人的言行过分敏感、多疑,往往容易痛苦和焦虑 | |

(四)脑力激荡:如何解决人际交往中的困惑

目的:掌握处理人际交往的技巧。

准备:每人一张 A4 白纸。

操作:

1. 老师给每个学生下发一张 A4 白纸。

2. 每位同学仔细想一想自己在人际交往中的困惑,并写在纸上(无需注名),放到所在组的中间地上。

3. 由组长随意抽一张,念出来,大家根据这一困惑群策群力。

4. 所有的问题解答完后,大家分享体会。

**【听一听】**

三、基本概念——建立良好的人际关系

有两项调查结果:

美国卡内基工业大学对一万个人的案例进行分析,结果发现个人“智慧”、“专门技术”、和“经验”，只占成功因素的15%，其余85%决定于良好的人际关系和处世技巧。

哈佛大学就业指导小组调查的结果证实：数千名被解雇的男女中，人际关系不好的比不称职的高出两倍。

这两个调查结果说明了良好的人际关系是成功路上的“润滑剂”。

我国已故心理卫生学家丁瓒先生曾指出：人类的心理适应，最主要的就是对于人际的适应，所以人类的心理病态，主要是人际关系的失调而来的。笔者曾连续两个学期对某高校心理咨询的来访者进行了统计，因人际关系问题来求助的学生占到所有问题的第二位，第一位的是感情问题(实际上也是一种特殊的人际关系问题)。可见人际关系不良会给人带来烦恼、痛苦、失望、忧伤和阴影。

(一)人际关系的心理行为原理

什么是人际关系？心理学中的人际关系是指人和人由于沟通而产生的心理关系，它主要表现在沟通过程中人与人之间的心理距离，反映着人们寻求爱和归属等需要满足的心理状态。

1. 人际交往的心理效应

(1)首因效应

首因，即最初的印象，或称第一印象，第一印象一旦形成就较难改变。大学生可以利用这一心理效应，让自己在别人的心目中留下良好的第一印象。如：注意仪表、衣服要整洁、服饰搭配和谐得体、注意自己的言谈举止，锻炼和提高自己的交谈技巧，掌握适当的社交礼仪。

但第一印象赖以产生的信息是有限的，它在陌生人中比较起作用。由于认知具有综合性，随着时间的变化、认识的深入，人完全可以把这些不完全的信心贯穿起来，用思维填补空缺，形成一定程度的整体印象。这就是所谓“路遥知马力，日久见人心”。

(2)近因效应

近因，即最后的印象。近因效应指的是最后的印象对人们的认知所具有的影响。最后留下的印象，往往是最深刻的印象，这也是心理学上所阐释的后摄作用。在陌生人中，首因效应比较明显，在熟悉人中近因效应比较明显。大学生可以利用近因效应整饰自身的形象。如双方感情不和，一旦要分手的时候，主动向对方表示好感甚至歉意，会出乎意料地博得对方的好感，甚至有可能将以往的恩怨化解。

(3)刻板印象

刻板印象是社会上对于某一类事物或人物的一种比较固定、概括而笼统的看法。这一印象有利于对某一群体做出概括性的评价，但也容易产生偏差，造成“先入为主”的成见，阻碍人与人之间深入细致的认知。例如商人——精明、奸诈；教授——白发苍苍、文质彬彬；女性——温柔、体贴；男性——胆大、傲气，等等，这些都是刻板印象的结果。

(4)光环效应

光环效应，又称晕轮效应，指的是在人际交往中，人们常从对方所具有的某个特性而泛化到其他有关的一系列特性上，由局部信息形成一个完整的印象，即根据最少量的情况对别人做出全面的结论。如你和一个同学好，就会认为这个同学什么都好，和一个同学关系不好，就会处处看到他的缺点，还有“情人眼里出西施”，说的都是这种光环效应。

(5)投射效应

投射效应是指在人际交往中，形成对别人的印象时总是假设他人与自己有相同的倾向。

如某个心理学家做过一个实验:在 80 名参加实验的大学生中征求意见,问他们是否愿意背着一块大牌子在校园里走动,结果 48 名大学生同意背牌子在校园里走动,而且他们认为大学生都会乐意背,而其他 32 名拒绝背牌的学生则普遍认为,只有少数学生愿意背。这就是投射效应的结果。

2. 人际吸引的影响因素

大学生人群中,为什么有的人受欢迎,具有良好的人际关系,而有些人却不那么受欢迎,是什么因素影响着人际关系呢?

(1)接近性吸引

空间距离是影响人际吸引的一个因素。距离越接近,交往的频率越高,就越容易建立良好的人际关系。美国心理学家扎琼克在 1968 年曾经进行了交往频率与人际吸引的实验研究。他将被试不认识的 12 张照片,随机分成 6 组,每组 2 张,按以下的方式展示给被试:第一组 2 张看 1 次,第二组 2 张看 2 次,第三组 2 张看 5 次,第四组 2 张 10 次,第五组 2 张看 25 次,第六组 2 张被试从未看过。在被试看完全部照片后,实验者再出示全部照片。要求所有被试按自己喜欢的程度将照片排成顺序,结果发现一种极明显的现象,照片被看的次数越多,被选择排在前面的机会也越多。

可见,简单的呈现确实会导致吸引,彼此接近、常常见面,的确是建立良好人际关系的必要条件。

(2)相似性吸引

接近性原则对于陌生人开始相处时影响比较大,但是沟通时间长了就会有其他变化。此时,相似性原则就变得很重要。

相似性包括态度(信念、兴趣、爱好、价值观等)、年龄、性别、职业、经历等的相似,其中态度的相似是最具吸引力的。这正说明了"物以类聚,人以群分","志不同,道不合,不相与谋"的道理。

美国社会心理学家纽科姆曾在密执安大学做过一个实验,实验对象是 17 名大学生。实验者为他们免费提供住宿 4 个月,交换条件是要求他们定期接受谈话和测验。在被试进入宿舍前先测定他们关于政治、经济、审美、社会福利等方面的态度和价值观以及他们的人格特征。然后将那些态度、价值观和人格特征相似和不相似的学生混合安排在几个房间里一起生活 4 个月,4 个月后定期测定他们对上述问题的看法和态度,让他们相互评定室内人,喜欢谁不喜欢谁。实验结果表明,在相处的初期,空间距离的邻近性决定人与人之间的吸引,到了后期,相互吸引发生了变化,彼此间的态度和价值观越相似的人,相互间的吸引力就越强。心理学家的进一步研究还发现,只要对方和自己的态度相似,哪怕在其他方面有缺陷,同样也会对自己产生很大吸引力。

(3)互补性吸引

人们需求的互补性是指双方在交往过程中获得互相满足的心理状态。当双方的需求或个性能互补时,就能形成强烈的吸引力。例如一个有支配性格的人容易和被动型的人相处。这是因为彼此之间可以取长补短,互相满足对方的需求。一般而言,人际吸引中的互补因素,其作用多发生在交情较深的朋友、恋人、夫妻间。

心理学家克切霍夫等人研究了从朋友到夫妻关系的过程中不同的人际吸引因素所起的作用。结果发现,在初交时,距离因素、外貌因素及社会资源(如经济地位、职业、学历、文化背景等)都是构成人际吸引的重要因素;结交后两人的态度、信仰、价值观、人生观、世界观等方面的相似显得更为重要;在友谊和婚姻阶段,双方在人格特质上的互补,在需求上的互补,具有举足轻重的作用。

还有一位心理学家在研究中发现,在25对结婚有一定年限的夫妻中,夫妻之间需求的互补性是婚姻关系得以持久的基础。但是,不是所有相反的特性都能互补,都能产生吸引的,如高雅和平庸、庄重和轻浮等。所以,互补性是有条件的,不是绝对的,在某些方面互补一些更好,在某些方面相似一些会更好。

(4)外表吸引

外表是指长相、气质、风度、谈吐、衣着等外在的形态。[①] 外表和容貌对初次交往的人来说,是个重要的吸引因素,特别是在与异性交往时表现尤为显著。两个人在进行交往以前,往往是根据交往者的外貌特征来估价他,形成肯定或否定的印象,从而影响或左右了以后相互之间关系的发展。

美国心理学家沃尔斯特等人让男女大学生各332名相互组对进行了两个半小时的舞会,舞会结束时,询问学生是否希望再次同对方进行约会,结果表明,外表越吸引人,就越惹人喜爱。

在交往之初,外表和容貌的作用较大,但随着相互认识的加深,它们的作用则不断降低。

(5)人格吸引

个性品质的吸引,实际上是人格美的具体表现,外表美是一时的,而心灵美是经久不衰的。比起外表,个性品质具有无与伦比的吸引力,而且这种吸引力更持久、稳定、深刻。在实际的生活中我们也有这样的体会,只有那些心灵美的人才会真正受人欢迎和喜爱。人的个性品质有多种,那么哪些品质在人际交往中最受重视呢?

美国学者安德森(N. Anderson,1968)研究了影响人际关系的人格品质。结果表明喜爱程度最高的六个人格品质是:真诚、诚实、理解、忠诚、真实、可信。它们或多或少、直接或间接同真诚有关;喜爱水平最低的几个品质:说谎、假装、不老实等,也都与真诚有关。在某个对大学生所做的调查中也发现了同一结论,大学生对他人真诚的期望是最高的。这就告诉我们,在人际交往过程中一定要真诚,那些虚情假意的人最终是得不到别人的信任和喜欢的。

(二)建立良好人际关系的原则

1.平等、尊重——人际交往的前提

心理学研究显示,人都有友爱和受人尊重的需要。这种需要就是平等、尊重。没有人会愿意与那种妄自尊大、趾高气扬、藐视他人的家伙交朋友、沟通感情。

2.互利互惠——人际交往的润滑油

人与人之间的交往是以充分地获得人生经验、获得自身的发展成长为目的的。只有获得没有奉献,双方的关系是不可能持续和发展的。

3.信用——人际交往的基石

在人与人的交往中,信用是非常重要的。只有那些"一诺千金"的人,别人才敢相信他,才愿意与他交往。一个不讲信用的人很难赢得别人的信任,也很难建立良好的人际关系。

---

① 樊富珉、费俊峰编著:《青年心理健康讲座十五讲》,北京大学出版2006年版,第157页。

4.宽容——人际交往的黏合剂

世界上最广阔的是海洋，比海洋更广阔的是天空，比天空更广阔的是心灵。在人际交往中，最要不得的是互相之间斤斤计较、患得患失，对对方抱有求全责备的倾向，难以容忍对方的丝毫缺点。我们一定要学会宽容、忍耐和克制，要能够做到将心比心、善解人意；大事清楚、小事糊涂；严于律己、宽以待人。

（三）损害人际交往的心理障碍

在人际交往中，有许多心理因素妨碍着人与人之间的关系，成为交往双方的心理障碍。其中最突出的有以下几种：

1.嫉妒——人际关系的毒瘤

嫉妒是指在意识到自己对某人、某事、某物的占有或占有意识受到现实或潜在的威胁时产生的情感。嫉妒是在现实生活中的一种极端消极和狭隘的病态心理。具有严重嫉妒心理的人总怕别人超过自己，而一旦发现有人在某些方面强过自己，而自己又感觉无竞争能力或竞争勇气时，就会采取讽刺、挖苦、挑拨、中伤等不正当行为，对他人造成种种心理的甚至身体的伤害。有些具有严重嫉妒心理的人，在"妒火中烧"的情况下还会失去正常的思维，铤而走险，造成严重后果。莎士比亚形象地比喻道："嫉妒是绿眼妖魔，谁做了他的俘虏，谁就要受到愚弄。"周瑜和诸葛亮才能相当，但因周瑜心胸狭窄，嫉妒诸葛亮，千方百计想置诸葛亮于死地，结果却被诸葛亮三气而亡，留下"既生亮，何生瑜"的憾言。历史上诸如孙膑致残、韩非致死、屈原放逐、柳宗元遭贬，除了社会政治原因外，都是受嫉妒者迫害所致。

2.自卑——人际关系的隐形屏障

自卑通常是指个体因自我认识发生偏差，过低估计、轻视或看不起自己所造成的妄自菲薄，缺乏自信，认为自己不如他人的一种自我意识。有自卑心理的人在交往中常常缺乏自信，畏首畏尾，他们害怕挫折、失败，有时在一些强者、权威或强词夺理的人面前则表现出一种戒备的敌对情绪。他们往往设想别人会对自己不满，有时把无中生有的事强加给别人，甚至曲解别人的善意。长此以往，把自己的社交圈子限制在狭小的范围内。有自卑心理的人不仅影响自己与他人的关系，而且还会出现沮丧和悲观的消极心态，最终影响自己身心的健康发展。

3.羞怯——人际关系的绊脚石

斯坦福大学的心理学家研究发现，在抽样调查的1万多人中，约40%的人有不同程度的害羞表现，并且男性和女性的害羞人数比例基本持平。

羞怯常常有两种心理状态：一是害羞，二是胆怯。羞怯的心理主要有以下四种状态：

(1)自卑性羞怯。这种人对自己的现状悲观，觉得自己不得志，不如别人，因而害怕与别人交往，尤其害怕与有所成就的人进行交往，怕被人瞧不起。

(2)敏感性羞怯。有的同学一到人群中就觉得紧张不安，他们常担心自己被别人否定。

(3)挫折性羞怯。这种羞怯有两种表现形式：一种是反射性羞怯，是指曾经受到过轻视、冷落的经历，以后遇到类似的情况就有这种羞怯；另一种是演化性羞怯，比如有的人在和陌生人交往中曾碰到过尴尬情况，以后与所有陌生人打交道都会出现紧张的状况。

(4)习惯性羞怯。它是指由孩提时代的羞怯形成的习惯。

4.猜疑——人际关系的暗礁

猜疑的特点是不信任别人，对自己接触的事物持过分怀疑的态度。它是一种狭隘的、片面的、缺乏根据的盲目想象。正如培根所说:“猜疑心犹如蝙蝠,它总是在黄昏中起飞。这种心情是迷惑人的,又是乱人心智的。它能使你陷入迷惘,混淆敌友,从而破坏人的事业。”

内蒙古大学研究生贾树林猜疑心很重,经常怀疑女友不忠。据他的同学说,女朋友曾向一名男性老中医学习按摩,准备回家给生病的母亲做,他就怀疑“女朋友和老中医有问题”,甚至女朋友晚接一会儿他的电话或者电话里有男生的声音,他都会大闹半天。他还经常查女朋友的通话记录,然后再给联系多的号码打电话询问女朋友的情况。他们婚前同居,致使女朋友怀孕,他又怀疑孩子不是自己的。女朋友受不了他的猜疑,决定和他分手,他又不同意。女朋友就想通过出国和他分手,当她到北京新东方参加英语培训时,虽然换了手机也没有告诉他自己的住址,但他利用自己计算机的专业特长,通过邮件的IP地址,在北京师范大学生命科学院找到了她,并持随身携带的菜刀猛砍途经此处的女朋友的头部、颈部、胸部、背部、上肢等部位十余刀,女朋友被砍断右颈总动脉、右颈内静脉造成急性失血性休克死亡。一个研究生就因为猜疑使自己走上了故意杀人的犯罪道路。

5. 自私——人际关系的一大障碍

自私是一种较为普遍的病状心理现象。“自”是指自我;“私”是指利己;“自私”指的是只顾自己的利益,不顾他人、集体、国家和社会的利益,常有自私自利、损人利己、损公肥私等说法。自私有程度上的不同,轻微一点是计较个人得失、有私心杂念、不讲公德;严重的则表现为为达到个人目的,侵吞公款、诬陷他人、铤而走险。自私之心是万恶之源,贪婪、嫉妒、报复、吝啬、虚荣等病态社会心理从根本上讲都是自私的表现。

自私心理,既是阻碍与他人沟通和理解的一大障碍,也是影响建立和谐的人际关系的一大障碍。自私不仅损害了社会和他人的利益,而且最终也使得自私者本人遭受到应有的报应和惩罚。下面这个案例也说明了这个道理。

**招聘案例:都是自私惹的祸**

在经过一轮复一轮的重重筛选后,有5个来自不同地方的应聘者终于从数百名竞争对手中脱颖而出,成为进入最后一轮面试的佼佼者。

面试那天早上,公司规定需在9时准时到达现场。这5个人不仅没有人迟到,还都不约而同地提前了半个多小时。距面试开始时间还早,为了打破尴尬的僵局,他们几个人勉强地聚在一起闲聊了起来。看着眼前这些随时会威胁自己命运的对手,他们在交谈中彼此都显得比较矜持和保守,甚至夹着一丝丝的冷漠和虚伪……忽然,有一个青年男子也急急忙忙地赶来了,他的到来成了这几个人转移这毫无内容的话题的大好借口。他们纳闷地看着他,因为在前几轮面试中他们不曾见过他。这个人似乎感到有些尴尬,然后就主动迎上前开口自我介绍说,他也是前来参加面试的,只是由于太过于粗心,忘记带笔了。他问这几个人是否有笔,想借来填写个人简历表。他们几个人面面相觑,心里在想:本来竞争就够激烈的了,半路还要杀出一个“程咬金”,岂不是会使竞争更加激烈吗?要是咱们不借笔给他,那不就减少了一个竞争对手,从而加大了成功的可能?因此他们几个像有心灵感应似的,你看着我我看着你,终于没有人出声,尽管他们身上都带着多余的笔。

稍后,青年男子看到其中一个人的口袋里夹了一支签字笔,眼前立刻掠过一丝惊喜:“先生,可以借给我用用吗?”这个人被他问得手足无措,慌里慌张地说:“哦……我的笔……坏了!”这时,他们5人当中有一个沉默寡言的“眼镜”走了过来:“对不起,刚才我的笔没墨水了。我掺了点自来水,还勉强可以写,不过字迹可能会淡一些。”那男子接过笔,感激地握了握“眼镜”的手。其他四个人则轮番用白眼瞟了瞟“眼镜”,不同的眼神传递着相同的意思——埋怨、责怪,甚至愤怒。

一转眼,规定的面试时间已经过去20分钟了,面试室却丝毫不见动静。他们终于有些按捺不住了,就找到有关负责人询问情况。谁料里面走出来的却是那个似曾相识的面孔:“结果已经见分晓,这位先生被聘用了。”他搭着“眼镜”的肩膀,微笑着向这几个人做了一个鬼脸:“本来,你们能过五关斩六将来到这儿,非常难能可贵。作为一家追求上进的公司,我们不愿意失去任何一个人才。但是很遗憾,是你们的私心使自己失去了机会啊!”

在才智无法分出高下的时候,品行则是招聘者择优录用的首要标准了。品行的测试非常困难,尤其在应聘者有所准备的情况下。因此,这个时候,“盘外招”则成了考官惯用的“伎俩”。很多求职者就是在最后一关,在不经意的本性流露瞬间,败下阵来。“要做事,先学会做人。”这句话虽然老套,但的确是放之四海而皆准的真理。

(四)建立良好人际关系的途径和方法

1.培养成功交往的心理品质

人际关系的好坏不是一个简单的技巧问题,它反映了人的性格特点和对别人的评价。要建立良好的人际关系,首先要有成功交往的心理品质,如真诚、大方、热情、自信、谦虚、善解人意等。

2.形成正确的交往态度

哈里斯(Harris)提出了人生的四种态度类型,即:

(1)我不行——你行。这样的个体与他人比较时常会感到没有力量。它满足的是他人的需要而不是自己的,它源于幼年时的认知。由于孩子身体弱小,不能自助,所以不可避免地会觉得自己不如他人,从而产生自卑感。如果这种态度没有随着成长而改变,固着下来,会带着消极的影响,要么放弃自我,要么顺从他人。

(2)我不行——你也不行。它出现于孩子的最初两年,取决于大人照看孩子的态度。如果父母对孩子冷漠,在第一年只是出于无奈才不得不去照料他,那么当孩子第二年开始蹒跚学步时则很可能意味着婴儿期的结束,爱抚也就随之消失。同时,他受到的体罚却越来越多,越来越重,孩子处于“被遗弃”的困境之中。这样,孩子就会断言“我不行——你也不行”。持有这种态度,儿童的成人意识就停止发育。一旦长大,个体将无法应对真实生活,从而导致完全退缩,回到幼稚行为,或者导致暴力行为,造成对自己或他人的伤害,甚至是死亡。

(3)我行——你不行。这一态度源于父母的虐待。一个最初认为父母“行”又长期受到父母虐待的孩子,将转入这种“我行——你不行”的见解。这种个体会将自己的问题投射到他人身上,并对他人进行责备、贬低和批评。

(4)我行——你也行。这是健康的态度。它包括信任和开放的态度、给予和接受的意愿以及对他人的最直接的接纳。这样的态度是我们所期望的,持这种态度的个体会与自己和他人进行亲密的交流。他们认为,没有失败者,只有成功者,这样的人际交往才会“双赢”。

3.恪守人际关系原则

要想形成和发展良好的人际关系,广结人缘,受人欢迎,就必须坚持平等尊重、互惠互利、信用、宽容等原则。

4. 充分利用人际关系的心理效应

利用首因效应，建立良好的第一印象，为以后的交流打下良好的基础；利用近因效应，经常整饰自身的形象。在与朋友分别时，给予他良好的祝福，在男女双方感情不和要分手的时候，主动向对方表示好感甚至歉意，会出乎意料地博得对方的好感，甚至将以往的恩怨化解；利用光环效应，在美丽的光环下，能冷静、客观地透视人生；利用刻板效应，避免用老眼光看问题等。

5. 增强自信，积极悦纳自己

自信是自我在对自体客观的认识前提下对自体的一个认同和赞许，这种赞许能使自己在接人待物中成竹在胸，心中有数，不被他人的观点所左右，表现得更为坚定。自信是一个人走向成功的第一要素，他会让你在人际交往中成为走向成功的阶梯。一个自信的人，一个积极悦纳自己的人，才有可能悦纳他人。一个悦纳他人的人，才有可能与他人建立良好的人际关系。

6. 换位思考与调整"频道"

基督教中有一句广为人知的名言："你希望别人如何待你，你就应该如何对待别人。"大多数亲密关系的成功，直接与我们能否做到换位思考有关。在交往的过程中，如果两个人都只为自己着想，期望他人能为我做点什么，而不考虑自己应该为对方做点什么，那么，这种关系就不会顺利发展，必然会矛盾重重。健康的人际关系应该建立在利益共享、互相帮助的基础上，而不是一方付出、一方获得的基础上。设身处地地站在他人的立场上想问题，善于了解他人、体恤他人，这是你应该具备的能力，这样做可以激发你对他人的爱、同情和理解，而这些情感是形成每一种重要的人际关系的核心。

7. 掌握人际交往的技巧

人际关系要有好的发展，非常重要的是要有良好的沟通技巧。有人说："一个人的生活和生命的质量，取决于他的沟通能力以及他的影响力。"这话不无道理。在别人讲话时，你是否能专注地倾听？在与他人交流时，你是否能在恰当的时间和地点用得体的方式充分表达自己的观点，并能用温文尔雅的举止、姿态、真诚亲切的微笑等身体语言来强化沟通，这些都会影响你的人际关系。

**课后训练**

**【测一测】**

### 人际关系综合诊断量表①

这是一份人际关系和谐性诊断测量问卷，共28道题目，在每个问题上，选"是"，计1分，选"非"，计0分。请你认真完成，然后对照后面测试结果的解释，检查自己的人际关系是否和谐。

1. 关于自己的烦恼有苦难言。
2. 和生人见面时感觉不自然。
3. 过分羡慕和妒忌别人。

① 赵国祥：《现代大学生心理健康教程》，人民教育出版社2007年版，第144页。

4. 与异性交往太少。
5. 对连续不断的会谈感到困难。
6. 在社交场合感到紧张。
7. 时常伤害别人。
8. 与异性来往感觉不自然。
9. 与一大群朋友在一起,常感到孤寂或失落。
10. 极易受窘。
11. 与别人不能和睦相处。
12. 不知道与异性相处如何适可而止。
13. 当不熟悉的人对自己倾诉他的生平遭遇以求同情时,自己常感到不自在。
14. 担心别人对自己有什么坏印象。
15. 总是尽力使别人欣赏自己。
16. 暗自思慕异性。
17. 时常避免表达自己的感受。
18. 对自己的仪表(容貌)缺乏信心。
19. 讨厌某人或被某人所讨厌。
20. 瞧不起异性。
21. 不能专注地倾听。
22. 自己的烦恼无人可申诉。
23. 受别人排斥与冷漠。
24. 被异性瞧不起。
25. 不能广泛地听取各种意见、看法。
26. 自己常因受伤害而暗自伤心。
27. 常被别人谈论、愚弄。
28. 与异性交往不知如何更好地相处。

结果解释:

1. 如果总分在0~8分,说明受测者善于交谈,性格开朗,主动,关心别人,对周围朋友很好,愿意与他们在一起,彼此相处得不错。

2. 如果总分在9~14分,说明受测者与朋友相处有一定的困扰,人缘一般,与朋友的关系时好时坏,经常处于起伏变动之中。

3. 如果总分在15~28分,说明受测者在与朋友相处时存在严重困扰。分数超过20分,则表明人际关系行为困扰程度很严重,而且在心理上出现较为明显的障碍:受测者可能不善于交谈,也可能是个性格孤僻的人,不开朗,或者有明显的自高自大、讨人嫌的行为。

**【做一做】**

要求学生课后完成表格中的内容,下次上课时带来。

## 人际关系中的我

| 要求 / 他人眼中的我 | 根据自己的想象填写 | 根据了解的情况如实填写 |
| --- | --- | --- |
| 父亲眼中的我 | | |
| 母亲眼中的我 | | |
| 同学眼中的我 | | |
| 老师眼中的我 | | |
| 朋友（恋人）眼中的我 | | |
| 现实生活中的我： | | |
| 理想的（期望的）我 | | |

**【读一读】**

美国哈里斯博士是国际沟通分析协会主席，师从沟通分析理论的缔造者伯恩，他的专著《我好，你好——改善我们的人际关系》（中国轻工业出版社 2008 年版），用其通俗的语言、独到的见解及对人性的深刻认识帮助我们改善自己的人际关系，交给了我们通往幸福的钥匙。

# 第十章　人际交往——做沟通的赢家

沟通是人类特有的需求，人只有在不断地与他人沟通中才能促进个体发展，有利于心理健康。

良好人际关系的建立，沟通是基础。

## 教学目标

通过训练，学会倾听、学会宽容、学会幽默、学会赞美、学会拒绝等沟通技巧，并体会肢体语言在沟通中的重要作用。

## 教学环节

一、热身活动

撕纸

目的：说明沟通的重要性。

准备：每人两张 A4 纸。

操作：

1. 老师给每位学生发一张纸。

2. 请大家闭上眼睛，全过程不许提问题。老师发出单项指令："把纸对折，再对折，再对折，再把右上角撕下来，转 180 度，把左上角也撕下来。"

3. 请大家睁开眼睛，把纸打开，可以发现大家撕的纸有多种不同的结果。

4. 老师提问：为什么会有这么多不同的结果？（启发学生思考：因为单向沟通不许提问，带来的更多的是沟通误差）。

5. 老师再给每位学生发一张纸。

6. 老师重复上述指令，这次允许学生提问题。

7. 结果还是会发现有不同的结果。

8. 老师再提问：两次结果，哪次差异大？（前次单向沟通的差异大）为什么采取双向沟通以后仍然会有误差？（沟通还依赖于双方彼此的了解、沟通环境的限制等，沟通是意义转换的过程）

9. 让学生谈体会：这个游戏带给我们什么启示？

**【练一练】**

二、练习

（一）人际关系中的我

目的：了解"三个我"之间的关系，促进协调自我，懂得沟通的重要性。

准备:已完成的作业:“人际关系中的我”。

操作:

1. 每位同学带一张上周布置完成的练习“人际关系中的我”,以小组为单位交流。

2. 边小组交流边思考:

(1)“自己想象”和“真实了解”的两者内容有没有差异?为什么会不一致?是什么原因造成的?(引发学生思考沟通的重要性)

(2)“他人眼中的我”(社会我)、“现实中的我”(现实我)和“理想中的我”(理想我)之间是否协调和谐?若否,则找出差异何在,尝试找出原因,并思考如何调整。

3. 老师总结并强调人际关系中沟通的重要性,并引导学生促进“三个我”之间的和谐。

(二)倾听和回馈

目的:学习人际沟通的基本态度——倾听,体会倾听与回馈在人际沟通中的效果。

操作:

1. 三人一组,或四人一组。轮流当说话者(一次一人)、倾听者(一次一人)、观察者(一次一人或二人)

2. 三种角色的任务如下:

说话者:在三分钟内主动引发各种话题。

倾听者:只扮演听与响应的角色,不主动引发任何问题。

观察者:不介入说话者与倾听者的对话,只负责观察两人的对话情形。

3. 分享:说话者与倾听者分享彼此的感觉,观察者说出所观察两人的对话情形。

4. 老师总结倾听在人际关系中的重要作用。

(三)数字传递

目的:通过活动,让大家了解肢体语言在沟通中的作用。

操作:

1. 每组选派一名监督员,监督其他组。

2. 各组参赛队员排成纵队(要求每组人数相同),队列的最后一人到老师处领取一个数字(数字从易到难,如:8、900、0.01 等)。

3. 最后一个队员在老师处领到数字后回到原来的位置。等老师发令后,即用肢体语言向前一个队员传递,不准说话。

4. 通过层层传递,直到最后一个队员将这个数字写在白纸上,交给监督员。

5. 比赛进行三局,根据比赛速度和准确率给分:

第一局依次给分:5 分、3 分、1 分;

第二局依次给分:8 分、5 分、2 分;

第三局依次给分:10 分、6 分、3 分。

注:此积分是按照三个组划分的,如果组增加或减少,可以自己规定分数。

(四)行动胜于语言

目的:用以阐明动作、行动的确可以胜过千言万语。

操作:

1. 老师在台上做动作,一边说一边示范,让下面的学生跟着指令做。做好几个动作后,老师最后一个动作和说的动作不一致,如嘴上说“双手放在下巴里”,而实际上老师的双手却放在脸颊上。结果下面的学生大多都会跟着老师做动作，而不是根据说的做。

2. 讨论：为什么会产生这种现象？

3. 老师总结：我们都知道行动胜于雄辩，在我们的人际交往中，如何应用这一原则，来取得更好的相互理解呢？很多时候，行为上发生的问题会导致沟通的失误。所以我们要牢牢记住：你的行为才是别人度量你的标尺。同时这一游戏还告诉我们，在沟通中有时会出现言行不一致的情形。

**【听一听】**

三、基本概念——做沟通的赢家

(一)沟通的基本概念

1. 沟通的定义

沟通是人们为了传递信息、交换意见、交流情感而利用语言和非语言的方式进行的互动过程，是人与人之间发生互相关系的最主要的形式。人活在世上就要与人打交道，打交道就要懂得沟通。心理学研究发现，人醒的时候，大约70%的时间都花在沟通过程中。是否善于沟通，直接影响着人际关系的程度。

2. 沟通的要素

沟通过程由信息源、信息、通道、信息接受者、反馈、障碍与背景等七个因素构成。

(1)信息源

在人际沟通中，信息源是具有信息并试图沟通的个体。它始发沟通过程，确定沟通对象，选择沟通目的。在沟通前一般还需要一个准备阶段，整理思绪使自我心理感受清晰与明确。

(2)信息

信息是沟通者传达给他人的观念和情感，但个体的感受必须转化为各种不同的可以为他人觉察的信号。在各种符号系统中，最重要的是词语。词语可以是声音信号，也可以是形象符号(文字)；面对面沟通除了词语本身的信息外，还有沟通者的心理状态的信息，使沟通双方产生情绪的互相感染。

(3)通道

通道是沟通的信息载体。个体的感官均可接受信息，其中视听信息占的比例较大，人际沟通是以视听沟通为主的沟通。

(4)信息接受者

信息接受者是沟通的另一方。个体在接受带有信息的各种音形符号后，根据自己的已有经验把它“转译”为沟通者试图发送的信息或态度、情感。

(5)反馈

反馈使沟通成为一个双向的相互过程。在沟通中，双方都不断把信息回送给对方，这种信息回返过程叫反馈。反馈可告知发送者，接受者所接受和理解信息的状态。

(6)障碍

人际沟通常常发生障碍。例如信息源的信息不充分或不明确，编码不正确，信息没有正确转化为沟通信号，误用载体及沟通方式，接受者的误解以及信息自然的增强与衰减等。此外，沟通双方的主观因素也可能造成障碍。如果彼此缺乏共同经验，也难以沟通。

(7)背景

背景是沟通发生时的情境。它可能影响沟通的每一因素以及整个沟通过程,不仅许多意义是背景提供的,而且甚至词语意义也会随背景不同而改变。

(二)沟通的分类[①]

1. 正式沟通与非正式沟通

按组织系统可分为正式沟通与非正式沟通。前者是通过组织规定的通道进行的信息的传递与交流;后者是在正式沟通外进行的信息传递与交流。正式沟通的优势是信息通道规范、准确度较高;非正式沟通具有形式灵活、传播速度快等优点,但存在着随意和可靠性差的弱点。

2. 上行沟通、下行沟通与平行沟通

按信息流动方向可分上行沟通、下行沟通及平行沟通。上行沟通是下情上达,下行沟通是上情下达,平行沟通是同一级(非上下级关系)组织中的沟通。

3. 单向沟通与双向沟通

这是以信息源及接受人的位置来区分的,两者位置不变的是单向沟通,而不断变化位置的是双向沟通。单向沟通是一方说另一方听,双向沟通是双方有反馈。

4. 口头沟通与书面沟通

按沟通形式可分为口头沟通及书面沟通。前者是面对面的口头交流,如会谈、讨论、会议、演说、电话联系等;后者是文字形式的沟通,如布告、通知、报刊等。这两种形式都是词语沟通。在人际沟通中非词语沟通也是重要的。

5. 现实沟通与虚拟沟通

现实沟通是沟通双方对对方的身份和角色都有比较清楚的把握的沟通,面对面的沟通是最普通的现实沟通形式。虚拟沟通是随着互联网而发展起来的一种沟通形式。沟通的双方可以匿名,每个人都可以扮演各种他喜欢的角色,每个人都和他想象的个体在沟通。

(三)非言语沟通

美国传播学家艾伯特·梅拉比安曾提出一个公式:

信息的全部表达=7%语调+38%声音+55%肢体语言

我们把声音和肢体语言都作为非语言交往的符号,那么人际交往和销售过程中信息沟通就只有7%是由言语进行的。

1. 目光

眼睛是心灵的窗户。眼睛是最有效的显露个体内心世界的途径。人的情绪、态度和情景变化都可以从眼睛中显示出来。目光接触,是人际间最能传神的非言语交往。"眉目传情"、"暗送秋波"等成语形象说明了目光在人们情感的交流中的重要作用。

有位推销学家曾做过一次实验,来证明人与人彼此之间的注视因人的地位和自信而异。他让两个互不相识的女大学生共同讨论问题,预先对其中一个说,她的交谈对象是个研究生,同时却告知另一个人说,她的交谈对象是个高考多次落第的中学生。观察结果,自以为自己地位高的女学生,在听和说的过程都充满自信地不住地凝视对方,而自以为地位低的女学生说话就很少注视对方。在日常生活中能观察到,往往主动者更多地注视对方,而被动者较少迎视对方的目光。

---

① 华人心理咨询网,http://www.hrxl.cn。

2. 面部表情

面部表情是另一种可完成精细信息沟通的体语形式。人的面部有数十块肌肉，可产生极其丰富的表情，准确传达出各种不同的心态和情感。面部表情可以分为八类：感兴趣—兴奋；高兴—喜欢；惊奇—惊讶；伤心—痛苦；害怕—恐惧；害羞—羞辱；轻蔑—厌恶；生气—愤怒。一般来说，眼睛和口腔附近的肌肉群是面部表情最丰富的部分。

3. 身体运动

身体运动是个体最易发现的一种体语，其中手势占有重要位置。聋哑人借助手语，实现与他人的沟通。在正常情况下，个体用手语表达心态的机会是很多的。

摆手：表示制止或否定；

双手外摊：表示无可奈何；

双手外推：表示拒绝；

双手外展：表示阻拦；

搔头或搔颈：表示困惑；

搓手、拽衣领：表示紧张；

拍头：表示自责；

耸肩：表示不以为然或无可奈何。

4. 触摸

触摸是人际关系沟通的有力方式，人在触摸和身体接触时情感体验最为深刻。日常中身体接触是表达某些强烈情感的方式。

每一个体都有被触摸的需要。这是一种本能，婴儿接触温暖、松软物体感到愉快，喜欢拥抱、抚摸。更重要的是，个体不仅对触摸感到愉快，而且会对触摸对象产生情感依恋。

5. 姿势

达芬·奇曾说过，精神应该通过姿势和四肢的运动来表现。姿势是个体运用身体或肢体动作表达某种情感及态度的体语。在人际交往中，人们的一举一动，都能体现特定的态度，表达特定的含义。

人的思想感情会从体势中反映出来，略微倾向于对方 ，表示热情和兴趣；微微起身，表示谦恭有礼；身体后仰，显得若无其事和轻慢；侧转身子，表示嫌恶和轻蔑；背朝人家，表示不屑理睬；拂袖离去，则是拒绝交往的表示。

我国传统很重视人在交往中的姿态，认为这是一个人是否有教养的表现，因此素有大丈夫要“站如松，坐如钟，行如风”之说。在日本，百货商场对职员的鞠躬弯腰还有具体的标准：欢迎顾客时鞠躬 30 度，陪顾客选购商品时鞠躬 45 度，对离去的顾客鞠躬 45 度。

6. 人际距离

人际距离，是指人体与他人沟通与交往时双方的空间距离。美国学者霍尔根据美国白人中产阶级的研究提出四种人际距离。[①]

(1)公众距离(12～15 英尺)，是指在正式场合，演讲或其他公共事物中的人际距离，此时沟通往往是单向的。

---

① 劳动和社会保障部职业技能鉴定中心、中国心理卫生协会：《国家职业资格培训教程心理咨询师(上册)》，民族出版社 2003 年版 第 102—105 页。

(2)社交距离(4～12 英尺),是指在彼此认识的人们的交往距离,许多商业交往多发生在这个距离上。

(3)个人距离(1.5～4 英尺),是指朋友之间交往的距离。此时,人们说话温柔,接受大量体语信息。

(4)亲密距离(0～18 英寸),是指亲人、夫妻之间的距离。在此距离上双方均可感到对方的气味、呼吸、体温等私密性感觉刺激。

(1 英尺＝0.3048 米　1 英寸＝25.4 毫米)

影响人际距离的因素有文化、民族、社会地位、性别等。

(四)人际沟通技巧

想做一个沟通的赢家,必须掌握沟通的技巧。沟通的方式有言语和非言语两个方式。

在言语沟通方面,沟通的技巧主要有:

1.有效言语表达

如果我们的语言清晰准确,听众更有可能理解你的意思。为了高效地进行沟通,讲话者还得考虑听众的背景、能力、需要和其他特征。当我们使用具体而非抽象、简单而非复杂的方式表达信息的时候,信息传输的效率可能会更高。而且,还要使我们的言语和非言语信息具有连贯性。

马修·麦凯等人提出了高效言语表达的调整策略:①

(1)直接表达。注意自己在某些时候需要说些什么,并且“不要假定别人知道你怎么想的或你要什么”,不要指望由第三方来传递信息使你要告知的对象完全明白你的想法。

(2)即时表达。如果受了伤害或者很生气,那么延迟交流常常会加剧你的紧张情绪。

(3)明确表达。一则清晰明确的信息是你的想法、感觉、需求和观察的一种全面和精确的反映。表达时别遗漏你的想法,也别含糊其辞或者太过抽象。

(4)真诚表达。真诚直白的信息中,表达的目的和交流的目标是一致的。任何伪装的意图和隐藏的目的都会破坏亲密感,因为这会使别人觉得你更想操纵别人而不是与人交流。

(5)使你的信息具有帮助性、鼓励性。具有支持性意味着你希望别人理解你说的东西,而不是伤害那个人,或者拔高自己。为了不伤害对方,不要使用负面的字眼(例如“愚蠢”、“丑陋”、“自私”等),不要太尖刻,不要翻旧账,不要做负面的比较,不要使用对“你”进行判断的信息(例如“你不关心我”),不要使用威胁。

樊富珉教授提出了说话的五项艺术:

(1)寻找共同点。这是一种最基本的沟通技巧,特别是在和陌生人的第一次交往中非常有效。也就是寻找共同的话题、共同的爱好、共同的看法等相同点,从而使对方认同自己,产生一种最初的共情。

(2)培养同理心。可以分为初级同理心和高级同理心。初级同理心是指个体从思想上理解他人的思想和行为。高级同理心是指个体不仅可以从他人的立场考虑问题,而且能站到对方立场上来感受这件事所带来的情绪体验,并在交往中自觉地把这种体验用语言和非语言的方式传递给对方。同理心对于交往非常重要,它会帮助我们进一步理解别人。

(3)真诚赞美他人。戴尔·卡耐基在《沟通的艺术》这一书里把“看到别人的优点,真诚

① John W. Santrock 著:《心理调适》,高等教育出版社 2008 年版,第 228－229 页。

地赞美对方”作为人际沟通的第二项技巧。他认为“受人尊重是一种深藏在每个人体内的令人痛苦而且迫切需要解决的饥饿”。美国驻法大使本杰明·富兰克林的成功秘诀是:绝不说任何人的坏话,只说每个人的优点。这是因为人们都希望得到欣赏和赞美,这是人的一种心理需求。但在赞美的时候须做到:一是必须以真诚的微笑去接纳别人,你的笑容就是你的好意的信使。二是要真正拥有爱心。有爱心的人,爱自己也爱别人,最能发现别人身上的优点和长处,表达的方式就是欣赏和赞美。三是勇敢地说出赞美的话。有人不习惯说赞美的话,这样埋在心底的爱心不能给人亲身的感受,就大大失去了它原有的价值。所以,应该学会表达,用语言大胆地表示出内心的欣赏和认同。

(4)学会拒绝。良好人际关系的建立并不意味着一味地迎合对方,人际沟通中适当的拒绝也很重要。因为每个人的能力都是有限的,个人也都有各自的喜好,如果盲目地顺从对方,就会使这种交往变成一种负担,给自己造成不必要的压力。拒绝的时候可以直接清楚地说出自己的难处,求得对方的理解,也可以用委婉的、巧妙的语言来化解。如对方邀请你参加郊游而你却不想去时,可以说:真想和你一起痛痛快快地玩一玩,可惜我手头还有一些重要的事要做,否则我不会放弃这次好机会等。

(5)学会幽默。幽默是一个人智慧、学识和教养的体现。如果能造成幽默意境,紧张压抑的气氛顿时会变得轻松愉快。古希腊哲学家苏格拉底的故事就能说明这一点。他有一位脾气暴躁的妻子。有一天他和几位学生在家中谈论学术问题,妻子正在发脾气,骂了他一通。苏格拉底没理睬她。妻子越发火冒三丈,随手拿起一盆水泼了过去。学生担心老师这下一定会大怒,然而,只听苏格拉底不慌不忙地说:“我早就知道,打雷过后一定会下雨的。”大家听了,捧腹大笑。他的妻子也忍俊不禁,羞愧地退出房间。有人曾问苏格拉底,怎么娶了这么一个暴烈的妻子,苏格拉底说,我连这么暴躁的人都能“驾驭”,那么世界上什么人都能相处了。

另外学会批评也是很重要的说话艺术,戴尔·卡耐基认为不要过分地批评、责备他人。如果想要批评别人而不引起反感,一是从“称赞”及“真诚的欣赏”着手。二是应该间接提醒他们的错误。三是在批评对方之前,先谈自己的错误。四是要千方百计保住对方的面子。

2. 学会倾听

倾听是人际沟通中的一个重要方面。倾听是理解的前提,通往心灵的大道是人的耳朵,认真听人讲话就是对对方的最高赞誉,表明你很看重对方的观点,这样就迈出了增进友谊的第一步。怎样成为一个优秀的倾听者呢?美国得克萨斯的John W. Santrock提出了以下几点意见:①

(1)不要自己独占谈话时间。比平时少说话可以有利于你更好地倾听。我们有两只耳朵一张嘴的原因就是我们可以少说多听。

(2)密切关注谈话者。全神贯注表明你对她或他所说的东西感兴趣。

(3)使用反馈技巧。即在倾听过程中,听者以一种表示接受和理解的方式复述发言者消息中所表达的感情或者内容。

(4)对你听到的主题和模式积极加以综合。谈话内容可能会充斥着零乱的、细碎的、未以有意义的方式整合过的消息。一个善于反馈式倾听的人会定期将发言者在一个相当长的

---

① John W. Santrock著:《心理调适》,高等教育出版社2008年版,第216—217页。

谈话中甚至跨越几次会议的一些谈话中表达过的主要的论题和情感捏合起来。

(5)以有效的行为给予反馈。反馈包括向发言者表达你的反应。反馈给发言者传达了这样一个消息——她或他在使别人理解自己的想法时做得如何。优秀的倾听者能够迅速、诚实和清楚地向发言者作出反馈。

3. 自我暴露。自我暴露对于增进人际关系具有特别的效力。

一般来说,人们不会在交往初期进行过多的自我暴露。随着人际关系的不断深入,一个人将会暴露一些事情,然后另一个人也会这样做,来回往复,直到朋友和情侣最终达到更深层的亲密关系。

另外,沟通时沟通的行为规范也很重要,如礼节性的行为、适当运用身体的姿态等。

## 课后训练

**【测一测】**

### 你善于沟通吗?

1. 你是否经常感到言不达意?

A. 是　　B. 有时是　　C. 从未

2. 他人是否经常曲解你的意见?

A. 是　　B. 有时是　　C. 从未

3. 当别人不明白你的言行时,你是否有很强的挫折感?

A. 是　　B. 有时是　　C. 从未

4. 当别人不明白你的言行时,你是否不再加以解释?

A. 是　　B. 有时是　　C. 从未

5. 你是否尽量避免社交场合?

A. 是　　B. 有时是　　C. 从未

6. 在社交场合,你是否不愿意与别人交谈?

A. 是　　B. 有时是　　C. 从未

7. 在大部分时间里,你是否喜欢一人独处?

A. 是　　B. 有时是　　C. 从未

8. 你是否曾因为不善辞令而失去改变生活处境的机会?

A. 时常有　　B. 偶尔有　　C. 没有

9. 你是否特别喜欢不必与人接触的工作?

A. 是　　B. 有时是　　C. 不是

10. 你是否觉得很难让别人了解自己?

A. 是　　B. 有时是　　C. 不是

11. 你是否极力避免与人沟通?

A. 是　　B. 有时是　　C. 不是

12. 你是否觉得在众人面前讲话是很难的事?

A. 是　　B. 有时是　　C. 不是

13. 别人是否常常用“孤僻”、“不善辞令”等来形容你?

A. 经常有　　B. 有时有　　C. 从未有

14. 你是否很难表达一些抽象的意见？

A. 是　　B. 有时是　　C. 不是

15. 在人群中，你是否尽量保持不出声？

A. 是　　B. 有时是　　C. 不是

计算标准：选 A：3 分　　选 B：2 分　　选 C：1 分

结果解释：

总分在 38～45 分之间，表明你必须采取措施改善自己的沟通能力。

总分在 15～22 分之间，表明你在沟通方面过分积极，亦可能导致消极结果。

总分在 22～38 分之间，表明你是一个善于沟通的人。

**【做一做】**

要求学生课后完成表格中的内容，下次上课时带来。

**时间流水账**

| 事　　情 | 每天花费时间 | 每周花费时间 | 备　注 |
|---|---|---|---|
| 生理需要：<br>吃饭、睡觉等 | | | |
| 个人卫生：<br>洗漱、洗衣、洗澡等 | | | |
| 学习科研：<br>上课、自学、研究、出差等 | | | |
| 文娱体育活动： | | | |
| 社会工作： | | | |
| 其他：<br>朋友聚会、上网、阅读报纸杂志、电话等 | | | |
| 总计 | 24 小时 | 168 小时 | |

**【读一读】**

戴尔·卡耐基，美国“成人教育之父”，是著名演讲家、作家，公共演说与个性发展心理学领域先驱。他曾经当过推销员、演员，后成为美国青年基督教协会的一名讲师，讲授公共演说课程。他所著的《沟通的艺术》（中国城市出版社 2007 年版）一直是全球自我教育与成人训练的范本。他在书中所说的不是空洞的理论，而是有着令人难以相信的神奇功效。相信这本书会改变你的生活，带你走上成功之路。

# 第十一章　做时间的主人

善于利用时间的人，永远找得到充裕的时间。

——歌德

我们不做时间的主人，就要做时间的奴隶；我们若不利用时间，时间就会把我们耗尽。

人生最宝贵的两项资产：一项是头脑，一项是时间。无论你做什么事情，即使不用脑子，也要花费时间。因此，管理时间的水平高低，会决定你事业和生活的成败。

**教学目标**

帮助学生了解时间的概念和特性，懂得珍惜时间，并掌握有效管理时间的技巧。

**教学环节**

一、热身活动

Seven up

目的：增强学生的注意力与记忆力。

操作：

1. 所有学生围圈而坐。

2. 使用轮流报数的方式，每一位学生坐着报出自己轮到的数字，但在轮到时的数字末位数是7(7,17,27,…)或者是7的倍数时(7,14,21,28,…)，该位学生必须站起来拍手，且不可说出此数字。

3. 谁做错了，罚表演节目。

4. 节目表演后，再从1开始报数。

**【练一练】**

二、练习

(一)时间感觉

目的：让学生感受时间，明白时间的珍贵。

准备：时钟。

操作：

1. 请全体学生起立。

2. 请全体学生闭上眼睛，不许说话，不许睁开眼睛，然后自己计算时间，当感觉时间到一分钟的时候，就坐下。

3. 老师看好时间，观察学生对时间的感觉程度。

4. 请学生谈谈感受。

(二)时间流水账

目的：让学生察觉使用时间的状况。

操作：

1. 学生在小组内交流自己的作业“时间流水账”。

2. 分享体会：

(1)通过时间的记账，发现自己的生活有什么问题？

(2)有哪些地方需要引起我们注意？

注意：

“时间流水账”表格的内容，可以根据实际的需要增加和修改。

(三)生活馅饼图

目的：了解自己的时间安排，学会合理安排时间。

准备：“时间馅饼图”。

操作：

1. 老师下发每人一份“时间馅饼图”，让学生把“时间流水账”中的时间画在“时间馅饼图”的上图中。

2. 在“时间馅饼图”的下图中画出自己理想的时间使用比例。

3. 在小组里交流自己的“时间馅饼图”。

4. 分享体会：通过这一活动，对自己有什么启示？

**练习：时间馅饼图**

以大圈代表一天二十四小时，请按你自己现在一天生活的平均活动状况，在上图圈内画出比例图。如：自己一天需睡眠八小时，则圈的三分之一即为睡眠占据，其余继续依自己活动状况填入馅饼内。下图圈内画出你希望的比例图。比较一下有何区别，你打算怎样改善，请与同学分享。

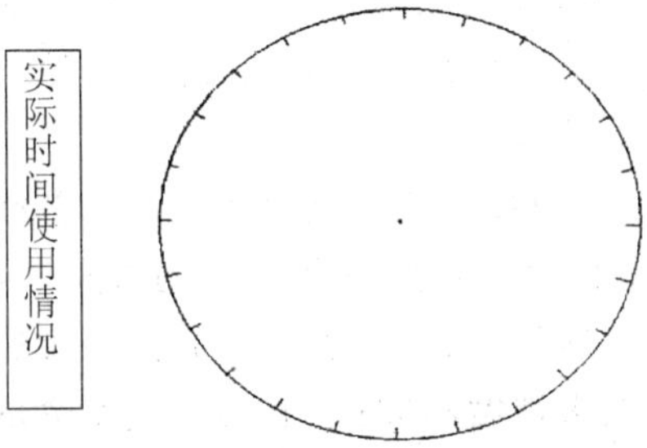


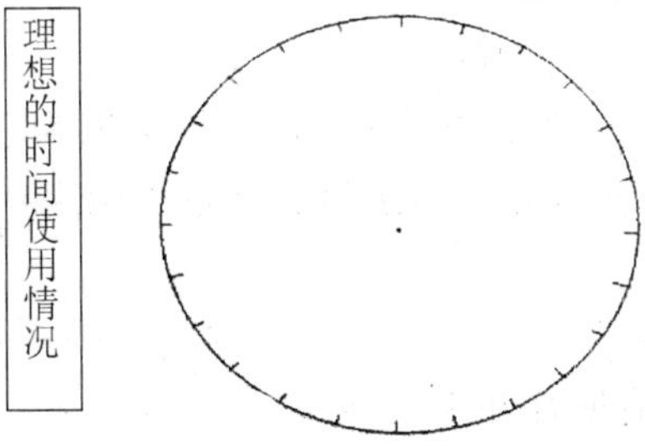


练习后我的心得：________________________________________

(四)时间优化矩阵(也称时间方格管理)

目的:学会根据事情的轻重缓急来安排时间。

操作:

1. 请同学把下周要做的事情罗列出来,并根据轻重缓急填写在下列方阵中。

| 项目 | 紧急 | 不紧急 |
| --- | --- | --- |
| 重要 | | |
| 不重要 | | |

2. 和小组学生一起讨论该如何根据事情的轻重缓急安排时间。

3. 分享体会

注意:讨论的结果处理事情的顺序可能会有两种情况:

1. 重要、紧急——紧急、不重要——不紧急、重要——不紧急、不重要

2. 重要、紧急——重要、不紧急——紧急、不重要——不紧急、不重要

**【听一听】**

三、基本概念——做时间的主人

(一)时间管理的基本概念

1. 时间管理的内涵

时间管理(Time Management)是为了提高时间的利用率和有效性,而对时间进行合理的计划和控制、有效安排与运用的管理过程。时间管理不是去管时间,而是管理与时间息息相关的我们本身,是对我们选择怎样使用时间的管理,是我们在使用时间时选择的行为。

2. 时间的特性

人生是由时间组成的,时间是人们最宝贵的财产。历史上有两位法国哲人用猜谜的方式,把时间的特性描述得淋漓尽致。

哲人伏尔泰问:"世界上,什么东西是最长而又是最短的;最能分割又是最广大的;最不受重视又是最珍惜的;没有它,什么事情都做不成;它使一切渺小的东西归于消灭,使一切伟大的东西生命不绝?"

智者查帝格回答:"世界上最长的东西莫过于时间,因为它永无穷尽;最短的东西也莫过于时间,因为人们所有的计划都来不及完成;在等待着的人看来,时间是最慢的;在作乐的人看来,时间是最快的;时间可以扩展到无穷大,也可以分割到无穷小;当时谁都不加重视,过后谁都表示惋惜;没有时间,什么事都做不成;不值得后世纪念的,时间会把它冲走,而凡属伟大的,时间则把它们凝固起来,永垂不朽。"

(1)时间的一纬性

一纬性是时间最基本的特征。时间之所以珍贵,就是因为它不可再生、不可替代、不可购买、不可储存、不可增减,一去不复返。永远沿着从过去到现在到未来这么一个方向前进,对它的度量只能在单线上进行。

(2)时间的有限性和无限性

时间的另一个重要特征是有限性和无限性。

对于某一具体事物来说,时间是有限的,人生有限、青春有限、事物产生的历史有限,一

天 24 小时有限,一年 365 天有限……

对于整个宇宙来说,时间又是无限的,无始无终。

3.时间的价值

想知道一整年的价值,就去问留过级的同学;

想知道一个月的价值,就去问曾经早产的母亲;

想知道一个星期的价值,就去问周刊的编辑;

想知道一个小时的价值,就去问正在等待见面的情侣;

想知道一分钟的价值,就去问刚错过火车的人;

想知道一秒钟的价值,就去问刚闪过一场车祸的人;

想知道 1%秒钟的价值,就去问奥运会短跑银牌得主。

要珍惜你所拥有的每一刻时间,昨天已经成为过去,而明天仍是个谜,今天是最珍贵的礼物,那就是它为何被称作“当下”的原因。

4.时间管理的意义

一个能够管理时间的人,他将获得如下好处:

(1)控制时间,而不是被时间所控制。利用好时间管理,变被动为主动,由自己来操纵时间。

(2)能够减轻工作压力,能够留出更多的时间,从容地安排。

(3)可以节约时间。

(4)利用相同的时间,更加专注于做重要的事情。

(5)利用好时间管理,可以提高工作效率,改善工作质量。

(6)平衡时间,掌握好利弊,进行有效工作。

(二)时间管理中常见的问题

时间管理中常见的问题大致有以下表现:

1.没有计划。很多人做事没有计划,工作没有程序化、规范化,什么事情来了就处理什么事情,从早到晚忙个不停,身心疲惫回到家,倒头呼呼大睡,第二天又开始同样的循环。真是“猪八戒踩西瓜,滑到哪里是哪里”。

2.眉毛胡子一把抓。管理学中有个“不值得定律”,“不值得定律”告诉我们:一流的人做一流的事情,不值得做的事情,坚决不做。这个定律似乎再简单不过了,但它的重要性却时时被人们疏忽。很多人的习惯就是觉得每一件事情都很重要,每一件事情都需要完成,有时为了一件很小的事情,在那儿找资料,打电话求证,反复研究对比,但实际上事后仔细一分析,这件事情对他今天的工作,是无关紧要的,根本不值得花很多时间去处理。

3.没有养成良好的习惯。习惯对于一个人的成功来说,非常重要。就时间管理而言,它本身也是一种习惯。你只有养成了时间管理的习惯,才能充分地驾驭时间,走向成功。

另外,做事犹豫不决、精力分散、拖延、逃避等都是时间管理中的常见问题。

(三)有效管理时间的技巧

1.时间管理的工具——ABC 等级法

ABC 时间管理法,就是以事务的重要程度为依据,将待办的事项按照由重要到轻的顺序划分为 A、B、C 三个等级,然后按照事项的重要等级依据完成任务的做事方法。

ABC 时间管理法可谓事务优先顺序法的“鼻祖”,它不但屡屡为时间管理专家们所称道，还被许多热衷于规划生活的人们所采用。这种方法可以有效地解决因日常事务异常繁乱而陷入混乱的状况，使学习、工作和生活等活动在有条不紊中进行。

要想学会使用ABC时间管理法，可以按照以下步骤和原则进行：

第一步：划分事务级别。

根据事务的重要性来规定优先顺序，对每一项工作做如下考虑："这件事是不是有助于达到我的长期目标或短期目标？"做出判断之后，再根据判断确定事物的级别。

(1)划分标准

A级事务：

如果非常有助于达到目标，即为最重要的事项，将其标注为A——必须做的事，是指与实现自己的目标相关的关键事务，比如管理性指导、重要的期限临近、能带来领先优势或成功的机会。

A级事物都是必须在短期内完成的任务。一旦完成，A级事务就会产生显著效果。而如果事务未完成，那么严重的、令人沮丧的，甚至是灾难性的后果就有可能发生。A级事务的关键是需要立刻行动起来去做。

B级事务：

如果对于达到目标具有一般的意义，即为次重要的事项，将其标注为B——应该做的事，是指具有中等价值的事务，这类事务有助于提高个人或组织业绩，但不是关键性的。

B级事务是应该在短期内完成的任务。虽说不如A级事务那样紧迫，但它仍然很重要。这些工作可以在一定期限内相应地推迟。若规定的完成期限较短，就应该将它们很快提升为A级。

C级事务：

如果对达到目标起的作用不大，即为不重要的事项，将其标注为C——可以做的事，是指价值较低的一类事务，无论这些事务多么有趣或紧急，都应该拖后处理。

C级事务是可以推迟，但不会造成严重后果的工作。该事务中的有些工作甚至可以无限期的推迟。但其他一些事务，尤其是那些有较长时间限制的事务，也会随着完成期限的临近最终转变为A级别或B级别。

第二步：确定各级事务所占的比例及价值。

总体来说，ABC三级事务在事务总量中所占的比例及价值是这样的：

A级事务约占任务和工作总量的15%，这是你必须集中精力完成的事务。对所有达到的目标而言，它真正的价值高达65%。

B级事务约占事务与工作总量的20%，你完成事务的价值也就是20%。

C级事务占事务总量的65%，你完成这级事务的价值仅为15%。

第三步：各级事务的时间分配原则。

明确事务级别后，首先要全力以赴投入A级事务，知道完成或取得预期的效果后，再转入B级事务。如果不能完成B级事务，可以考虑授权。尽量少在C级事务上花费时间。不过请注意，C级事务并不是可有可无的。除A级和B级事务外，工作中还有许多不太重要、但又不得不做的事情，比如准备工作、善后工作和日常工作，等等。

更要注意的是，A级事务虽然重要，但未必就要第一时间去做，而把其他事务全抛开。这是由时间的效益性决定。比如，你一天有很多工作，你的A级事务是拟一份报告，需要花大半天时间；同时还有B级事务和C级事务，比如C级事务是一些委派别人去做的小事。那么，在你开始起草报告之前，用几分钟时间把这些小事分配下去，被分配到任务的人相对就会有更多的时间去做了。也就是说，有些时候紧急的事务虽然不重要，但要优先处理。①

2. 管理大师彼得·德鲁克提出的时间管理法②

第一步：记录时间：了解自己的时间是怎么度过的。

第二步：管理时间：在记录表里找出哪些是根本不必做的、哪些是可以别人替代的、哪些是浪费时间的。

第三步：统一安排可以自由支配的时间。

德鲁克认为“认识你自己”这句充满智慧的哲言，对我们一般人来说，真是太难理解了，可是“认识你的时间”却是任何人只要肯做就能做到的。

3. 樊富珉教授提出的时间管理法③

(1)制订合理的时间计划表。计划要具体、细致，要有完成的最后期限；制订计划要留有余地，留出机动时间以应变突发事件；公开自己制订的计划以展示自己的决心，不留后路，也可以争取更多的帮助；对制订的计划要有适时的检查和评估，以保证计划按时按质完成，保证各阶段目标、整体目标的最终实现。

(2)先做最重要的事。要把自己有限的时间集中在最重要的事情上，切忌每样工作都抓，切忌平均分配时间。

(3)勿轻言放弃。最浪费时间的一件事就是太早放弃。这不但输掉了开始的投资，更丧失了经由最后的努力而发现宝藏的喜悦。

(4)学会拒绝。生活中常常会有各式各样的人和事出乎意料的出现，以至于干扰你的计划。因此，珍爱时间者应当学会适时地说“不”，懂得拒绝的艺术，以保证自己人生规划的实现。

(5)巧用生物钟。如果你能找出自己一天之中何时效率最高，用这段时间去处理最重要、最繁难的工作，将会大大节约时间，提高效率。

(6)找出隐藏的时间。隐藏时间有：

①过渡时间。如早上边洗脸边听广播。

②旅途时间。你可以看书、背外语单词或者打腹稿等。

③等待时间。办事、约见、排队等待的间隙也可以利用，如听广播、看报纸、背英语单词等。

④睡眠时间。一般成人每天睡6～8小时就够了，你不妨试着每天少睡半小时，再坚持一段时间来适应这种新情况，如能适应，精力不减，那在一年之内，你就等于节省了一星期。奥斯勒是加拿大著名的医学教育家。他身系多种工作，但是不管忙碌到多晚，他睡觉之前都要读15分钟的书。这个习惯他坚持了半个世纪之久，共读了8235万字(按一分钟阅读300字的速度计算)，1098本书(按一本书平均7.5万字计算)。“每天睡前15分钟”，使奥斯勒博学广纳，不仅使他的医学研究硕果累累，还使他成为著名的文学研究专家。

---

① 时间管理教练吴炯东网站，http://www.360time.cn/article.asp?id=36。

② 彼得·德鲁克著：《卓有成效的管理者》，机械工业出版社2005年版，第35—51页。

③ 樊富珉、费俊峰编著：《青年心理健康讲座十五讲》，北京大学出版社2006年版，第285—291页。

(7)注意休息。充分利用时间并不意味着马不停蹄，适时的休息可以使你的学习和工作更有成效。

(8)时间馅饼(见上面的练习3)。

以大圆代表一天24小时，请根据你在时间流水账中一天生活的平均活动状况，将各类活动所花费的时间按比例在圆内画出。圆内每格表示1小时。然后想一想你个人期望的时间安排是什么样的，画在理想的时间馅饼上，两张饼比较一下，看看可以做哪些改变，使自己对时间的利用更加满意、更加有效。

当然要学会管理时间，很重要的还要培养时间管理所需的特殊能力，并且培养时间管理所需的积极心态。

## 课后训练

**【测一测】**

### 你的时间管理能力如何？①

时间就是生命，有效地利用工作时间能够事半功倍，为自己赢得最大的效益。下面将测试你的时间管理能力。请选择适合自己的答案。

1. 你认为当天的工作是否必须完成？
2. 你会制订年度计划并具体安排每天的工作吗？
3. 你的文件是按照重要性分类管理吗？
4. 你会把同样、同类、同时使用的东西放在一起吗？
5. 你的办公室是否很整洁干净？
6. 你会尽量减少开会次数吗？
7. 如果工作时间很紧，你会经常看表并做出下一步的安排吗？
8. 工作之际，你是否会稍作休息、劳逸结合呢？
9. 工作很忙时，你是否会有紧迫感？
10. 你曾向别人请教如何利用时间吗？
11. 你对每天的工作是否能分清轻重缓急。
12. “只要善于利用时间，你每天就可以多出一点时间。”
13. 你会为不熟悉的工作预先制订计划吗？
14. 你清楚自己工作效率最高与工作效率高低的时间分布吗？
15. 你对突然插进来的要事能接受吗？
16. 来访者不愿意透露来意，你会在工作室会见吗？
17. 你在工作时，有电话找你，你会出于礼貌地听对方长篇大论吗？
18. 你会花很多时间对自己的工作成果反复检查以确保可万无一失吗？
19. 为提高工作效率，你经常超负荷工作吗？
20. 你宁可自己动手，也不会把工作委派给他人吗？

---

① 引自网页，http://management.yidaba.com/glnlcs/7431806－3.shtml。

**评分标准：**

1～14 题回答“是”得 1 分，回答“否”不得分；15～20 题回答“否”得 1 分，回答“是”不得分。然后将各题所得分数相加。

**测试结果：**

1. 总分为 17～20 分。表明你的时间管理能力很强，你很有毅力，能够坚持不懈地把工作做好。

2. 总分为 11～16 分。表明你的时间管理能力一般，你总是想放松自己，有时又能够很好地管理自己。

3. 总分为 10 分及以下。表明你的时间管理能力很差，你的计划从来不能实现，没有时间观念，总是找各种理由拖延，懒惰是其中的主要原因。你必须改变这种状况，否则成功将与你无缘。

**【读一读】**

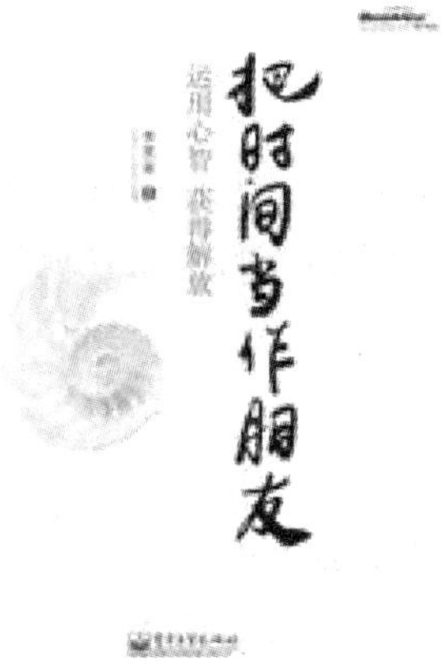


人的一生是奋斗的一生，但是有的人一生过得很伟大，有的人一生过得很琐碎。如果我们有一个伟大的理想，一颗善良的心，我们一定能把很多琐碎的日子堆砌起来，变成一个伟大的生命。

李笑来（原新东方教师，现艾德睿智国际教育咨询合伙人）写的《把时间当作朋友——运用心智，获得解放》（电子工业出版社 2010 年版）这本书，没有长篇的道理，却用作者自己切身的心理体会，帮你把自己每天平凡的日子堆砌成伟大的人生。

# 第十二章　价值探索

人最宝贵的是生命。生命每个人只有一次。人的一生应当这样度过：回忆往事，他不会因为虚度年华而悔恨，也不会因为碌碌无为而羞愧；临终之际，他能够说："我的整个生命和全部精力，都献给了世界上最壮丽的事业——为解放全人类而斗争。"

——保尔·柯察金

## 教学目标

帮助学生澄清自己的价值观，对过去的我、现在的我、未来的我做出评估和展望，明白最珍贵的不是"得不到"的和"已经失去"的，而是"现在能把握的幸福"。

## 教学环节

一、热身活动

兔子舞

目的：营造欢乐气氛，打消防卫心理。

准备：音乐《兔子舞》。

操作：

1. 所有学生围成一圈。后面一位学生双手搭在前一位学生的双肩上。

2. 老师喊出动作指令：左二（左脚跳两下），右二（右脚跳两下），并前（双脚合并，向前跳一下），并后（双脚合并，向后跳一下），并前两次（两脚并立，向前跳两下），等等。

注意：

1. 老师事先应将口令与动作练习几次，以体会同学完成动作的节奏感与协调性。

2. 可以和兔子舞曲配合，动作也可以根据兔子舞曲自己设计。

**【练一练】**

一、练习

（一）我的五样

目的：澄清个人价值观，学会选择和放弃。

准备：A4 纸若干张。

操作：

1. 老师下发每人一张 A4 纸，要求学生在纸的顶端写下：某某某（自己的名字）的五样，然后飞快地写下每个人生命中最重要的五样。并告诉学生这五样东西可以是食物、水和钱，也可以是人和动物，可以是精神的追求，也可以是爱好和习惯。可以是抽象的事物，也可以是具体的物品，总之，只要每个人认为是自己生命中最重要的五样东西都可以。

2. 老师告诉学生，生命中发生了意外，最宝贵的五样保不住了。让学生逐一删除，最后只能留下一样。

3. 做完后，学生在小组里分享他选择和放弃的心理感受，以及为什么要这么做。

4. 每组派代表在班级里汇报。

注意：

1. 在丧失的练习中可以使学生更加珍惜拥有，同时也能帮助学生更清楚地了解自己最重要的东西是什么。

2. 在练习中，可能会出现有的学生就是不愿意舍弃的情况，可以启发他很好地思考原因。

（二）生命线

目的：对过去的我、现在的我、未来的我做出评估和展望。

准备："生命线"练习表。

操作：

1. 老师说明练习内容，然后让班级学生自行填写。

2. 填写完后小组学生分享交流。小组交流中，每个人都拿出自己的生命线给其他人看，边展示边说明，注意自己与他人内心的反应。

3. 分享做完这个练习的感受。

练习：生命线

---

出生　　　　　　　　　　　　　　　　　　　　　　　　　　预测死亡年龄

|————————————————————————————————|

0

预测死亡年龄的依据：

● 本人的健康状况

● 家族的健康状况

● 生活地域的平均寿命

找出今天你的位置：

● 写上今天的年龄

● 写上今天的日期

思考过去的我与未来的我

● 列出过去影响你最大或令你最难忘的三件事

● 列出今后你最想做的三件事或最想实现的三个目标

●

| 过去的三件事 | 未来的三件事 |
| --- | --- |
| 1. | 1. |
| 2. | 2. |
| 3. | 3. |

---

(三)分享歌曲——《如果还有明天》

目的:体会歌曲所表达的心态,思考自己的明天。

操作:

1. 老师向学生说明这首歌的由来:这首歌是薛乐的生前好友刘伟仁根据薛乐临死前的心态写的,表达了薛乐本人面对癌症末期的一些不舍和无奈。

2. 播放音乐《如果还有明天》,让学生闭上眼睛,仔细倾听。

3. 听完歌曲后,请同学分享感受。

**如果还有明天**

我们都有看不开的时候
总有冷落自己的举动
但是我一定会提醒自己
如果还有明天

我们都有伤心的时候
总不在乎这种感受
但是我要把握每次感动
如果还有明天

如果还有明天
你想怎样装扮你的脸
如果没有明天
要怎么说再见

如果你看出我的迟疑
是不是你也想要问我
究竟有多少事还没做
如果还有明天

如果真的还能够有明天
是否能把事情都做完
是否一切也将云消烟散
如果没有明天

如果还有明天
你想怎样装扮你的脸
如果没有明天
要怎么说再见

如果还有明天

你想怎样装扮你的脸
如果没有明天
要怎么说再见

如果还有明天
你想怎样装扮你的脸
如果没有明天
要怎么说再见

三、基本概念——生命的价值

(一)有关生命

生是偶然,死是必然。生与死,除了那几声欢呼、几阵痛哭外,便再没别的了。那么,生与死之间的——生命呢?

有人说,生命是初生的无知,少年的纯真,青年的朝气,中年的稳健,老年的愤世嫉俗;

有人说,生命是母亲的慈爱,父亲的严厉,爱人的柔情,朋友的关切,是一切感情的组合体;

有人说,生命是夕阳衬落日,青松立峭壁,万里平沙落秋雁,三月阳春和白雪,是宝刀快马,金貂美酒,是孤月冷歌的漂泊;

有人说,生命是一条河,聚集、奔注、冲倒、挟卷,最后奔流入海,显示着旺盛的生命力;

有人说,生命是一幅画卷:有山岩高崖、斜阳草树、夹岸桃花、晚霞红日,而那股前进的力量催动着这一切,让人感觉生命真的很美;

有人说,生命是一株树,它从冰雪中破壳而出,穿枝拂叶挣脱出来,在烈日下挺立抬头,它开出满树的花,蜂围蝶绕,它伸展浓阴,最终结出甜蜜的果。

生命还可以从生理学、遗传学、新陈代谢、生物化学等方面对它加以定义。所以生命到底是什么?不同的人会从不同的角度作出不同的解答。但有一点可以肯定的是,人的生命过程与其他动物的生命过程是不一样的,人生不仅仅是一个自然过程,还包含着极为丰富的社会内容。人不仅活着,还要生产、交往、创造,形成一定的人生价值目标,以一定的人生观指导自己的行为,赋予人生这样那样的意义。

(二)创造有价值的人生

人生的意义需要从人生价值的角度进行审视和评价。人们只有找到自己对生活意义的正确答案,才会自觉地朝着选定的目标努力,以全部的感情、意志、信念去创造有价值的人生。

怎么样的人生才算有价值呢?不同的人肯定会根据自己的理解给出不同的解释。

我们要理解和正确对待人生价值,不仅要正确认识人生价值的内涵和特征,还要正确认识和把握评价人生价值的客观标准。由于人的社会性,因此人生价值就内在地包括了人生的自我价值和社会价值两个方面。人生的社会价值,是个体的人生活动对社会、他人所具有的价值。衡量人生的社会价值的标准是个体对社会和他人所作的贡献。人生的社会价值和自我价值,既相互区别,又紧密联系、相互依存,共同构成人生价值的矛盾统一体。一方面,人生的自我价值是个体生存和发展的必要条件;另一方面,人生的社会价值是实现人生自我价值的基础,没有社会价值,人生的自我价值就无法存在。

1.人的价值实现是社会条件和个体条件的统一

从社会条件来看，我们在实现人生价值时必须从社会客观条件出发，符合社会发展的规律，与实现社会价值高度统一。

从个体条件来看，我们应着重把握两点：

一是科学的选择。在人的活动历程中，有怎样的价值取向，走什么样的人生道路，确立什么样的人生价值目标，以什么样的人生态度去处理人生中的各种关系和问题，这实际上就是人生价值的选择。因此，选择是人生价值的首要主体条件。

二是不懈的奋斗。人生价值的实现不仅仅在意识与观念的选择上，关键要在人生奋斗的实践中来实现。因此，奋斗也是人生价值的重要主体条件。奋斗，在人生价值实现中包含两层意思：一是要脚踏实地、自强不息、勇于创新的奋斗。二是要敢于面对挑战和各种困难，以坚强的意志和智慧迎接挑战和战胜困难。

2007年5月14日，在北京举行的首场全国大学生先进事迹报告会上，北京大学博士研究生施永辉同学的报告感人至深，印证了实现人生价值主体条件的重要性。他首先科学选择了利国利民的棉花基因生物技术研究；在他以优异成绩本科毕业后放弃了出国深造的机会，而又选择继续在北大攻关研究这一国家重点项目。这是一种科学的选择！

面对国际学术界在这方面的挑战，面对实验中的困难，面对国际生物学权威杂志对研究成果的挑剔，他百折不挠、自强奋斗。这项研究终于获得成功，得到国内外同行专家的好评。这就是他科学选择和不懈奋斗的见证！

大家熟知的张海迪，5岁时因患脊髓血管瘤，高位截瘫，无法上学。面对残酷的命运，张海迪没有沮丧和沉沦，她选择了坚强，以顽强的毅力自学知识，她先后自学了小学、中学和大学的专业课程，后来又自学了英语、日语、德语，并攻读了大学和硕士研究生的课程。

张海迪15岁时随父母下放聊城莘县一个贫穷的小村子，她没有惧怕艰苦的生活，而是选择了乐观向上的精神，奉献自己的青春。在那里她给村里小学的孩子们教书，并且克服种种困难学习医学知识，热心地为乡亲们针灸治病。在莘县期间，她无偿地为人们治病10000多人次，受到人们的热情赞誉。

1983年张海迪又选择走上文学创作的道路，她以顽强毅力克服病痛和困难，精益求精地进行创作，执著地为文学而战，至今已出版的作品有：长篇小说《轮椅上的梦》、《绝顶》，散文集《鸿雁快快飞》、《向天空敞开的窗口》、《生命的追问》。翻译作品《海边诊所》、《丽贝卡在新学校》、《小米勒旅行记》、《莫多克——一头大象的真实故事》等。她的作品在社会上在青少年中引起强烈的反响。长篇小说《轮椅上的梦》已在日本、韩国出版。经过不懈的努力，她取得了丰硕的成果：

1992年度中国作协庄重文学奖。

1994年全国首届奋发文明进步奖长篇小说一等奖。

1997年全国“五个一工程”图书奖。

1998年获“山东省精品工程奖”和“山东省十佳文艺工作者”称号。

1998年全国第二届奋发文明进步奖图书奖和个人特别奖。

1999年全国第三届优秀妇女读物奖。

1999年全国第四届外国文学作品优秀图书奖。

2002年10月，长篇小说《绝顶》被中宣部和国家新闻出版署列为向“十六大”献礼重点图书。

2002 年 12 月,《绝顶》获全国第三届奋发文明进步奖图书奖。

2003 年 10 月,《绝顶》获首届中国出版集团图书奖。

2003 年 12 月,《绝顶》获第八届中国青年优秀读物奖。

2003 年 12 月,《绝顶》获第二届中国女性文学奖。

2003 年 12 月,《绝顶》获中宣部“五个一工程”入选作品奖。

1991 年张海迪在做过癌症手术后,继续以不屈的精神与命运抗争,她开始发奋学习哲学专业研究生课程。经过不懈的努力,她写出了论文《文化哲学视野里的残疾人问题》。1993 年,她在吉林大学哲学系通过了研究生课程考试,并通过了论文答辩,被授予了哲学硕士学位。张海迪以自身的勇气证实着生命的价值,正像她所说的:“像所有矢志奋斗的人一样,我把艰苦的探寻本身当做真正的幸福。”她以克服自身障碍的精神,为残疾人进入知识的海洋开拓了一条道路。

她曾获得的荣誉有:

1981 年获莘县广播局先进工作者。

1982 年获聊城市“模范共青团员”称号。

1982 年获聊城市“三八红旗手”称号。

1982 年共青团山东省委授予“模范共青团员”称号。

1983 年山东省政府授予“劳动模范”称号。

1983 年共青团中央授予“优秀共青团员”称号。

1983 年山东省妇联授予“三八红旗手”称号。

1983 年全国妇联授予“三八红旗手”称号。

1989 年中宣部授予“优秀青年思想工作者”称号。

1990 年山东团省委授予“十大杰出青年”称号。

1991 年中国残联授予“自强模范”称号。

1992 年济南市政府记大功一次。

1993 年全国妇联授予“巾帼建功标兵”称号,并再次授予“三八红旗手”称号。

1995 年山东省委宣传部授予“模范党员文艺工作者”称号。

1997 年山东省委宣传部授予“十佳文艺工作者”称号。

1997 年被日本 NHK 评为“世界五大杰出残疾人”。

2000 年被国务院授予“全国劳动模范”称号。

2001 年被新华社《环球》杂志评选为“环球二十位最具影响世纪女性”。

2. 人生价值的实现[①]

(1)在把握人生价值实现条件的同时,我们应该从思想方法和实践方向等方面来认识人生价值的实现,从而确立人生价值实现的正确方向和目标。

①自觉地以科学的世界观和方法论为指导。

②开阔视野,善于把握时代特征和环境对人生价值实现的要求。

③客观把握自身的条件、科学地分析和把握人生价值实践中的各种挑战和困难。

---

① 江西师范大学政法学院李康平教授课件,http://www.docin.com/p—15229728.html。

④以积极进取的态度，选择正确的人生价值取向，追求科学合理的人生价值目标，脚踏实地、自强不息走好自己的人生道路。

(2)提高实现人生价值的能力和素质。

①学好专业知识，拓展、拓新专业知识的技能面。

②提高自己运用知识的能力和实践创新能力。

③提高自己抓住机遇、分析机遇、运用机遇的能力。

④培育自己的科学精神和人文精神。

⑤提高自己的思想道德素质和身心素质。

(3)善于利用客观环境、改善环境、创造良好的环境来实现人生价值。

(4)积极投入到创新创业的社会实践中去，立足岗位、奋发图强、劳动创造、艰苦奋斗，为人民和社会作贡献。

(三)佛与蜘蛛的故事[①]

从前，有一座圆音寺，每天都有许多人上香拜佛，香火很旺，在圆音寺庙前的横梁上有个蜘蛛结了张网，由于每天都受到香火和虔诚的祭拜的熏托，蜘蛛便有了佛性。经过了一千多年的修炼，蛛蛛佛性增加了不少。

忽然有一天，佛祖光临了圆音寺，看见这里香火甚旺，十分高兴。离开寺庙的时候，不经意间地抬头，看见了横梁上的蜘蛛。佛祖停下来，问这只蜘蛛："你我相见总算是有缘，我来问你个问题，看你修炼了这一千多年来，有什么真知灼见，怎么样？"蜘蛛遇见佛祖很高兴，连忙答应了。佛祖问："世间什么才是最珍贵的？"蜘蛛想了想，回答道："世间最珍贵的是'得不到'和'已失去'。"佛祖点了点头就离开了。

就这样又过了一千年的光景，蜘蛛依旧在圆音寺的横梁上修炼，它的佛性大增。一日，佛祖又来到寺前，对蜘蛛说道："你可还好，一千年前的那个问题，你可有什么更深的认识吗？"蜘蛛说："我觉得世间最珍贵的是'得不到'和'已失去'。"佛祖说："你再好好想想，我会再来找你的。"

又过了一千年，有一天，刮起了大风，风将一滴甘露吹到了蜘蛛网上。蜘蛛望着甘露，见它晶莹透亮，很漂亮，顿生喜爱之意。蜘蛛每天看着甘露很开心，它觉得这是三千年来最开心的几天。突然，又刮起了一阵大风，将甘露吹走了。蜘蛛一下子觉得失去了什么，感到很寂寞和难过。这时佛祖又来了，问蜘蛛："蜘蛛这一千年，你可好好想过这个问题：世间什么才是最珍贵的？"蜘蛛想到了甘露，对佛祖说："世间最珍贵的是'得不到'和'已失去'。"佛祖说："好，既然你有这样的认识，我让你到人间走一遭吧。"

就这样，蜘蛛投胎到了一个官宦家庭，成了一个富家小姐，父母为她取了个名字叫蛛儿。一晃，蛛儿到了十六岁了，已经成了个婀娜多姿的少女，长得十分漂亮，楚楚动人。

这一日，新科状元郎甘鹿中士，皇帝决定在后花园为他举行庆功宴席，席间来了许多妙龄少女，包括蛛儿，还有皇帝的小公主长风公主。状元郎在席间表演诗词歌赋，大献才艺，在场的少女无一不被他折倒。但蛛儿一点也不紧张和吃醋，因为她知道，这是佛祖赐予她的姻缘。

过了些日子，说来也巧，蛛儿陪同母亲上香拜佛的时候，正好甘鹿也陪同母亲而来。上

① 郑洪利：《大学生心理素质训练教程》，上海交通大学出版社2005年版，第170页。

完香拜过佛，两位长者在一边说上了话。蛛儿和甘鹿便来到走廊上聊天，蛛儿很开心，终于可以和喜欢的人在一起了，但是甘鹿并没有表现出对她的喜爱。蛛儿对甘鹿说："你难道不曾记得十六年前，圆音寺的蜘蛛网上的事情了吗？"甘鹿很诧异，说："蛛儿姑娘，你漂亮，也很讨人喜欢，但你想象力未免太丰富了一点吧。"说罢，和母亲离开了。

蛛儿回到家，心想，佛祖既然安排了这场姻缘，为何不让他记得那件事，甘鹿为何对我没有一点的感觉？

几天后，皇帝下诏，命新科状元甘鹿和长风公主完婚；蛛儿和太子芝草完婚。这一消息对蛛儿如同晴空霹雳，她怎么也想不通，佛祖竟然这样对她。几日来，她不吃不喝，穷究急思，灵魂就将出壳，生命危在旦夕。太子芝草知道了，急忙赶来，扑倒在床边，对奄奄一息的蛛儿说道："那日，在后花园众姑娘中，我对你一见钟情，我苦求父皇，他才答应。如果你死了，那么我也就不活了。"说着，就拿起了宝剑准备自刎。

就在这时，佛祖来了，他对快要出壳的蛛儿灵魂说："蜘蛛，你可曾想过，甘露（甘鹿）是由谁带到你这里来的呢？是风（长风公主）带来的，最后也是风将它带走的。甘鹿是属于长风公主的，他对你不过是生命中的一段插曲。而太子芝草是当年圆音寺门前的一棵小草，他看了你三千年，爱慕了你三千年，但你却从没有低下头看过它。蜘蛛，我再来问你，世间什么才是最珍贵的？"蜘蛛听了这些真相之后，好像一下子大彻大悟了，她对佛祖说："世间最珍贵的不是'得不到'和'已失去'，而是现在能把握的幸福。"刚说完，佛祖就离开了，蛛儿的灵魂也回位了，睁开眼睛，看到正要自刎的太子芝草，她马上打落宝剑，和太子深深拥抱……

故事结束了，你能领会蛛儿最后一刻所说的话吗？"世间最珍贵的不是'得不到'和'已失去'，而是现在能把握的幸福。"

生命这个美好的东西，它很珍贵，属于你，只有一次。我们生活在这个世界上，会遇到许许多多苦难和坎坷。有人在苦难和坎坷面前倒下了，也有人在根本不算苦难的面前，轻易舍弃了自己的生命。在惋惜之后，我们又能做什么呢？生命它就像清晨的露珠，美丽却易逝，它是如此的脆弱，如此的不堪一击。但有人却改变了一切，他们让生命有了自己的价值，发出了自己的光辉，我们的生命，是用来珍惜的，是用来热爱的，是用来爱家、爱国、爱这个世界的。不但要热爱人的生命，也要热爱在这个世界上与我们同生同长的一切有生命的东西，这就是生命赋予我们的意义。

## 课后训练

**【测一测】**

### 价值倾向测试[①]

找一个安静的地方测试，如果完全认同：得 2 分；不认同：得 0 分；一般：得 1 分。

1. 我满脑子创业并有所行动。
2. 我比较会理财。
3. 我比其他的朋友或同学收入相对较高。
4. 我对未来的事情分析非常准。

---

① 载自网页，http://wenku.baidu.com/view/36e54f0003d8ce2f0066236b.html。

5.我吃饭很在意营养，并不多吃。
6.我一天睡眠的时间不少于七个小时。
7.我每周都运动不少于两个小时。
8.我可以为了身体停下工作。
9.我没有手机不能生活。
10.我用过很多时尚的品牌。
11.我经常参加娱乐活动。
12.我对度假和游玩很有兴趣。
13.我想有更多的压力，只要事业可以更好。
14.我想一生不停地工作。
15.我常常为公司的发展写出报告。
16.我经常谈出对公司发展的看法。
17.我与别人谈话的目的是为了影响和控制别人。
18.我能控制混乱的局面。
19.我想管管官的官，让下级为此得到快乐。
20.我认为能处理好下级的分配问题，让他们没有怨言。
21.我有特殊的创意，并尝试有效果。
22.我有专利。
23.我学习力强，并精通。
24.我爱看科普类书籍。
25.我认为家是第一位的。
26.我为了爱人失去了很多。
27.我会为了情感放弃工作。
28.对我来说，爱情很重要。
29.我认为我身后有追随者。
30.我认为我有品位，从来不说脏话。
31.荣誉是我的一切。
32.我出席各种名流的活动。

**测试解释：**

以上分为8组，4道为1组，分别代表以下意思：

按照1.财富(薪金)→2.健康(安全)→3.享受(自由)→4.工作(机会)→5.权力(位置)→6.创新(殊情)→7.情感(恩德)→8.受尊重(荣誉)的顺序排列。

1.找出最高分：哪组分最高就说明你最在意的地方在哪里。

2.找出A、B，确定思考特征。

把相应的组分加起来：

1＋3＋5＋8＝A

2＋4＋6＋7＝B

如果A－B≥2，说明体察能力强，是有妥协性的人。

如果B－A≥2，属于自我思考型的人(较固执)。

3.计算 C 值,确定性格特征。

$A+B=C$

如果 $C\geqslant45$,属于进攻型的人。

如果 $C>32$,属于乐观思考的人。

如果 $17<C<32$,属于消极思考的人。

如果 $C\leqslant17$,属于防守型的人。

**【读一读】**

作者梅格·惠特曼素有“电子商务教母”、“在线跳蚤市场女王”等美誉,在1998—2008年期间任 eBay 公司的首席执行官,将公司发展成为全球电子商务领域无与伦比的重要引擎。在《价值观的力量》(机械工业出版社 2010 年版)这本书里,惠特曼展示了在担任 eBay 总裁过程中的经验教训,以及在商界打拼的 10 项核心价值观。价值观,决定你的一切,伴随你的一生,要想成功,你必须先认知并拥有自己的软实力——价值观。

# 第十三章　在爱中成长

爱是生命的延伸，不但滋润着别人，还滋润着自己。

爱情可以使人获得新生，也会让人痛不欲生。

## 教学目标

帮助大学生明确爱情的定义、爱情的特征，清楚大学生恋爱中的困扰，学会提高爱的能力，学会在爱中成长。

## 教学环节

一、热身活动

爱的奉献

目的：活跃气氛，体会团结协作和奉献精神。

操作：

1.所有学生围成一圈，每位学生将双手搭在前面学生的双肩上。

2.所有学生围着圈跑，当老师说“停”的时候，前面的人要坐在后面人的腿上，等坐稳后双手放开。

3.老师可以数数，从10、9、8……一直数到1。

4.让学生分享活动的感受。

注意：

1.老师要提醒学生一边跑，一边调整距离，以保证停下来时，前面的学生正好能坐到后面学生的腿上。

2.前面几次可能都坐不成功，可以继续进行，让学生不断体会。

**【练一练】**

二、练习

（一）爱情是什么？

目的：进行爱情的思索，考虑爱情的内涵。

准备：白纸。

操作：

1. 每人发一张白纸，让学生对爱情的内涵进行思考后，把自己对爱情的理解写在纸上。

2. 学生在小组内交流自己的看法。

3. 每组派代表在班内汇报。

(二)我心目中的白马王子(白雪公主)

目的:认识自己选择爱人的标准,使爱更理性化。

准备:白纸。

操作:

1. 每人发一张白纸,并让每位学生在纸的上端写上“我心目中的白雪公主”(男生)或“我心目中的白马王子”(女生)。

2. 根据自己的情况,用形容词、词组或句子的形式写出自己选择爱人的五条标准。

3. 每位学生在小组内交流。

4. 每组派代表汇报小组交流的情况。

(三)假如……

目的:学会对爱的接受和拒绝,提高爱的能力。

操作:

1. 老师给出条件:假如有一位同学向你示爱,邀你单独约会,而你心里还没有准备好,你会怎么办? 并给每位学生发一张白纸。

2. 每位学生认真思考后写下自己的可能做法。

3. 每位学生在小组内交流。

4. 每组派代表汇报小组交流情况。

三、基本概念——领悟爱的真谛

某天一大早,我刚打开QQ,马上有一位女学生和我联系:“龚老师,您好! 真的对不起一大早就来麻烦你,最近我气得恨不得杀了我的男朋友。我们都已经到谈婚论嫁的时候了,可是我却非常没有安全感。我感觉自己受骗了,很怀疑他是不是真的对我好。他对我好的时候很关心我,为我忙这忙那,可是一到生气的时候就会说,女人对我来说是个屁! 我生气的时候总是希望他能哄哄我,他非但从来不来哄我,还对我说,你要学会不让人哄。我认为爱一个人就应该为这个人干任何事情,如果他真的爱我,难道就不能哄哄我吗? 龚老师,我真搞不懂,他是不是真的爱我?”

不知你是否也有过像这位女同学一样的困惑? 爱情究竟是什么? 大学生应如何对待爱情、追求爱情? 如何培养和提高自己爱的能力? 这些都是很多大学生面临的重要而实际的课题。

(一)爱情的心理学研究

爱情是人类最复杂和美妙的感情,人们用最美的语言来描述它,说爱情是一首诗,爱情是一支歌,等等,每个人心中也许都有一个爱情词典,答案可能也各不相同。

古往今来,多少关于爱情的动人故事影响了一代又一代青年,多少美丽的爱情传说激荡着人们的心灵,多少优美的诗篇讴歌着爱情的神圣,多少青年男女追求着爱情的甜美。爱情有巨大的能量,它使人的精神生活丰富,使人体会到人生的美丽灿烂。爱情可以使人获得新生,也会让人痛不欲生。爱之深、则恨之切,爱情会使人变得温柔、宽容,也会使人变得残酷、苛求。成功的爱情造就两个充实、快乐的人,不幸的爱情则导致痛苦、无奈的人生。赢得真正的爱情,便会发掘出内心的潜能,升腾起无穷的生命力和创造力。

1. 爱情及其特征

心理学家认为,爱情是一对男女之间,基于一定的社会关系和共同的生活理想,在各自内心中形成的对对方的最真挚的倾慕，并渴望对方成为自己终身伴侣的最强烈的情感，是两颗心相互向往、吸引、达到精神升华的产物，是人类特有的一种高尚的精神生活。

爱情包括性爱和情爱 。性爱是爱情的基础，情爱是爱情的灵魂。只有情爱和性爱的完美结合，才可能产生名副其实的爱情。

爱情的目的是：渴望对方成为自己的终身伴侣。

2. 爱情的三因素论（美国耶鲁大学斯腾柏格教授提出）

(1)亲密（动机成分）。动机有内发的性驱力，也包括异性之间身体容貌等特征的彼此吸引。

(2)热情（情绪成分）。由刺激引起的身心激动状态，如喜怒哀惧等。

(3)承诺（认知成分）。对情绪和动机的一种控制因素，是爱情中的理智层面。

爱情三因素论认为，两性间的爱情形式，因人而异，很可能所有情侣间的亲密关系和热烈程度各不相同，但基本上都是这三元素彼此配合而演化出来。三种成分所占的比例各不相同，就使我们看到了多姿多彩的爱情世界。

（二）爱情的理论

根据行为方式，加拿大社会学家 John Alan Lee(1973)把青年男女的恋爱情感分成六种形态：

1. 浪漫式之爱(Romantic love)

这种形态的人最注重的是对方的外表和身体的接触；帅哥靓妹，陶醉于现实的快乐和身体情感上的互相吸引，追求罗曼蒂克的激情和令人眩晕的感觉。

2. 游戏式之爱(Game-playing love)

这种人视性爱为游乐，只求个人需求的满足，且重视过程而非结果。恋爱具有“传染性”，尤其是在少男少女成群的地方。当看到身边的人许多已经成双成对时，便个个迫不及待，生怕自己被别人看不起，于是一夜之间纷纷有了心上人。爱情的关系短暂，将恋爱对象的更换视为轻易的事，对其所爱者不肯负道义责任。如用谈恋爱的方式来摆脱寂寞和烦恼，尽管也有恋爱所固有的特点，但心理上的寂寞一旦消失，这种“爱情”也往往随之完结。

3. 占有式之爱(Possessive love)

特征是对所爱对象赋予极强烈的感情，希望对方以同样方式回应自己。对其所爱，极具占有欲，对方稍有怠慢疏忽，即心存猜忌，好像偌大的世界只有两个人，除了占有对方，其他一切都显得暗淡无光。

4. 伴侣式之爱(Companionate love)

特征是在缓慢的交往中，由友情逐渐演变成爱情，故有青梅竹马般的感情。在这种友谊式爱情关系中，温存多于热情，信任多于嫉妒，是一种细水长流型的、平淡而稳定的爱情。但有时也不乏平淡，比如激情过后的婚姻，多半就是如此。

5. 现实式之爱(Pragmatic love)

其特征是，但求彼此现实需要的满足，不求理想化的追求。因而选择对象时以理性条件的考虑为主，诸如教育背景、经济能力、社会地位、共同兴趣，甚至宗教信仰等。“干得好不如嫁得好”，即为此种爱情观的典型。

6. 奉献型之爱(Altruistic love)

其特征是，信奉爱情是付出而不是索取的原则，甘愿为其所爱牺牲奉献一切，而不求回报。这种人极有耐心，不要求对方，甚至不嫉妒。你或许甚至会觉得这种形态的人就是为他所爱的人而生的。

（三）大学生的恋爱和成长

1. 大学生恋爱的特点[①]

大学生恋爱，除具有一般青年恋爱的特性外，还具有自己独有的特点。

（1）注重恋爱过程，轻视恋爱结果

恋爱向来被看做是为了寻觅生活伴侣，是婚姻的前奏。但是根据调查，在回答："大学期间谈恋爱主要是为了什么？"这一问题时，28.3％的大学生选择"体验爱情的幸福"；37.6％选择"充实大学阶段的生活"；11％选择"将来结婚成家"；9.8％选择"赶恋爱风的时髦"；13.3％选择"不知为了什么"。其中，把恋爱动机指向恋爱过程的"体验爱情的幸福"和"充实大学阶段的生活"共占 65.9％，而把恋爱动机指向婚姻的"将来结婚成家"只占 11％。由此可见，当代大学生注重的是恋爱过程本身，至于恋爱的结果已经不太在意。

注重恋爱过程，有利于双方相互了解、加深认识，也有利于培养感情、增加心理相容度，同时也反映出大学生不愿落入世俗，着意追求爱的真谛。但是，只注重恋爱过程，强调爱的"现在进行时"，把恋爱与婚姻相分离，不考虑爱的"将来完成时"，也未免失之偏颇。现在大学生中流传着一句顺口溜"不求天长地久，只求曾经拥有"。一些大学生把恋爱当做一种感情体验，及时行乐，借以寻求刺激，满足精神享受；一些大学生是为了充实课余生活，解除寂寞，填补空虚，把恋爱当做一种消遣文化。只重恋爱过程，轻视恋爱结果，实质上是只强调爱的权利，而否认了爱的责任。

（2）主观学业第一，客观爱情至上

在对待学业与爱情的关系上，43.6％的大学生认为"学业高于爱情"；49.6％认为"同等重要"；只有 6.8％认为"爱情高于学业"。调查结果说明绝大多数大学生能够正确看待学业与爱情的关系。他们赞成学习是学生的天职，大学阶段应以学习为主，爱情应当服从学业；或者希望学业和爱情双丰收，既渴求学业有成，又向往爱情幸福。总之，大都没有忘记学业，总想把学业放在首要的位置。但是，上述这些仅仅是大学生主观上、思想上的愿望而已。

教育实践经验表明，真正在客观上、行为上能够正确处理好学业与爱情关系的大学生，虽然也有，但为数不多。更多的是一旦坠入情网就不能自拔，强烈的感情冲击一切，学习同样受到严重影响。有的大学生整天如痴如醉、想入非非，沉浸在卿卿我我的甜言蜜语中；有的大学生中午、晚上不休息，加班加点谈恋爱，致使上课时倦意甚浓，无精打采；有的大学生干脆逃课，一心一意谈恋爱，成为恋爱"专业户"。很多大学生在不知不觉中变得"儿女情长，英雄气短"，成就事业的热情一天天冷却，爱情逐渐成为生活的唯一追求。可见，摆正学业与爱情的关系，是大学生难以控制而又必须正确处理的问题。

（3）恋爱观念开放，传统道德淡化

随着时代的发展，当代大学生的恋爱观念日益开放，传统道德逐渐淡化。据调查，大学生在回答"你认为爱人只能有一个，情人可以多个"这句话正确与否时，虽然男生有 55.1％、女生有 54.54％认为不对，但"有一定道理"（男生 28.57％，女生 18.37％）和"正确"（男生 12.24％，女生 4.54％）相加，男生已达到 40.81％，女生 22.91％。在回答对婚前性行为的

① 胡礼祥：《成功跨越：从中学到大学》，浙江人民出版社 2007 年版，第 190－192 页。

看法时，34%的学生不反对婚前性行为，其中有17%的学生赞成婚前性行为，9%的学生赞成但认为因住房条件较差，没有条件发生婚前性行为；另有9%的同学认为无所谓，只要顺其自然；不赞成婚前性行为的占53%，其中有28%的学生认为是“违背道德观念的”，只有2%的学生提出了发生性关系后的责任问题。

中国传统文化及伦理道德观虽对大学生影响较深，但随着对外开放的范围不断扩大，国外这些年的“试婚”、“一人连续多配偶制”等婚姻观逐渐影响到大学生，使得学生常常处于理智与感情矛盾的漩涡中，在理性认识上觉得应该保持贞操，应该遵守传统的伦理道德观，但在爱的激情下，又不愿再受传统观念的束缚，恋爱方式公开化，光明正大，洒脱热烈，不再搞“地下工作”，甚至一些大学生在公共场所、大庭广众之下，竟旁若无人，做出过分亲密的举动。

(4)失恋态度宽容，承受能力较弱

大学生中“有情人”虽多，但“终成眷属”者甚少，这样就产生了一批失恋大军。例如，上海市一所大学的心理学研究机构对该校学生分年级作了抽样调查，结果显示，越来越多的大学生有了恋爱经历，从大一的不到20%按年级呈上升态势，大三、大四有近半数学生承认自己有此经历。值得注意的是恋爱受挫怎么办？北京科技大学的学生主张“不成恋人成朋友”为49%，“发奋学习驱散失恋的痛苦”为36.5%，“找新的对象抚平创伤”为10.6%，“报复对方”为2.4%，“悲观厌世”为1.6%。感情挫折后出现一个时期的心理阴暗期是正常的，绝大多数大学生(80%以上)通过“找朋友诉说”，或“理性思考”，对自己和对方采取宽容的态度，尊重对方的选择。但仍有一部分学生摆脱不了“情感危机”，有的失去信心，放弃对爱情的追求，立下誓言“横眉冷对秋波，俯首甘为光棍”；有的一蹶不振，沉沦自弃，认为一切都失去了意义，以至于悲观厌世，甚至走上不归之路；有的视对方如仇人，肆意诽谤，甚至做出极端行为伤害对方。因失恋而失志、失德者，虽属少数，但影响很大。

2. 大学生恋爱中的九大心理困扰①

(1)恋爱对抗心理

这一心理表现为“明知故犯”的逆反行为。他们用“叛逆性行为”、对立态度来表达与众不同的恋爱个性特征。因恋爱问题出走、自杀等非常方式，是恋爱对抗心理的集中表现。

(2)恋爱中的自卑心理

美国心理学家艾利斯认为，一些负性的情绪体验都是个体对事物的某些不合理的观念造成的。大学生恋爱的自卑心理有两种状况：一种是恋爱挫折归因不当，如因失恋、单相思或男女交往受阻等而怀疑自己的性爱能力；另一种是自我评价不当，许多同学因自己的体象特征、经济情况、家庭地位不尽如人意，造成了情爱品质评价过低，形成了消极的恋爱心理定势，产生孤独和压抑的情感体验。

(3)认知偏差与动机错误

大学生中相当一部分人恋爱动机错误。有的是为学校生活空虚寂寞、寻找精神刺激与寄托；有的是处于虚荣心，凑热闹，认为不谈恋爱就表明自己没有魅力，谈上恋爱就是对自我价值的肯定；有的是出于好奇心，也是为今后积累“经验”，有的是为了找靠山，找所谓有权、有钱、家庭条件好的；还有的怕错过良机良缘，到社会上难觅知音。少数走入恋爱动机误区的学生，轻率地处理恋爱问题。某男生，在不到两年的时间里，追求了多个女生，最长的只谈

---

① 樊富珉、费俊峰编著:《青年心理健康讲座十五讲》，北京大学出版社2006年版，第212－216页。

了三个月。他扬扬得意地说："追得上就追，追不上就撤，但不能不追。"

（4）爱情错位带来问题

大学生中有这样的人，一旦坠入爱河，就把大好时光和主要精力都投入到缠缠绵绵之中，把自己的主要任务——学习抛到九霄云外，直到期末考试亮了几个"黄牌"，有的甚至多门不及格，接到留级或退学通知书才大梦方醒，慌了手脚，托人求情。某大学计算机学院有一94级男生，期末考试不及格学分达到10个学分以上，按照当时学校学生手册的规定被退了学。后了解原因，就是因为失恋后一蹶不振所致。

（5）择偶标准的偏差

大学生选择对象大多数追求感情上的默契和微妙，但也有些大学生选择对象以貌取人，或以财取人，或以权势取人，或是才、貌、权、钱、房样样具备最好。有的人找对象的标准，第一，漂亮，第二，漂亮，第三，还是漂亮。当然外表能给人以愉悦感，带来心理满足，但外表的漂亮并不是人的全部，真正的美是外在美与内在美的统一，以貌取人，一见倾心是要吃苦头的。

（6）单相思与爱情错觉

单相思，指异性关系中一方倾心于另一方，却得不到回报的单方面的"爱情"。错觉，是指错误地以为某个异性爱上了自己。即通常所说的自作多情。这两种情况是大学生恋爱问题中常见的心理挫折之一。

（7）恋爱行为失当

大学生恋爱中常见的行为失当主要表现在：轻率地确定恋爱关系，过早地过分亲昵，脚踏两只船，搞三角恋爱，婚前性行为。这些行为不仅影响了爱情，也容易造成人生的痛苦，甚至会有更严重的后果。

（8）恋爱中的感情纠葛

感情纠葛是指恋爱过程中因某些主、客观原因而引发的欲爱不能、欲罢不忍的强烈内心矛盾与感情冲突。例如有的大学生在寻求爱情的恋爱过程中，落入三角恋爱的漩涡里，要不同时喜欢上两个人，要不同时被两个人所追求，忧心忡忡，不能自拔。正如教育家陶行知先生所说："爱之酒，甜而苦。两人喝，是甘露；三人喝，酸如醋；随便喝，毒中毒。"

（9）失恋

恋爱是一对男女为寻求和建立爱情而相互了解和选择的过程。交往中，一旦双方或者某一方出于这样或那样的原因，不愿再保持彼此的恋爱关系，就意味着恋爱的终止。无论对任何人来说，失恋都是一种痛苦的情感体验，会不同程度地造成剧烈而深刻的心理创伤，有时会使人处于极其强烈的自卑、忧郁、焦虑、悲愤乃至绝望的消极情绪状态之中，甚至有人失去生活的信心和勇气。失恋可以说是人生中最为严重的心理挫折之一。

因此大学生要想在爱河中获得成长，就要具备一定的心理成熟度，更重要的是做好失恋的准备，学会处理失恋问题。

（四）主动提高自身爱的能力

爱的能力是指和他人建立亲密关系的能力，它对人一生的发展有着重要的意义。具备爱的能力会引导一个人去真正地爱他人，也真正爱自己，真正体验到爱给人带来的快乐和幸福。恋爱的过程也是培养爱的能力的过程。清华大学樊富珉教授提出了七种爱的能力：①

---

① 樊富珉、费俊峰编著：《青年心理健康讲座十五讲》，北京大学出版社2006年版，第216—219页。

1. 表达爱的能力

当你爱上一个人时,能否用恰当的方式和语言向对方表达出来呢?表达爱需要勇气、需要信心。表达爱是在表明爱一个人也是幸福,即使可能得不到回报。你让对方知道被一个人爱着,这是一种很崇高的境界。

2. 接受爱的能力

当期望的爱来到了身边,能否勇敢地接受也是爱的能力的表现。有的大学生在别人向自己示爱后,内心挺高兴,但又不敢接受别人的爱,或者对爱缺乏心理准备,或者觉得自己不配,不值得爱,因此失去发展爱情的机会。

3. 拒绝爱的能力

有爱的能力不是对爱来者不拒,或者认为不是自己的爱就简单地拒之千里。当然也有不少大学生当别人向自己示爱时有些优柔寡断,既怕伤害对方,又怕对方误会。拒绝爱的能力:一是表现对他人的尊重,要感谢对方对自己的欣赏和感情。二是要态度明确、表达清楚,即和对方只能是什么样的关系,同学还是一般朋友,或者什么都不是。三是行为和语言要一致。

4. 鉴别爱的能力

鉴别爱是指较好地分清什么是好感、喜欢和爱情。有鉴别爱的能力的人,是自信并尊重别人的人,会自然地与别人交往,主动扩展交往的范围,珍惜友谊,尽量多地体验他人的感受。分清友谊和爱非常重要。日本一心理学家曾提出过友谊和爱情区别的标准:

支柱不同:友谊的支柱是理解,爱情的支柱是感情。

地位不同:友谊的地位是平等的,爱情的地位是一体化。

体系不同:友谊的系统是开放的,爱情的系统是封闭的。

基础不同:友谊的基础是信赖,爱情则纠缠着不安和期待。

5. 解决爱的冲突的能力

爱的冲突一方面来自日常生活中的不一致或不协调,另一方面可能来自于性格的差异。相爱的人不是寻求两人的一致而是看如何协调、合作。爱需要包容、理解、体谅,会用建设性的方式去解决冲突。沟通是非常有效的方式。

6. 面对失恋时的心理承受力

失恋只是一种选择的结果,一个人不选择自己不等于自我表现就全面失败,一无是处。每个人在爱的关系中的心理需要不同,看中的关键点不同。每个人都有可爱的一面,只是个人欣赏的角度不同。

心理学家契可尼通过实验证明,一个人的记忆有奇特的功效,它对已完成的事情极易忘记,但对中断了的、未完成的事情却总是记忆犹新,这被称为契可尼效应。没有结果的初恋让人回味无穷,刻骨铭心,从心理学上解释,就是因为它是未完成的、不成功的。如果你懂得这一心理学常识,也许就不会那么执著于没有结果的初恋,也就不会有那么多失恋的痛苦乃至悲剧故事了。

从失恋的痛苦中有所收获,才能获得心智的成长。失恋之后到底失去的是什么?一个人、一种生活、一种希望,还是自己的信心、尊严?失恋之后没有失去的是什么?悲痛的时候,我们更容易想到的是我们失去的和我们被剥夺的,很少会想到我们可能仍然拥有的和没有失去的,而往往这些没有失去的东西也是很宝贵和重要的。

7. 保持爱情长久的能力

要保持爱情的常新，需要智慧、耐力、持之以恒及付出心血，同时又有自己的个性，有自己的追求与发展。学习新的东西、善于交流、欣赏对方，是爱的重要源泉。

有爱的能力的人是独立的人，有自己独立的价值观，有自己的生活空间。有爱的能力的人并不排斥对方，又是尊重他人、关心他人的人。

爱是生命的最大冲动，爱是自然，爱是纯粹，因爱缔结的婚姻才能达到真正的幸福。泰戈尔说，因为你爱她，就让阳光时刻包围着她，且给她自由。让我们懂得爱、学会爱、保持爱的长久，在爱中不断成长！

## 课后训练

**【测一测】**

### 你了解男女之间的心理差异吗？[①]

对下列问题作出最适合你的选择：

1. 两个人各吃一块夹心巧克力，其中一人一下子就吃光了，另一人先咬一口，看看里面有什么东西。你认为后者是：

A. 男人　　　　B. 女人

2. 晚会上，有位客人说："大多数人都不想到月亮上去。"其中有一人同意这种说法，另一人却反对说："这不是真的，我就想去。"请问想去的人是：

A. 男人　　　　B. 女人

3. 夫妻俩在卧室读书，病中的婴儿睡在另一个房间里。其中一个抬起头说："别为孩子的病担心，大夫说就会好的。"讲这话的是：

A. 男人　　　　B. 女人

4. 夫妻俩在饭馆里吃饭，其中一人要点新奇的菜，另一人却坚持要一般的菜，爱点新奇菜的是：

A. 男人　　　　B. 女人

5. 商店内一侧是新产品，另一侧是一般商品。夫妻俩进去后，谁对新产品更有兴趣：

A. 男人　　　　B. 女人

6. 两个人在百货商店买衣服，其中一个把想要买的衣服的式样和颜色对售货员讲得很具体，另一个则只是对售货员说："有上衣吗？"说这句话的是：

A. 男人　　　　B. 女人

7. 汽车油表上显示汽油已经不多了。车中一人想马上停车加油，另一个人却主张到附近另一个加油站去，因为那里有价格便宜的汽油出售。愿意冒险在油可能用完之前去另一个加油站的是：

A. 男人　　　　B. 女人

8. 一对夫妇迷路了。其中一人想找人问路，另一个人却徘徊往返，想自己找到方向。不愿问路的是：

A. 男人　　　　B. 女人

---

① 赵国祥：《现代大学生心理健康教程》，人民教育出版社 2007 年版，第 224－225 页。

9. 三辆汽车被红灯拦住。绿灯亮起后，有个驾驶员试图先于其他两辆车开走。这个人是：

A. 男人　　B. 女人

10. 一对恋人听到一件十分可笑的事，马上大笑起来的往往是：

A. 男人　　B. 女人

11. 在一对恋人中，喜欢将个人的思想向对方倾诉的是：

A. 男人　　B. 女人

12. 两个人遇到一只可怕的大老鼠，其中一个吓得发抖但显得可爱，另一个吓得大叫却显得没有出息。显得可爱的是：

A. 男人　　B. 女人

**评分规则：**

根据下列答案，答对一题得 1 分，答错不记分。将各题得分相加，统计总分。

| 题号 | 1 | 2 | 3 | 4 | 5 | 6 | 7 | 8 | 9 | 10 | 11 | 12 |
|---|---|---|---|---|---|---|---|---|---|---|---|---|
| 答案 | B | B | A | B | A | B | A | A | A | B | B | B |

你的总分：________

**说明：**

8 分以上，说明你非常了解男女之间的心理差异，很容易与异性相处。

5～7 分：说明你比较了解男女之间的心理差异，和异性相处一般过得去。

4 分以下：说明你不太了解男女之间的心理差异，和异性相处常有误会发生。

**附：男女之间主要的心理差别**

1. 男性求爱比女性积极主动。
2. 男性比女性更看重外表。
3. 男性比女性更容易一见钟情。
4. 男性比女性更爱发誓。
5. 男性比女性更要面子。
6. 女性交友更重感情。
7. 女性的戒备心比男性强。
8. 女性善用身体语言。
9. 女性更喜欢使用“反话”。
10. 女性比男性更易向别人倾诉。
11. 女性比男性更注重家庭。
12. 女性比男性更爱逛商店。
13. 女性更注重细节。
14. 女性更善于言辞沟通。
15. 女性的情绪比男性愉快。

【读一读】

爱需要品味，爱需要思考，爱更需要运用智慧。以研究社会心理学和亲密关系著称的美国莎伦·布雷姆（Sharon S. Brehm）博士等撰写的《爱情心理学》（人民邮电出版社 2010 年版），综合了社会心理学、进化心理学、发展心理学和临床心理学以及社会学、传播学、家政学等学科近几十年爆炸式的研究所取得的一系列丰硕成果，让我们懂得应该如何去应对“爱情”所面临的挑战？这个世界上到底还有没有真正的爱？关于爱情，他（她）的心里到底是如何想的？这本书对于即将恋爱、正在恋爱以及已婚人士都很有指导意义。

# 第十四章　生涯设计——我的未来不是梦

世界上许多事业有成就的人，并不一定是他比你机会好，而仅仅是因为他比你能做。

——法国作家罗曼·罗兰

职业是自我的延伸。青年的职业生涯规划是否正确，不仅影响个体的心理健康，也影响个人一生的发展。

——清华大学教授樊富珉

## 教学目标

帮助学生了解自己的职业价值观，明确自己的职业幻想，懂得如何进行职业生涯规划，并简单地做出自己的职业生涯规划。

## 教学环节

一、热身活动

比手划脚

目的：活跃气氛，对职业有初步认识。

准备：职业角色名称卡片。

操作：

1. 老师把事先准备好的职业角色名称的卡片拿出来，让几位学生抽签。

2. 让学生用肢体语言表演（不能出声说明）职业角色，并让其他学生猜是何种职业。

**【练一练】**

二、练习

（一）视频播放——职业生涯规划

目的：了解职业生涯规划的重要性及职业生涯规划的要素。

操作：

1. 播放视频《心理访谈节目——职业生涯规划》（中央电视 12 台，主持人张小琴、心理学专家樊富珉教授）。

2. 老师对职业生涯规划的重要性及要素进行总结。

（二）价值观拍卖

目的：澄清个人职业价值观。

准备：“工作价值”清单。

操作：

1. 老师下发每人一张“价值清单”。请学生排出这些价值在自己心目中的优先地位。1表示最重要，17表示最不重要。假设你有10万元钱，你将怎么分配这些钱以拿到自己最想要的东西，并将自己预估的数额填在清单的第二栏内。

2. 老师主持喊价拍卖，进行“价值拍卖”活动。起价1000元，每次加价1000元，以出价最高者购得该项价值观(喊价三声)，逐一拍卖，以澄清个人的价值观。

3. 卖完最后一项后，由学生在团体内分享感受。

注意：

1. 价值项目的内容可以根据职业的社会地位、经济报酬、工作内容和强度、工作环境与地点、人际关系、发挥专长等因素自己设计。

2. 可以多人同时拍得同一项目。

### 练习:“工作价值”清单

在下面的表格中，列有17项与工作相关的价值项目。请学生对这些价值在自己心目中的优先地位排序。1表示最重视，17表示最不重视，并填在下表中的第一栏内。假设你有10万元(以生命单位计算，代表一生中可以投注于工作的所有时间与精力的总和)，对于各个工作价值项目，你愿意投资多少？也就是你愿意出价多少？请将自己预估的数额填在清单的第二栏内。

填写时注意：

1. 不必每项都填。

2. 如你想对某一项出价，起价不少于1000元。

3. 在拍卖时，可以更动原定的价码，但如你想加价，每次加价至少1000元。

| 项　　目 | 顺序 | 预估 | 拍卖成交价 | 中标人 |
|---|---|---|---|---|
| 1. 为大众福利尽一份力 | | | | |
| 2. 追求美感与艺术气氛 | | | | |
| 3. 寻求创意，发展新事物 | | | | |
| 4. 独立思考，分析事理 | | | | |
| 5. 有成就感 | | | | |
| 6. 适合自己又可发挥专长 | | | | |
| 7. 受他人推崇并尊敬 | | | | |
| 8. 考取公务员 | | | | |
| 9. 发挥督导或管理他人的能力 | | | | |
| 10. 丰富的收入 | | | | |
| 11. 生活安定有保障 | | | | |
| 12. 与主管平等且融洽相处 | | | | |
| 13. 良好舒适的工作环境 | | | | |
| 14. 与志同道合的伙伴一起工作 | | | | |
| 15. 能选择自己喜爱的生活方式 | | | | |
| 16. 出国 | | | | |
| 17. 工作富有挑战性而不单调 | | | | |

（三）生涯幻游——我的职业生涯

目的：让学生了解自己潜意识中的职业生涯。

准备：指导语。

操作

1. 所有学生围圈而坐，跟着老师的指导语放松想象。

2. 想象结束后，进行小组交流。

3. 每组派代表在团体内汇报。

老师指导语：

请闭上眼睛，放松身体。

接下来，让我们一起坐在时光隧道机里，来到 5 年后的世界，你在哪里？你的容貌怎么样？你身穿什么服装？你和谁在一起，在干什么？现在我们来到 10 年后的世界，你在哪里？你的容貌怎么样？你身穿什么服装？你和谁在一起，在干什么？现在我们一起来到 20 年后的世界，你在哪里？你的容貌怎么样？你身穿什么服装？你和谁在一起，在干什么？现在我们一起来到 30 年后的世界，你在哪里？你的容貌怎么样？你身穿什么服装？你和谁在一起，在干什么？现在我们来到你退休后的世界，你在哪里？你的容貌怎么样？你身穿什么服装？你和谁在一起，在干什么？

注意：根据需要和时间，幻想的主题也可以是“典型的一天”

老师指导语：

请闭上眼睛，放松身体。

接下来，让我们一起坐在时光隧道机里，来到 5 年后的世界，也就是 2016 年的世界。算一算，这时你有多少岁？容貌有变化吗？请你尽量想象 5 年后的情形，越仔细越好。

好，现在你正躺在家里卧室的床铺上。这时候是清晨，和往常一样，你慢慢地张开眼睛，首先看到的是卧室里的天花板。看到了吗？它是什么颜色？

接着，你准备下床。尝试去感觉脚指头接触地面那一刹那的温度，凉凉的还是暖暖的？经过一番梳洗之后，你来到衣柜前面，准备换衣服上班。今天你要穿什么样的衣服上班？穿好衣服，你看一看镜子。然后你来到了餐厅，早餐吃的是什么？一起用餐的有谁？你跟他们说了什么话？

接下来，你关上家里的大门，准备前往工作的地点。你回头看一下你的家，它是一栋什么样的房子？然后，你将搭乘什么样的交通工具上班？

你快到达工作的地方，首先注意一下，这个地方看起来如何？好，你进入工作的地方，你跟同事打了招呼，他们怎么称呼你？你还注意到哪些人出现在这里？他们正在做什么？

你在你的办公室桌前坐下，安排一下你今天的行程，然后开始上午的工作。早上的工作内容是什么？跟哪些人一起工作？工作时用到哪些东西？

很快地，上午的工作结束了。中餐如何解决？吃的是什么？跟谁一起吃？中餐还愉快吗？

接下来是下午的工作，跟上午的工作内容有什么不同吗？还是一样的忙碌？

快到下班的时候了，或者你没有固定的下班时间，但你即将结束一天的工作。下班后你直接回家吗？或者要先办点什么样的事？或者要参加一些什么其他的活动？

到家了。家里有哪些人呢？回家后你都做些什么事？晚餐的时间到了，你会在哪里用餐？跟谁一起用餐？吃的是什么？晚餐后，你做了些什么？跟谁在一起？

就寝前，你正在计划明天参加一个典礼的事。那是一个颁奖典礼，你将接受一项颁奖。想想看，那会是一个什么样的奖项？颁奖给你的是谁？如果你将发表得奖感言，你打算讲什么话？

该是上床的时候了，你躺在早上起床的那张床铺上。你回忆一下今天的工作与生活，今天过得愉快吗？是不是要许个愿？许什么样的愿？

渐渐地，你很满足地进入梦乡。睡吧！一分钟后，我会叫醒你……（一分钟以后）我们渐渐地回到这里，还记得吗？你现在的位置不是在床上，而是在这里。好，10—9—8—7—6—5—4—3—2—1—0。睁开眼睛。你慢慢地醒过来，静静地坐着。

（《金树人生涯咨商与辅导》，（台北）东华书局 1997 年版）①

（四）简易生涯规划

目的：协助学生对未来生涯做初步的规划。

准备："简易生涯规划"表。

操作：

1. 下发每位学生一张"简易生涯规划"表，并且填写。
2. 填好后，在小组交流。
3. 每组派代表在团体内交流、分享。

练习："简易生涯规划"表

你的近期规划（2 年以内）________________________________

________________________________________________

具体安排________________________________________

________________________________________________

________________________________________________

________________________________________________

你的中期规划（2－5 年）________________________________

________________________________________________

具体安排________________________________________

________________________________________________

________________________________________________

________________________________________________

你的长期规划（5－10 年）________________________________

________________________________________________

具体安排________________________________________

________________________________________________

________________________________________________

________________________________________________

① 樊富珉、费俊峰编著：《青年心理健康讲座十五讲》，北京大学出版社 2006 年版，第 259－260 页，引自《金树人生涯咨商与辅导》，（台北）东华书局 1997 年版。

三、基本概念——职业生涯规划

(一)职业生涯的基本概念①

"生涯"一词的英文是career,意思是指两轮马车,引申为道路,也就是人生的发展道路。生涯发展大师舒伯(Super)认为:所谓生涯是指一个人在一生中会扮演的角色的综合及结果,这些角色,包括儿女、学生、休闲者、公民、工作者、配偶、持家者、父母及退休者等九项(见生涯彩虹图,图中未将退休者列入,配偶、家长、父母则并入持家者);而九个角色在四个主要场所:家庭、社区、学校及工作场所中扮演。一个人在一生中会扮演许许多多的角色,就如同一条彩虹同时具有许多色带。简单地说,"生涯"是从我们出生到年岁终止的一段过程,其中有我们的生活方式,也有我们的就业形态,也有我们检视过去、策划未来的部分。这些点点滴滴就连缀成我们的生涯。

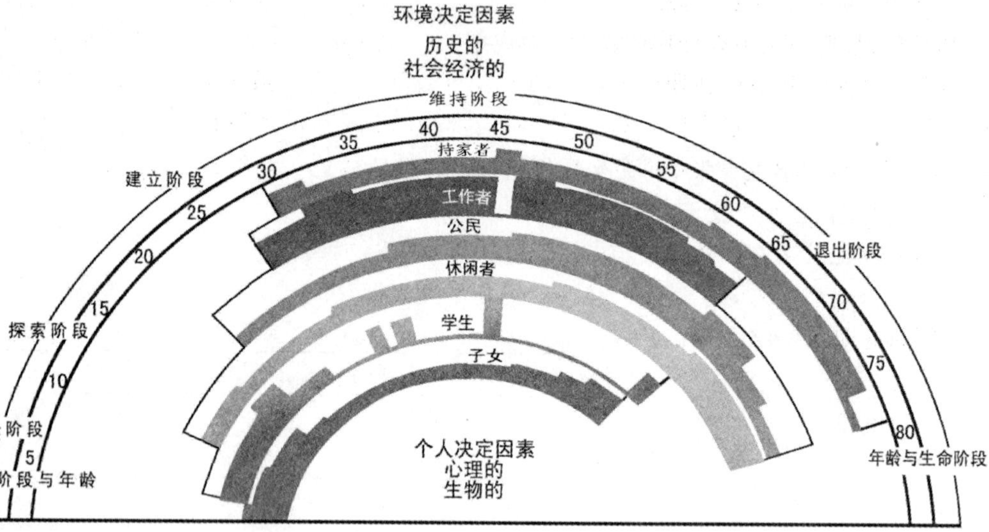


生涯彩虹图(舒伯,1980)

"职业生涯",就是个人职业的发展道路,包括就业的形态、工作的经历以及与职业相关的活动等,指的是一个人从职业学习开始到职业劳动最后结束的经历过程。在职业心理学领域里,"职业生涯"这一概念有两种经典性定义:

"职业生涯规划"(career planning)简称生涯规划,又叫职业生涯设计,是指结合自身条件和现实环境,确立自己的职业目标,选择职业道路,制订相应的培训、教育和工作计划,并按照职业生涯发展的阶段实施具体行动以达到目标的过程。它是个人与组织相结合,在对一个人职业生涯的主客观条件进行测定、分析、总结的基础上,对自己的兴趣、爱好、能力、特点进行综合分析与权衡,结合时代特点,根据自己的职业倾向,确定其最佳的职业奋斗目标,并为实现这一目标做出行之有效的安排。职业生涯设计的目的绝不仅是帮助个人按照自己的资历条件找到一份合适的工作,达到与实现个人目标,更重要的是帮助个人真正了解自己,为自己定下事业大计,筹划未来,拟定一生的发展方向,根据主客观条件设计出合理且可行的职业生涯发展方向。由于职业生涯贯穿着人的一生,因此,对职业生涯的规划,就是为

① 河南大学就业指导服务中心网,http://job.henu.edu.cnHtmlfuturezycp247920070529104810.html。

自己的未来人生绘制理想的蓝图。

职业生涯规划关键就是要解决“干什么”、“何处干”、“怎么干”、“以什么样的心态干”的问题，可以概括为“四定”——定向、定点、定位、定心。

定向，就是确定自己的职业方向。方向与目标有所不同，目标是自己拟定的期望达到的一个理想，而方向是为达到目标而选择的一种路径。如果方向错误，则会偏离目标，即使修正也需要花费更多的时间和精力。对大学生说，职业定向需要冷静的头脑和十足的勇气，根据自己的兴趣、理想、专业去选择职业方向。

定点，就是确定职业发展的地点。地点也是现实环境的一个因素。各地的经济发展现状和前景都有不同，甚至差异很大，比如中心城市和边远山区，沿海一带和西部地区。近几年的调查研究显示，绝大多数毕业生选择就业地点只盯着经济发达地区，但这些地区竞争激烈、人满为患不说，外地生源还要面临环境、观念、语言、文化等差异带来的困难，而且发展与晋升的空间与机会并不见得比去发展中地区更好。这也是大学生就业时要慎重考虑的。

定位，就是确定自己在职业人群中的位置。定位过低会导致个人在职业生涯中无法实现自我价值的最大化，过高则容易因连遭挫折而对职业生活丧失信心。因此，大学生需要准确地标定自己的位置，根据自己的实际水平，在择业时对职位、薪资、工作内容等做好判断和把握。

定心，就是稳定自己的心态。人的一生必然会有高低起伏，成功与挫折总是结伴而行，个人的职业生涯也不例外。在实现职业理想与目标的过程中，难免也会有磕磕碰碰和意想不到的困难。对大学生来说，就要保持一种平常心态，敢于直视就业过程中的困难和问题，不以物喜，不以己悲，始终坚定地按照自己的正确计划去实现理想。

（二）职业生涯规划步骤

职业生涯规划是个性化的，是量体裁衣式的，没有一个对所有人都适用的方案，基本的步骤包括以下几个方面：

1. 自我评估

自我评估就是对自己做全面分析，通过自我分析，认识自己、了解自己。因为只有认识了自己，才能对自己的职业做出正确的选择，才能选定适合自己发展的生涯路线，才能对自己的生涯目标做出最佳抉择。因此，自我评估是生涯设计的重要步骤之一。通常自我评估包括自己的兴趣、特长、性格、学识、技能、智商、情商以及组织管理、协调、活动能力等。

2. 生涯机会的评估

生涯机会的评估，主要分析内外因素对自己生涯发展的影响，每一个人都处在一定的环境之中，离开了这个环境，便无法生存与成长。所以，在制订个人的职业生涯规划时，要分析环境条件的特点、环境的发展变化情况、自己与环境的关系、自己在这个环境中的地位、环境对自己提出的要求以及环境对自己有利条件与不利条件，等等。只有对这些环境因素充分了解，才能做到在复杂的环境中避害趋利，使生涯规划具有实际意义。环境因素评估主要包括：组织环境、政治环境、社会环境、经济环境。

3. 职业的选择

通过自我评估、生涯机会的评估，认识自己、分析环境，在此基础上对自己的职业做出选择。也就是在职业选择时，要充分考虑到自身的特点，即自己的性格、兴趣和特长，还要充分考虑到环境因素对自己的影响。分析自我、了解自己、分析环境、了解职业世界，使自己的性格、兴趣、特长与职业相吻合。这一点对将步入社会初选职业的大学生非常重要。

4. 确定职业生涯路线

在职业选择后，还须考虑向哪一路线发展。即是走行政管理路线，向行政方面发展；还是走专业技术路线，向业务方面发展；等等。发展路线不同，对其要求也就不同，这一点也不能忽视。因为，即使同一职业，也有不同的岗位，有的人适合搞行政，可在管理方面大显身手，成为一名卓越的管理人才；有的人适合搞研究，可在某一领域有所突破，成为一名著名的专家学者；有的人适合搞经营，可在商海大战中屡建功勋，成为一名经营人才。如果一个人不具有管理才能，却选择了行政管理路线，这个人就很难成就事业。

5. 设定职业生涯目标

生涯目标的设定，其抉择是以自己的最佳才能、最优性格、最大兴趣、最有利的环境等条件为依据。通常目标分短期目标、中期目标、长期目标和人生目标。

（三）职业发展理论

1. 霍兰德人业互择理论

约翰·霍兰德是美国约翰·霍普金斯大学心理学教授，美国著名的职业指导专家。他于1959年提出了具有广泛社会影响的人业互择理论。这一理论首先根据劳动者的心理素质和择业倾向，将劳动者划分为6种基本类型，相应的职业也划分为6种类型（见霍兰德理论示意图）：

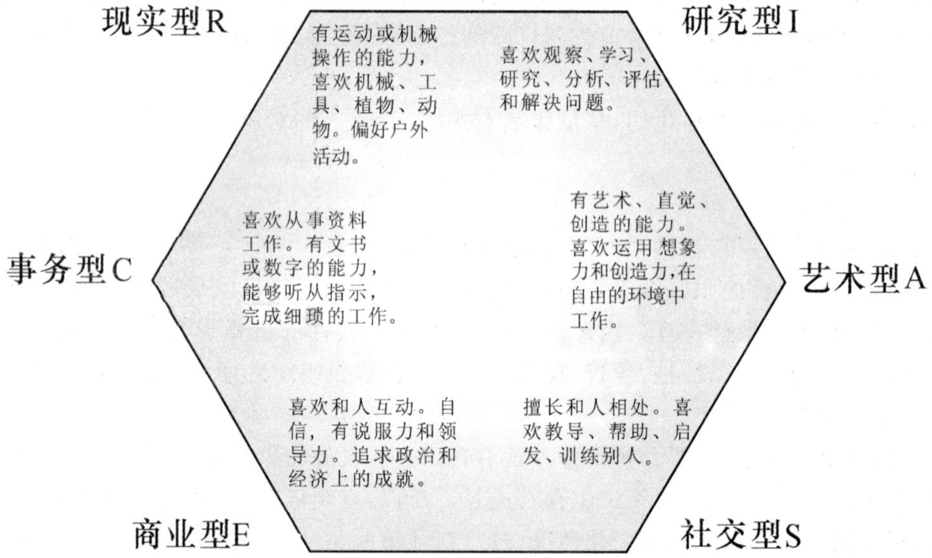


霍兰德理论示意图

现实型人，处理事物的能力比待人接物的能力来得重要。喜欢有规则的具体劳动和需要基本技能的工作，但缺乏社交能力，适合从事的主要是熟练的手工工作和技术工作，如制图员、司机、电工、机械工、运输工、产业工人以及木工、瓦工、铁匠、修理工等。

研究型人，善于学习，对自己能解决科学上的问题感到自豪。喜欢智力的、抽象的、分析的、推理的和独立的定向任务，但缺乏领导能力，适合从事的主要是科学研究和实验工作，包括各类科学研究人员，如气象学者、天文学者、地质学者以及物理学、生物学、数学、化学等学科工作者。

艺术型人，喜欢通过艺术作品来达到自我表现的目的。他们感情丰富、善于想象，对艺术创作充满兴趣，但缺乏办事能力，适合从事的主要是文学如室内装饰、图书管理、诗人、作家、演员、记者以及音乐、书画、雕塑、舞蹈、摄影等。

社交型人，对社会交往感兴趣，经常出入社交场所，关心社会问题，愿为社会服务，但缺乏机械能力，适合从事的主要是与人打交道和为人办事，即教育人、医治人、帮助人、服务于人的工作，如教师、医生、护士、律师、服务员、公关人员以及社团工作者和社会活动家。

商业型人，重视迁升和权力，说服力和业务能力占了很重要的地位。这类人往往缺乏科学研究能力，适合从事管理、决策方面的，如国家机关及机构负责人、党团干部、经理、厂长、推销员以及宣传、推广等工作。

事务型人，对系统的、有条理的工作感兴趣，讲究实际，喜欢有秩序的生活，习惯按照固定的规程、计划办事。他们习惯选择与组织机构、文件档案和日程表之类的东西打交道，如办公室办事员、图书管理员、税务员、统计员、出纳员、秘书以及打字、校对等工作。

霍兰德的职业选择理论，以个体差异为基础，通过个体评价和职业分析使两者相结合。其方法直观简单，便于实施。

2. 金斯伯格的职业生涯发展理论

美国著名职业指导专家金斯伯格，对职业生涯的发展进行过长期研究，对于实践产生过广泛影响。金斯伯格的职业发展理论分为幻想期、尝试期和现实期。

(1)幻想期：处于 11 岁之前的儿童时期。儿童们对大千世界，特别是对于他们所看到或接触到的各类职业工作者，充满了新奇、好玩的感觉。此时期职业需求的特点是：单纯凭自己的兴趣爱好，不考虑自身的条件、能力水平和社会需要与机遇，完全处于幻想之中。

(2)尝试期：11～17 岁，这是由少年儿童向青年过渡的时期。此时起，人的心理和生理在迅速成长发育和变化，有独立的意识，价值观念开始形成，知识和能力显著增长和增强，初步懂得社会生产和生活的经验。在职业需求上呈现出的特点是：有职业兴趣，但不仅限于此，更多的和客观的审视自身各方面的条件和能力；开始注意职业角色的社会地位、社会意义，以及社会对该职业的需要。

(3)现实期：17 岁以后的青年年龄段。即将步入社会劳动，能够客观地把自己的职业愿望或要求，同自己的主观条件、能力，以及社会现实的职业需要紧密联系和协调起来，寻找合适于自己的职业角色。此期所希求的职业的职业不再模糊不清，已有具体的、现实的职业目标，表现出的最大特点是客观性、现实性、讲求实际。

金斯伯格的职业发展理论，事实上是前期职业生涯发展的不同阶段，也就是说，是初就业前人们职业意识或职业追求的变化发展过程。

3. 格林豪斯的职业生涯发展理论

格林豪斯研究人生不同年龄段职业发展的主要任务，并以此将职业生涯划分为 5 个阶段。

(1)职业准备。典型年龄段为 0～18 岁。主要任务：发展职业想象力，对职业进行评估和选择，接受必需的职业教育。

(2)进入组织。18～25 岁为进入组织阶段。主要任务是在一个理想的组织中获得一份工作，在获取足量信息的基础上，尽量选择一种合适的、较为满意的职业。

(3)职业生涯初期。处于此期的典型年龄段为 25～40 岁。学习职业技术，提高工作能力；了解和学习组织纪律和规范，逐步适应职业工作，适应和融入组织；为未来的职业成功做好准备，是该期的主要任务。

(4)职业生涯中期。40～55 岁是职业生涯中期阶段。主要任务：需要对早期职业生涯重新评估，强化或改变自己的职业理想；选定职业，努力工作，有所成就。

(5)职业生涯后期。从 55 岁直至退休为职业生涯的后期。继续保持已有职业成就，维护尊严，准备引退，是这一阶段的主要任务。

4. 帕金森的职业—人匹配理论

这是用于职业选择、职业指导的经典性理论。最早由美国波士顿大学教授帕金森提出。1909 年，帕金森在其《选择一个职业》著述中，明确阐明职业选择的三大要素或条件：

(1)应清楚地了解自己的态度、能力、兴趣、智谋、局限和其他特征；

(2)应清楚地了解职业选择成功的条件，所需知识，在不同职业工作岗位上所占有的优势、不利和补偿、机会和前途。

(3)上述两个条件的平衡。

帕金森的理论内涵即是在清楚认识、了解个人的主观条件和社会职业岗位需求条件基础上，将主客观条件与社会职业岗位(对自己有一定可能性的)相对照、相匹配，最后选择一个职业与个人匹配相当的职业。

职业—人匹配，分为两种类型：

(1)因素匹配，例如所需专门技术和专业知识的职业与掌握该种特殊技能和专业知识的择业者相匹配；或者脏、累、苦劳动条件很差的职业，需要吃苦耐劳、体格健壮的劳动者与之匹配。

(2)特性匹配，例如，具有敏感、易动感情、不守常规、个性强、理想主义等人格特性的人，宜于从事审美性、自我情感表达的艺术创作类型的职业。

帕金森的职业—人匹配理论，这一经典性原则，至今仍然正确、有效，并影响着职业管理学、职业心理学的发展。

5. 舒伯的职业发展阶段理论

舒伯(Donald E. Super)的职业生涯发展阶段理论是一种纵向职业指导理论，重在对个人的职业倾向和职业选择过程本身进行研究。舒伯以美国白人作为自己的研究对象，把人的职业生涯划分为五个主要阶段：成长阶段、探索阶段、确立阶段、维持阶段和衰退阶段。

第一阶段：成长阶段(0～14 岁)

主要任务：认同并建立起自我概念，对职业好奇占主导地位，并逐步有意识地培养职业能力。舒伯将这一阶段，具体分为 3 个成长期：

(1)幻想期(10 岁之前)：儿童从外界感知到许多职业，对于自己觉得好玩和喜爱的职业充满幻想和进行模仿。

(2)兴趣期(11～12 岁)：以兴趣为中心，理解、评价职业，开始作职业选择。

(3)能力期(13～14 岁)：开始考虑自身条件与喜爱的职业相符合否，有意识地进行能力培养。

第二阶段：探索阶段（15～24 岁）

主要任务：主要通过学校学习进行自我考察、角色鉴定和职业探索，完成择业及初步就业。也可分为 3 个时期。

（1）试验期（15～17 岁）：综合认识和考虑自己的兴趣、能力与职业社会价值、就业机会，开始进行择业尝试。

（2）过渡期（18～21 岁）：正式进入职业，或者进行专门的职业培训，明确某种职业倾向。

（3）尝试期（22～24 岁）：选定工作领域，开始从事某种职业，对职业发展目标的可行性进行试验。

第三阶段：建立阶段（25～44 岁）

主要任务：获取一个合适的工作领域，并谋求发展。这一阶段是大多数人职业生涯周期中的核心部分。

（1）尝试期（25～30 岁）：个人在所选的职业中安顿下来，重点是寻求职业及生活上的稳定。

（2）稳定期（31～44 岁）：致力于实现职业目标，是个富有创造性的时期。

职业中期危机阶段即职业中期可能会发现自己偏离职业目标或发现了新的目标，此时需重新评价自己的需求，处于转折期。

第四阶段：维持阶段（45～64 岁）

主要任务：开发新的技能，维护已获得的成就和社会地位，维持家庭和工作两者间的和谐关系，寻找接替人选。

第五阶段：衰退阶段（65 岁以上）

主要任务：逐步退出职业和结束职业，开发社会角色，减少权利和责任，适应退休后的生活。

（四）大学生四年如何做好职业生涯规划[①]

职业生涯发展贯穿生命始终，但大学阶段是重要的起步期。大学四年好比是一部延续四年的大戏，这出戏的策划、导演和主角都是大学生自己。戏中的每一幕都需要自己精心设计，把它演好，并控制好剧情的发展。

大学生可以按照年级特点，每年都做一点准备。

一年级为适应性发展期。大学一年级，是大学生刚走入大学认识大学的第一年，这一年的主要任务就是尽快适应大学生生活，尽可能缩短转型期，同时规划自己的人生目标和大学四年的目标。特别是要注意了解各学科、专业的特点，认真体会自己的兴趣和特长，要明确自己适合学习什么专业，以便做出恰当的选择。因为很多学校在大学第一学年都允许选择调整专业。

二年级为拓展性发展期。大学二年级是学习专业基础课，确定专业学习方向的关键时期，需要你全身心的投入。大学二年级又是你拓展自身素质的最好机会，通过参加学生会或社团等组织，锻炼自己的各种能力，检验自己的知识技能。尤其是一些准备考研和出国深造的同学，因为到了大三，你可能又要把精力集中到考研或出国外语考试的准备上去了。

三年级为选择性发展期。大学三年级是走向成熟的一年。在这一年里，各种证书的考

---

① 胡礼祥、张新跃：《成功跨越——从中学到大学》，浙江人民出版社 2007 年版，第 240－241 页。

试接踵而来，如 TOEFL、GRE、雅思等，为出国做准备，程序员、高级程序员、公务员、注册会计师、律师资格、导游资格考试等，为毕业就业做准备。因此，这一年你必须做出选择，就业（创业）、考研或出国。

四年级为决定性发展期。这里的"决定性"是对毕业后的"出路"而言的。这一年里，找工作的找工作、考研的考研、出国的出国，不能再犹豫不决。你必须盘点大学已学的学分，完成没修的课程学习；完成毕业实习和毕业设计、论文等工作；考研的同学要为考研做最后的准备，出国的同学要为出国联系就读学校，就业的同学要为找工作四处奔波于招聘会。对许多同学来讲，大学第四年，是走向社会要做最后准备的一年。大部分学生的目标应该锁定在工作申请及成功就业上。

### 课后训练

**【测一测】**

#### 你知道自己适合干什么工作吗？①

做下面 20 道题目，选择"是"或"否"，可以使你知道自己适合干什么工作。

第一组：

1. 就你的性格来说，你喜欢和年轻人而不是和年龄大的人在一起。
2. 你心目中的丈夫（或妻子）应具有与众不同的见解和活跃的思想。
3. 对别人求助于你的事情，你总是乐意帮助解决。
4. 你做事情考虑较多的是速度和数量，而不是在精雕细琢上下工夫。
5. 总之，你喜欢新鲜这个概念，例如新环境、新旅游点、新朋友等。
6. 你讨厌寂寞，希望与大家在一起。
7. 你上学的时候比较喜欢语文课。
8. 你喜欢改变某些生活习惯，使自己有一些充裕的时间。
9. 你不喜爱那些零散、琐碎的事情。
10. 当你进入招聘职员的经理室，经理抬头看了你一眼，说声"请坐"，然后就埋头阅读他的文件不再理你，可你一看旁边并没有座位，这时，你没有站在那里等，而是悄悄搬来一张椅子坐下，等经理说话。

第二组：

11. 你上学的时候很喜欢数学课。
12. 看了一部电影、戏剧后，你喜欢独自思考其内容，而不喜欢与别人一起谈论。
13. 你书写整齐清楚，很少写错别字。
14. 你不喜欢读长篇小说，而喜欢读议论文、小品文或散文。
15. 业余时间，你爱做智力测验、智力游戏一类题目。
16. 墙上的画挂歪了，你看了不舒服，总要想办法将它扶正。
17. 收录机、电视机发生故障，你喜欢自己动手修理。
18. 做事情，你喜欢做得精益求精。

---

① 转载赵国祥主编：《现代大学生心理健康教程》，人民教育出版社 2007 年版，第 268—267 页。

19. 你对一种服装的评价是看它的设计而不大关心它是否流行。

20. 你对经济开支能控制，很少有“月初松、月底空”的现象。

**计分方法及结果：**

如果第一组答案中的“是”比第二组多为 A；

如果第二组答案中的“是”比第一组多为 B；

如果两组答案中的“是”大致相等为 C。

A. 你最大的长处是思想活跃、善与人交往。你喜欢把自己的想法让别人去实现，或者与大家共同去实现，适合你的职业是记者、演员、推销员、采购员、服务员、人事干部、宣传机构的工作人员等。

B. 你有耐心、谨慎、爱思考钻研，是个精深的人。适合你的职业有编辑、律师、医生、技术人员、工程师、会计师、科学工作者等。

C. 你具备 A、B 两种类型人的长处，不仅能独立思考，也能维持、处理良好的人际关系。供你选择的职业包括教师、讲师、护士、秘书、美容师、理发师、各类管理人员等。

**【做一做】**

每组准备一个告别节目。

**【读一读】**

美国职业指导大师理查德·尼尔森·鲍利斯，用近 40 年的研究心得，告诉我们在学校永远也学不到的求职秘诀。他写的《你的降落伞是什么颜色?》(中信出版社 2010 年版)这本书，结合当下求职市场的最新形势，不仅解答了求职男女面临的诸多最新问题，提供了实用有效的职业规划方法和求职技巧，而且推出了“降落伞行动手册”——花朵图，传授将职业规划融入人生规划的做法——发现最擅长的可转换技能，找到职业目标和理想工作，用激情和努力点亮人生梦想，追逐幸福和美好的生活。

# 第十五章 放飞心灵,笑迎未来

人生可以没有很多东西,唯独不能没有希望。希望是人类生活的一项重要价值。有希望之处,生命就生生不息。

## 教学目标

处理同学间的离别情绪,总结评估教学效果,鼓励学生把课堂上训练的行为应用到日常生活中去。

## 教学环节

一、热身活动

健康十巧手运动

第一节:双手前伸,手肘微屈,掌心向下,大拇指内缩平衡互相碰击侧面 20 下;

第二节:双手前伸,手肘微屈,掌心向上,平衡相互碰击掌侧面 20 下;

第三节:双手掌心向上,掌腕相对,互相碰击 20 下;

第四节:双手掌心向下,食指与大拇指展开呈 90 度,左右手虎口相互叉碰击 20 下;

第五节:双手掌张开,手指分开,左右手交叉碰击 20 下;

第六节:左手掌握拳,向右手掌面击打 20 次;

第七节:右手掌握拳,向左手掌面击打 20 次;

第八节:双手手背互相碰击 20 次;

第九节:双手大拇指和食指捏左右耳轮至耳垂 20 次;

第十节:左右手掌相搓至热,然后双手掌心轻捂双眼,眼球左右转 6 次,重复 6 次。

**【练一练】**

二、练习

(一)真情告白

目的:处理同学之间的离别情绪,给予彼此祝福。

准备:每人一张 A4 白纸,别针或双面胶。

操作:

1. 老师给每位学生发一张 A4 白纸,让学生在纸的顶端写上"对×××(自己姓名)的祝福",然后在其他同学的帮助下,把纸贴在其背上。

2. 请其他每位同学在这张纸上写一句祝福的话,并写上祝福者的姓名。

真情告白

3. 写完后,每位学生坐下想一想同学会给自己写些什么,期待他们写什么?然后拿下纸看同学写的祝福。

4. 学生分享看后的感想,并感谢同学的真诚。

注意:

在实践中学生都非常喜欢这个活动,感谢老师在课程结束时安排了这样的活动,表示这张纸会永远保存。

(二)以组为单位表演告别节目

目的:进行组与组之间的告别。

操作:每组轮流上台表演节目。

**【评一评】**

三、课程效果评估

目的:评价教学效果。

操作:

下发各类评估表,由学生当场填写,然后上交。下发的表格有:

1."学生主观评估量"表。

**"学生主观评估量"表**

| | | | | | | | | | | | |
|---|---|---|---|---|---|---|---|---|---|---|---|
| 姓名: | | | 学号: | | | | 专业: | | | | |
| 你认为参加《大学生心理素质训练》课程以来,哪些方面发生了变化。以参加时为0,正负各有5点表示改变。如果未改变则为0,如果有改变则标出改变的方向和程度。 | | | | | | | | | | | |
| 1. | 了解自己 | | | | | | | | | | |
| | −5 | −4 | −3 | −2 | −1 | 0 | 1 | 2 | 3 | 4 | 5 |
| 2. | 理解别人 | | | | | | | | | | |
| | −5 | −4 | −3 | −2 | −1 | 0 | 1 | 2 | 3 | 4 | 5 |
| 3. | 乐于沟通 | | | | | | | | | | |
| | −5 | −4 | −3 | −2 | −1 | 0 | 1 | 2 | 3 | 4 | 5 |
| 4. | 控制情绪 | | | | | | | | | | |
| | −5 | −4 | −3 | −2 | −1 | 0 | 1 | 2 | 3 | 4 | 5 |
| 5. | 乐于分享 | | | | | | | | | | |
| | −5 | −4 | −3 | −2 | −1 | 0 | 1 | 2 | 3 | 4 | 5 |
| 6. | 关怀别人 | | | | | | | | | | |
| | −5 | −4 | −3 | −2 | −1 | 0 | 1 | 2 | 3 | 4 | 5 |
| 7. | 团体协作 | | | | | | | | | | |
| | −5 | −4 | −3 | −2 | −1 | 0 | 1 | 2 | 3 | 4 | 5 |
| 8. | 相信自己 | | | | | | | | | | |
| | −5 | −4 | −3 | −2 | −1 | 0 | 1 | 2 | 3 | 4 | 5 |
| 9. | 乐于交友 | | | | | | | | | | |
| | −5 | −4 | −3 | −2 | −1 | 0 | 1 | 2 | 3 | 4 | 5 |
| 10. | 接纳自己 | | | | | | | | | | |
| | −5 | −4 | −3 | −2 | −1 | 0 | 1 | 2 | 3 | 4 | 5 |
| 11. | 管理压力 | | | | | | | | | | |
| | −5 | −4 | −3 | −2 | −1 | 0 | 1 | 2 | 3 | 4 | 5 |
| 12. | 管理时间 | | | | | | | | | | |
| | −5 | −4 | −3 | −2 | −1 | 0 | 1 | 2 | 3 | 4 | 5 |

续　表

| | | | | | | | | | | | |
|---|---|---|---|---|---|---|---|---|---|---|---|
| 13. | 生涯设计 | | | | | | | | | | |
| | −5 | −4 | −3 | −2 | −1 | 0 | 1 | 2 | 3 | 4 | 5 |
| 14. | 有责任感 | | | | | | | | | | |
| | −5 | −4 | −3 | −2 | −1 | 0 | 1 | 2 | 3 | 4 | 5 |

2. 课程满意度调查问卷。

**课程满意度调查问卷**

| 满意度<br>项　目 | 非常满意 | 满意 | 一般 | 不满意 | 非常不满意 |
|---|---|---|---|---|---|
| 对于这门课程的上课形式 | | | | | |
| 对于自己在课程中的表现 | | | | | |
| 对于同学在课程中的表现 | | | | | |
| 对于老师在课程中的表现 | | | | | |
| 对于这门课程中互动情况及课堂气氛 | | | | | |
| 对于这门课程带给自己的收获情况 | | | | | |

3. 课程效果调查问卷。

## 课程效果调查问卷

一、《大学生心理素质训练》课程给你留下最深刻的印象是什么？（可以多选）

A. 气氛轻松，可以探索到自己内心深处的许多东西，对自己更了解了，对自我的信心增加了。

B. 我感受到了一种集体的关怀、合作的愉快、活跃的气氛。

C. 通过有趣的活动，使大家有了更多的自我了解和相互了解，更信赖别人，更懂得怎样与人交流。

D. 每个人都能不同程度地剖析、暴露自己的优缺点，真诚相待，在活动中总能感受到温暖。

E. 其他自填。

二、你个人认为在课程中最大的收获是什么？（可以多选）

A. 对自己的认识更深，更有责任心，增强了协作精神。

B. 真诚对待别人，结识了新的朋友，对周围的人有了信赖感，对社会交往更加充满信心。

C. 认识到自身的潜力和价值，增强了对自己、对家人、对社会的责任感。

D. 充分感到被关心、帮助的快乐与温馨，以后做事的方式会和以前不同。

E. 觉得人与人思维差距很大，但都很善良，充分感到被关心、帮助的快乐与温馨。

F. 其他自填。

三、你认为这门课程对于提升大学生心理素质的作用（　　）。

A. 非常大　　B. 大　　C. 一般　　D. 不太大　　E. 没有

四、你认为这门课对于帮助大学生了解心理健康知识的作用(　　)。

A. 非常大　　B. 大　　C. 一般　　D. 不太大　　E. 没有

五、你认为这门课帮助你适应大学生活、实现从中学到大学的转型(　　)。(大一学生填写)

A. 非常大　　B. 大　　C. 一般　　D. 不太大　　E. 没有

六、下面是我们这次训练课程中的主要内容,请你做出选择:

| 活动 | 非常喜欢 | 喜欢 | 一般 | 不太喜欢 | 非常不喜欢 |
|---|---|---|---|---|---|
| 相聚是缘 | | | | | |
| 增强凝聚 | | | | | |
| 认识自我 | | | | | |
| 珍惜生命 | | | | | |
| 增强自信 | | | | | |
| 情绪管理 | | | | | |
| 压力管理 | | | | | |
| 人际交往 | | | | | |
| 时间管理 | | | | | |
| 价值探索 | | | | | |
| 爱中成长 | | | | | |
| 职业生涯 | | | | | |
| 笑迎未来 | | | | | |

四、考试布置

(一)考试内容

1. 16PF 网上测试。

2. 写一篇体会文章。

(二)论文要求

(1)字数不少于 2000 字。

(2)用"心"写,结合课程的内容和自己的实际写。

(3)内容包含:收获、体会和建议。

(4)题目自己拟订。

(5)字体:五号、宋体,A4 纸打印、签名后上交,并把电子版发到老师信箱。

(三)论文上交时间和地点

五、老师向学生的告别活动

(一)结束语

目的:课程的回顾和总结。

操作:由老师总结。

总结语:

朋友,感谢你和我一起走过了一段难忘的心路历程,感谢你和我一起在课程中体会了心灵的感动和成长!

我们相聚在一起,体会了团结的力量,学会了与他人的协作。

我们一起认识了自我，了解了自己的特点和原先家庭的影响，学会了接纳自己和理解他人。

我们一起解读了多变的情绪，努力关注和调节着心情。

我们一起探索了压力，了解了减压的方法，懂得了生命中的奋斗和柔韧。

我们一起训练了自强和自信，懂得了自信的重要性，明白了自信使人成功，自信使人美丽，自信使自己活得更好、更精彩。

我们一起体验了放松和宁静，领悟了身心合一的沉思和愉快。

我们一起感知了人际的融洽、和谐，体悟生灵间的彼此呵护和关爱。

我们一起领悟了生命的价值，更加懂得了生命的珍贵，学会了用一颗感恩的心来生活。

我们一起探索了爱的真谛，明白了爱是生命的最大冲动，爱是自然，爱是纯粹，因爱缔结的婚姻才能达到真正的幸福。

我们一起规划了职业生涯，找到了我们的发展方向，扬起了我们人生的风帆。

我们一起回顾了过去，展望了未来，进一步明确了自己的前进方向和努力目标。

放飞心灵，笑迎未来，相信通过这门课，积极、希望、信念、和谐将一直伴随着我们共同成长！

（二）生命的列车

目的：珍惜生命，珍惜拥有。

操作：伴随音乐，由老师用 PPT 播放。

人生一世，就好比是一次搭车旅行，要经历无数次上车，下车；时常有事故发生：有时是意外惊喜，有时却是刻骨铭心的悲伤……

降生人世，我们就坐上了生命列车，我们以为我们最先见到的那两个人——我们的父母，会在人生旅途中一直陪伴着我们。很遗憾，事实并非如此。他们会在某个车站下车，留下我们，孤独无助。他们的爱，他们的情，他们不可替代的陪伴，再也无从寻找……

尽管如此，还会有其他人上车，他们当中的一些人将对我们有着特殊的意义。他们之中有我们的兄弟姐妹，有我们的亲朋好友。我们还会体验千古不朽的爱情故事。

坐同一班车的人当中，有的轻松旅行，有的却带着深深的悲哀……

还有的，在列车上四处奔忙，随时准备帮助有需要的人……

很多人下车后，其他旅客对他们的回忆历久弥新……

但是，也有一些人，当他们离开座位时，却没有人察觉。

有时候，对你来说情深义重的旅伴却坐到了另一节车厢。

你只得远离他，继续你的旅程。

当然，在旅途中，你也可以摇摇晃晃地穿过自己的车厢，去别的车厢找他……可惜，你再也无法坐在他的身旁，因为，这个座位已经让别人给占了……

没关系，旅途充满挑战、梦想、希望、离别……就是不能回头。

因此，尽量使旅途愉快吧！

善待旅途上遇见的所有旅客，找出人们身上的闪光点。

永远记住，在某一段旅程中，有人会犹豫彷徨，因为我们自己也会犹豫彷徨。我们要理解他人，因为我们需要他人的理解。

生命之谜就是：我们在什么地方下车？坐在身旁的伴侣在什么地方下车？我们的朋友

在什么地方下车？我们无从知晓……

我时常这样想：到我该下车的时候，我会留恋吗？我想我还是会的。

和我的朋友分离，我会痛苦；让我的孩子孤独的前行，我会悲伤。

我会执著地希望，在我们大家都要到达的那个终点，我们还会相聚……

我的孩子们上车时没有什么行李，如果我能在他们的行囊中留下美好的回忆，我会感到幸福。

我下车后，和我同行的旅客都还能记得我、想念我、我将感到欣慰！

献给你，我生命列车上的同行者。

祝你：旅途愉快！

（三）手语歌《步步高》

目的：祝愿同学步步高。

操作：

所有同学围成一圈，跟着音乐的节奏，和老师一起做手语。

**歌词：**

没有人问我过得好不好
现实与目标哪个更重要
一分一秒一路奔跑
烦恼一点也没有少
总有人像我辛苦走这遭
孤独与喝彩其实都需要
成败得失谁能预料
热血注定要燃烧
世间自有公道，付出总有回报
说到不如做到，要做就做最好
世间自有公道，付出总有回报
说到不如做到，要做就做最好
步步高

没有人问我过得好不好
现实与目标哪个更重要
一分一秒一路奔跑
烦恼一点也没有少
总有人像我辛苦走这遭
孤独与喝彩其实都需要
成败得失谁能预料
热血注定要燃烧
世间自有公道，付出总有回报
说到不如做到，要做就做最好
世间自有公道，付出总有回报

说到不如做到,要做就做最好
步步高

世间自有公道,付出总有回报
说到不如做到,要做就做最好
世间自有公道,付出总有回报
说到不如做到,要做就做最好
步步高

世间自有公道,付出总有回报
说到不如做到,要做就做最好
步步高

(四)老师和每个学生拥抱告别

目的:给学生力量和支持。

## 课后训练

**【测一测】**

16PF 测试(要求学生在课程结束后一周内完成)。

**【读一读】**

《萨提亚冥想》(中国轻工业出版社 2009 年版)精心摘录了萨提亚女士生前带领课程时使用的冥想。一段段温暖平和的冥想小语,如涓涓细流润泽你身体的每个角落。阅读这些冥想,就好像进入美丽的花园,欣赏到内心深处的美景,与自己内在的力量联结,从而获得一种安宁和平和,获得更多的力量。

每一篇冥想都是一份珍贵的礼物,你可以用它温柔地问候自己,陪伴自己。

# 第二篇

*Passage Two*

# 学生体会

# 用心生活，坚守理想

璃若(笔名)　30704188

《生活》是著名诗人顾城在自杀前写的一首诗，就一个字——“网”，是高中语文老师推荐给我们的。记得那时候是高三冲刺阶段，我们每个人心理压力都很大，尤其是我们实验班的同学，背负着自己的期许、父母的期待和学校的重托复习，在那样的情况下，我们每分每秒都神经紧绷，课间唯一的休息时间都是用来补充睡眠。现在回想起那段时间，很恐怖，但也很充实。语文老师推荐给我们的诗，那时是没有多少人在意的，我只记得刚听到的时候，我震撼了一下，不过那也仅仅是一瞬间的事。后来，高考惨败，再后来一个人奔赴杭州学习，辗转一年半的时间里，我慢慢体会了这一字诗，生活就像一张网，没有固定的起点和终点，也没有明确的方向，一切的决定都由我们自己定夺，左右，前后，都是一样的错综复杂，生活在网中的我们，每做一步决定，我们都将面临一次新挑战。有的人在“网格”中迎难而上，有的人临阵退缩，结局当然是截然不同的，但是无论是谁，在做决定的最初，都是对未来充满期待的，失败的人，仅仅是缺少坚持和毅力而已。

我学期初选择大学生心理素质训练课程，现在到了学期末，承载着我无数欢乐的美好课程，于此时此刻完美落下帷幕。

一学期的学习，让我感悟颇多，坐在电脑前想把感悟写成总结论文，竟然一时间不知道从何说起，因为想说得太多。

还记得选该课的初衷是“改善自己在学习和生活中的心态，以确保不让高考的悲剧在考研时重演”。于是带着明确的目标，我认真地参与这个课程，从刚开始的半信半疑到后来的全心投入，这一路心态变化，让我学到了比原先预期多很多的东西。

开始以为这个课程是教授理论知识的心理课程，但是第一节课老师独特的教学方式——做游戏，分享感悟；做心理测试，分享感悟。这让我很惊讶，不可隐瞒，我在那时也怀疑过，这种方式适合吗？这种方式的教学能让我学到东西吗？

带着半信半疑的心情，我继续小心地参与着，慢慢地我发现，在课堂的感觉让我空前的轻松，也许在走进教室前我还怀有心事，但从走进教室的那一刻起，我就彻底地放松了。围圈坐的方式，让我觉得没有距离，在这里的同学都是来分享心情的生活者，没有压力的谈论和思考，让我想清了很多平时不敢想的问题，让我了解了自己到底要的是什么，自己的心态究竟如何，让我学会了如何自我减压，如何安排时间，如何用感恩的心去关怀周围的世界，如何更好地与人沟通……

**感悟之一：“积极心态，创造美好生活”**

在做过的游戏中，让我印象最深刻的是“心有千千结”。一群人围成一个圈，大家记住自己的左右边同学，然后各自开始走动，最后暂停时，每个人的左右边都换了人，但是我们却被要求与原来的左右边同学牵起手。当我们都牵起手后，乱得像一团线球，然后老师要求我们不松开手，重新解开结，变成一个圈。刚开始的时候，我们都很怀疑，乱得那么糟糕，能解开吗？我甚至在心里想，要是能解开，我就和那些一直和我闹别扭的人化敌为友！

随着时间的推移，我们之间变得不再那么乱，竟然还有了解开的迹象，我暗自惊叹"还真能解开啊"！结果"出乎意料，情理之中"——我们解开了，而且依然是一个完整的圆圈。

在解开的那一刹那，我的心被什么触动了一下，竟然有种想哭的感觉，结再乱，只要用心解，总会解开！

"人生没有解不开的结！"这是我那时唯一的想法。

我在做这游戏前，心里一直被一件事压着，就是高考，我从高考后一直没有从阴影中走出来，我甚至一度有自暴自弃的倾向，对这个大学的一切都怀有敌意。在进大学后，考第一，不能让我开心；选上团支部书记，不能让我开心；被老师重视，还是不能让我开心……还有一些别人想要而拿不到的东西，我拿到了，但我就是不能真正开心起来，我在高考那个地方，自己给自己打了个"死结"，以为肯定解不开，而这游戏的结局，让我久久不能从震撼中恢复过来，"真能解开?!"

那天回去后，我想了很多，那个缠绕了我一年的结，原来它根本不存在；都是因为我自己作茧自缚，不愿面对，才会让那心结越来越深。

之后，我就试着去解开，我慢慢开始欣赏自己在这个学校取得的成绩，开始对自己现有的环境产生好感，开始把热情投入到团支书的工作中。短短一星期的尝试后，我发现原来现在的我也有很多值得自信的地方，没有了高中尖子生的身份，没有曾经预期中的名校光环，但是在失败后的选择中，我做得很优秀，我想把握当下，把损失降到最低也是一种成功。既然高考的失败已经是过去时，城市学院已经是我的选择，于是我唯一要做的就是在城市学院活得精彩，用最积极的心态去创造美好生活，因为我真正领悟了人生没有解不开的结！

**感悟之二："感谢他人，学会感恩"**

在一学期的学习中"学会感恩"那一章节，让我的感悟也很深，放开仇恨，感恩他人，我的生活会更美好。

从小学到大学，一路走来，关爱我的人，和我一争高下的人，支持我的人，反对我的人，羡慕我的人，嫉妒我的人……各类人都出现在我的生活里，他们有的让我快乐，有的曾经让我痛苦，有的曾经让我心怀感激，有的曾经让我恨之入骨，可是现在想来，他们都是构成我记忆中不可缺少的因素。没有和我一争高下的人，我就不会进步；没有反对我的人，我就不会自我批评；没有嫉妒我的人，我就不能学会收敛；当然，没有关爱我的人，我就不会学着去关心别人；没有支持我的人，我就不会在遇到困难时坚持不懈；没有羡慕我的人，我就没有自信。所以，生活中的每个人，都值得我去感恩。

那节课结束后，我试着与在平时的学习生活中和我"打冷战"的同学交流，我惊奇地发现，我们之间的僵持在我主动和她讲话的那一刻开始崩解，现在的我们人前人后都能友好交流，和她交流的感觉比和她僵持的感觉好一百倍！

我感谢身边的每个人，感恩他们给我的生活带来不同的感受，感恩他们让我变得坚强，让我更加热爱生命！

**感悟之三："珍惜拥有，珍惜现在"**

学了这个课程，"珍惜拥有"的概念在我心里变得越来越强烈，以前总觉得，自己想要的总是得不到，总是在抱怨和无奈中忽略了已经拥有的幸福。

一个月前，最疼爱我的外婆，因救治无效去世了，知道这个消息的那一刻，我的心像被刀子捅了一下，很痛却说不出话来，觉得失去了很珍贵很珍贵的宝贝，而且，失去了，就再也回不来了！在这之前，我很孝顺外婆，却从来也没觉得外婆的存在是我生命中无比重要的财富，直到失去的那一刻，才发现原来外婆一直用她的关爱给了我最美好最依赖的幸福。亲情的无价，让我除了珍惜，不敢再有任何其他的杂念。

记得在课上做过一个测试："×××的五样，写下自认为生命中最重要的五样，然后在假设的困境中一样样放弃"，我写的顺序是：父母，事业成功，自己以后的家庭幸福，经济富裕，朋友；我放弃的顺序是：经济富裕，朋友，事业成功，自己以后的家庭幸福；最后剩下的是父母。虽说只是一个测试，但是在选的时候，我的内心依旧很挣扎，尤其是在"自己以后的家庭幸福"和"父母"中选择时，我迟疑了很久，一样是我最珍惜的家人，一样是我最亲近的人，最后，我选择放弃"自己以后的家庭幸福"。因为我在选择那刻，想起了我已走过的20年和我之后的人生路中，为我付出最多的肯定是爱我的爸爸妈妈，于是，我无论如何也不会放弃他们。

做完这个测试后，我觉得，既然我最珍惜的，我已拥有，那我还抱怨什么呢？我接下来要做的，就仅仅是去慢慢争取剩下的那四样而已。生活很善待我，我不该抱怨和放弃，而是应该珍惜已经拥有的幸福，然后去追求尚未实现的目标！

还记得在课堂上做的另两个测试："预测生命线"和"合理安排时间"，我预测的生命是88岁，一是因为我身体很好，二是我家里的老人都很长寿，相应地我觉得，我的基因遗传也会比较好吧。88岁看上去很久远，但是当我在生命线上画下已走过的20岁时，发现已走过的和终点的距离已经不再是那么那么久远的事，不过68年时间。人生的第一个20年是从依赖到独立的过程，第二个20年是自己奋斗的过程，第三个20年是维护已有成就和回顾来路的过程，第四个20年，是享受子女创造的成功的过程，最后8年，是准备将生命画上圆满句号的过程。这样一看，我已进入奋斗阶段，而且短短的20年要奠定人生的成就，我除了坚定不移地奋斗，我还能干什么呢？最宝贵的第二个20年，我怎么能够浪费呢？结合合理安排时间的测试，我觉得，除了睡眠，剩下的一切安排都要以学习工作为主。娱乐休闲必不可少，但也只是为了更好的学习工作，绝不会是重点！

**感悟总结："用心生活，坚守理想"**

无需多言，这个课程已经让我最初的愿望(改善自己在学习和生活中的心态，以确保不让高考的悲剧在考研时重演)实现。我的处世心态已经有了飞跃，我会努力让自己的周围只出现学习工作中的敌人而没有生活中的敌人；我会在遇到困难时，自信地告诉自己坚守理想；我将更多地去发现别人的优点，谦虚地向比我优秀的人学习。我还能自信地保证，在今后的考研和工作中，我一定不会再让心态左右我的成败——高考式的失败，在我今后的人生道路上将不再有出现的可能。

当然，对于自己的生活风格，我还是不能保证可以做到让每个人都满意(我想这对于任何人而言都是不能保证的事)，但是我会用心体会生活，用日益增长的知识和不断积累的经历修饰我的人生态度，然后用恰当的方式去诠释我的人生。

当下，"用心生活，坚守理想"便是我信念的全部，学着自我期许，自信能够创造属于自己的美好未来！

# 一下子，一辈子！

## ——大学生心理素质训练论文

徐娇娇　30907212

有人说，你来过一下子，我想念一辈子，再用一辈子的时间去遗忘。

半年的相遇，16次的相知，星期二的缘分；留下的虽然不是一辈子的承诺，却是我们友谊的痕迹。

相逢是种缘分，相遇是种偶然，相知是种过程，而离别终究是这些个种种的必然。

逝者如斯夫，3月的相识，到如今的相知。我们走过的不是一段随意的旅程，那是倾注了我们真诚的相识路。

**一、相遇**

还记得第一节课，那时没有准备、没有想法的出发。不认识这些陌生的脸，也不认识龚老师。只是依稀记着，教室里桌子全部靠边摆着，只有椅子围着圈。那时我就知道这是个不同于中规中矩的教学模式；只是依稀记得，龚老师身穿着红色碎花的上衣，还有那亲切的微笑着的酒窝……那时你不认识我，那时我也不知道你。开始便是互相认识的游戏环节，而我本身就是个没有情趣、没有想法的人，对于互动我是期待的，但也是惧怕的。因为我害怕大家了解我反应能力的差劲，害怕众目睽睽下的被关注。其实我并不是放得开的人，尽管我尝试主动地交朋友，但是习惯的改变是需要时间的。还记得第一次的作业，我就是这样坦白地讲述了我的紧张和担心。

“大风吹”的游戏是以我的自我介绍结束的，那时大概大家都发现我是发着抖的。之后我想我怎么这么没用，小小的自我介绍而已，何必紧张成这样！现在我大概了解了自己当时的心情，因为想给大家留下一个好印象，因为想让老师认识我，因为怕自己出丑，因为太在乎了，所以才会如此的恐惧，如此的紧张。

**二、相知**

“心手相连”，那是让彼此走得更近的活动，那是拉近组员间距离的游戏。只是想说集体是会给予个体力量和温暖的，接受与付出也应该平衡相对，否则天平就会倾斜，否则联系就会中断。第一次触碰到了大家陌生的手，是冰冷的，是温暖的，是大的，是小的。这是一种心的拉近，是一个认识的起点。

第二节课是“增强凝聚力的训练”。我们准备了道具，集体搭建一个房屋，本来以为这是多么简单的一件事呀！可难就难在要非语言交流。我想对一些人来说这不是什么难事，可我呢？我从来不敢指手画脚，觉得挺别扭的；我从来不敢大动作，觉得挺放不开的。还得让别人了解自己的想法,太难了。过程中其实我想了很多,只是不大会表达而已。因为我不知道组员要讲什么,但又不敢自己去了解。但是既然我是团队的一员,我认为我必须做些什么,而此时就只有两条路可以走:要么把自己的想法告诉他们,可是怕被拒绝,怕跟他们的方案有冲突,所以我妥协;要么就做些小活,让自己处在不是太尴尬的局面,做一个辅助者而已,于是我选择了后者。我想这短短的思想斗争其实能看出一个人的性格,那就是我不是个敢指挥别人的人,即使我有想法。我可以认真负责地做好每一件我该做的事情。

其实我也不知道这样的性格是好是坏,是优是劣。但是曾经有人跟我说过性格是没有优劣等级之分的。

"心有千千结",更让我明白了只要有序地遵守规则,一切困难都只是暂时的。一个个小结地解开,便是大结的结束。就像是"拨开云层见月明"的豁然开朗的感觉。只要自己紧紧握住队友的手,只要自己没有脱离这个团队,所有的人都会帮助你,这就是团体的力量,这就是朋友的支撑。

课在继续,小组成员之间的了解也在加深。第五章的课是"珍爱生命",2008 年的汶川地震,震碎了无数个原本幸福的家庭,震碎了无数条灿烂的生命,也震醒了很多人的思绪……这是一段悲痛的历史,也是一段刻骨铭心的日子。我似乎明白了什么叫"一方有难,八方支援",我似乎懂得了生命是如此的脆弱,又是如此的坚强,我似乎读懂了什么是爱,什么是感恩。

龚老师说为人子女的,或许有的人一生都从未表达过自己对父母的爱,从未当面说过"我爱你们,爸妈"。其实那时那刻,我是被触动的,我想说其实有时候爱是不需要说出口的,至少在我的生命里是这样的。我不是为自己找借口,说真的,从小到大我和爸妈之间的交流不少,但从未露骨地对他们讲过我爱他们,即使在我心里面,一直是这样想的。也许是自己不大会表达一份爱,也许是觉得这样会有点见外,也许是觉得爱不需要言语。他们对我也是一样的,这不是说我们不爱彼此,只是我们用的方式不一样罢了。不管我在其他任何方面是多么不自信,但是对于家人的爱,我可以自豪地说我不比任何人少。我从来就认为亲情是我生命的唯一,即使以后会有爱情,我希望的也是家人一般的关怀和真挚,朋友也会是不可缺少的家人之一。因为任何的一种感情都超越不了血脉相连的亲情,都无法取代朝朝暮暮的相处。这样,朋友,爱人也将慢慢成为我的家人,他们就永远不会是我人生的过客。只要我真心地对待我身边的人,我就已经把他们当成了我的家人,我觉得这才是一种永不褪色的情感,我觉得这才是一种不会遗忘的痕迹……

做情绪的主人,一个自己能掌握情绪的人才有可能获得成功。课上练习了"情绪遥控器",把自己烦恼的事写下来,让队友换角度安慰。当然每一次的活动我都是很有感触的,虽然我站起来分享的时候讲得不多,因为我口才不好。但是其实回来仔细一想,我还是感悟到了很多:比如这个活动,其实同样一件事情,自己对自己是太苛刻了,所以不知道怎么放宽心去让自己淡定,然而要安慰队友讲起来便头头是道。我想这也说明了有时候自己看不清自己的问题,其实不管多么难的问题换个角度或许就会变简单;在安慰队友的同时其实自己也已经豁然开朗。处于团队中的我们其实是幸福的,一个人不开心时,大家都会在背后支持你,都会安慰你,逗你开心。生活其实都是两面的,只要你看到的不是地上的影子,而是天上的太阳,一切困难都会随风飘逝的。

爱情是一个亘古不变的诗篇。爱情是一片烟火,绽放的时候绚烂夺目;隐退后却是空荡荡的冷落;爱情是一种付出,爱情是一种执著,爱情是一种勇气……爱情=承诺+付出+包容+牺牲+痛苦+争吵+委屈+收获+幸福,少了其中任何一项,都不是爱情。

我想每一个花季少年,每一段豆蔻年华都期待着属于自己的一份唯一。谁也逃脱不了这样的一段美好。突然,我觉得缘分或许真的是命中注定的,不管怎么样,都应该尊重每一个人的感情;不管最后能否走到一起,中间的过程都应该好好享受,好好珍惜彼此……

第十四节课,生涯设计,老师用了"拍卖"的形式告诉我们在我们自己心中不同事物的价值。我本来是要选择用全部的资产投资到一个幸福美满的家庭,一不留神忘记喊了,所以就选择了无拘无束的生活。也就在那刻我才了解其实在大家的内心深处总有那么一种东西是最最珍贵的,但很少有人选择金钱。为自己心中的珍贵奋斗是幸福的,为自己心中的价值努力是值得的。

**三、离别**

最后一次课,说真的,还是有点伤感的。写了对彼此的祝福,唱了离别的歌,拥抱了老师。这一切都暖暖的,幸福的。课程定格在了这样一个温馨的画面,我也在拥抱老师的时候由衷地说了声谢谢!感谢老师创造了这样的机会,这样的舞台;感谢遇到大家……

课是上到这了,觉得自己不敢大声讲话的个性还牢牢地牵绊着我。自卑是为什么?不就怕别人异样的眼光吗?不就怕别人难以接受吗?不就认为自己太失败了吗?其实为什么我不能像《真爱之吻》里的女主角一样呢?走出那个禁锢着自己思想的城堡,走出那个自己心理的阴影,也许会获得不一样的童话,不一样的天堂!我们都是被诅咒的,要用自己内心的力量和对生活的感悟解开它,"咒语本身并不可怕,可怕的是对它本身的恐惧!"为什么总要在乎别人的看法呢?为别人活着不是太累了吗?我应该学会销售自己!毕竟我不是一无是处的人,我有我的个性、我的优点!

虽然平时在组内我不是个幽默又多话的人,我时常羡慕那些口才一流、幽默一流,能逗笑别人的人,我觉得这是一种交往的能力。或许我还没有学会完全将自己的一切暴露在众人面前,或许我还没有习惯坦然地面对他们,而其实每一次我都是期待这课的,期待与大家的相遇,期待与大家的交谈。不管以后是不是还会继续联系,不管以后是不是还会认得彼此,至少现在我是珍惜的。很高兴认识你们,我的朋友们!

时间总是太瘦,蜷曲的手指握不住什么,往事忽如风声过耳,剧情即将结束,灯光即将暗淡。在"文1-220"的日子即将成为往事,成为记忆的底片。在这里我领略到了大学课堂的另一面,在这里我结识了性格不同的朋友,在这里我更加了解自己、了解他人。在这里我虽然还没有完全地放开,虽然没有做到最好,但是我真的感谢遇到了大家:有阿白(陈传寅)、可一姐(杜志华)、邬欣欣、杨威、沈江涛、郑露、缪家炜、龚老师。

离别,是有点难舍,但不怅然;是有点遗憾,但不悲观。问候,是因为彼此的牵挂;想念,是因为友谊的存在;朋友,是一生修来的福分;友情,是一世难求的缘分。

我们虽然相处了一下子,但我会记得你们一辈子!

# 我们的故事

徐晨晨 30707272

**初次体验**

想象着心理素质训练课上应该是老师给大家做测试题，然后师生之间互相交流之类的。第一堂课，赶到训练课的教室，我顿时傻眼了，这个教室里没有桌子，只有椅子，而且有很多椅子。龚老师已经在教室了，让我们把椅子摆成一圈，大家围成圈坐一块儿。正式上课的时候，第一个游戏，“大风吹”——我从来没玩过的游戏。如此奇特的热身活动，果然拉近了大家之间的距离。就像老师所说的，大家刚走进教室那会儿还很拘谨，现在已经完全不陌生了，互相之间就好像都是朋友了。这之后，大家不管是玩什么游戏都可以释放自己。大家分完组后围坐在一起，互相了解，互相聊天，好像我们又回到了幼儿时代。这种难得的机会让我们终于能够敞开心扉和原本不认识的人谈自己的事，这样的举动可能连我们自己都难以理解。也许这就是心理学的魅力所在吧，加上老师的引导，跟着老师的步伐一步一步走下去，让我们融入到了团体中，让我们感到自己不是孤单一个人。也正是因为这些原因，我决定不放弃这门课程，也相信我们每一个人，在这门课程上都会善始善终。

**热身运动**

每节课正式上课之前的热身运动就好像西餐中的开胃菜一样，不仅花样多，而且分量又重。“大风吹”、“找朋友”、“数数”、“跳兔子舞”，等等，这些热身运动都让我记忆犹新。特别是“跳兔子舞”那一次，因为穿了高跟凉鞋，跳起来很不稳，但是因为大家一起前后扶持，让我有莫大的安全感，让我感觉到集体的力量。这种感觉是前所未有的。在我看来，做每一件事之前有个热身运动是一个很好的举措。就像上英语课之前，老师通常都会让我们做warming-up的练习或者 wake-up 的练习，做这些练习的好处是让大家了解接下来将要学习的内容，或者给大家一个过渡的时间从之前的状态中投入到将要做的事当中。龚老师每次说要做热身运动的时候大家都会很开心，我也很开心，因为那是最最放松的时刻，可以感受到最真实的自己，也可以感受到最真实的大家。

**团体练习**

各小组围坐在一起，一边做着题目，一边讨论着，这样和谐融洽的气氛恐怕很难在其他课堂上看到。记得有一次，课后老师让我们回去算一下大学四年需要的费用，虽然平时的我经常会在笔记本上记账，但是也依旧算不清楚大学四年究竟要花多少钱。这个问题估计很少有人问津，因为大家平时对这个问题并没有什么概念，也很少会有人想到这个问题。日子一天一天地过，谁也不会去认认真真地思考这个问题。但是在课上把这个问题拿出来讲，大家一下子又都有了兴趣。通过粗略的计算，每个人最起码的费用是10万元，这只是最低费用，有些人可能会达到20万元，甚至30万元，甚至更多。经过这样的计算，让我们深刻了解到，上大学是多么不容易，尤其是我们上的这样体制特殊的学校，更让我们了解父母供我们上大学是多么的不容易。仅仅是一道计算题，就能够让我们想到这么多，体会到这么多，我当时就觉得，心理素质训练不愧是一堂特殊的课，只是这么小小的一步，就能让我们的心迈出一大步。

自我认知，心理素质训练中的重头戏，在这一方面，我们做了大量的练习和测试。我的性格，我的长处，我的缺点，它们对我的影响是什么，我过去想做的事，我未来想做的事……这些问题看似很简单，答起来却不容易。我自己在答题的时候，性格、长处等方面似乎很了解自己，但是真的到下笔写的时候却一个字也写不出来。我曾经以为我很了解自己，自己的性格怎样，喜欢什么，可是原来并非如此。如果说我的性格是内向，但有的时候在一些人面前我也会大大咧咧，风趣健谈；如果说我的性格是外向，但有的时候却不愿与人交谈，也不愿意到人多的地方去。有的时候我甚至会怀疑我有人格分裂的倾向，不过在训练课上，听到组员们的分享，他们的心声，他们的经历，让我深深感受到，每个人心中都有另一个自己。你永远都不知道将来有一天自己会做什么，说什么。通过分享，了解到每个人心中所想的，所希望的，这也是一种很好的宣泄方法，将自己原来藏在心底的小秘密告诉在场的每一个人，不仅能够缓解自己的压力，也可以更好地认识自己。

时间，这个词历来有很多话来修饰它。但是有的时候我们就是不懂“时间就是金钱”这句话。没事的时候依旧喜欢坐着发发呆，看看天，却没有意识到时间正像沙子一样从指间流走。我们的一天是怎样利用时间的呢？睡觉，吃饭，上课，娱乐，运动，那我们又是怎样分配一天24小时的呢？一开始我在填这张时间表格的时候很顺利，但是填到后面却发现将这些时间加起来根本就不到24小时。那么其余的时间我都在干些什么？后来发现，每个人都遇到了类似的问题，不是时间多出来，就是时间不够用。原来，我们对时间的概念都是那么的模糊，原来，我们花在上网、聊天、打电话发短信的时间有这么多。在这以前，我想过要好好珍惜时间，可是在不知不觉中，时间还是被我浪费了。人始终是有惰性的，这句话我是相信的。但是，经历了“时间流水账”，我想我会更加认真思考这个问题，考虑要怎样好好珍惜时间。虽然我不知道我究竟能否达到自己所期望的，但最起码，我会尽力，这一点，我坚信。

生命，很值得人思考的话题。很多人一生都在研究它。生命究竟是一种怎样的存在，我为什么而活着，死后又将要去向哪里……哲学范畴中的对生命的研究，对人的研究很深奥，很深刻。在我们普通人看来，一辈子平淡地活着就是最好的。预测自己的死亡年龄，是一件需要很大勇气的事情，但是我们都做到了。在生命线上，我们标上自己的出生时间，今天的时间和死亡的时间。我想我们都很乐观，因为我们预测的年龄都足以让我们再经历半个世纪以上的时间。回首过去，眺望未来，很多人不知道曾经对自己影响最大的事是什么，也不知道自己未来要做的事是什么。对于我自己，我很清楚地知道，自己将来要去做什么，但是对于以前的时光，真的很难回忆。也许，是刻意想忘掉曾经的自己，开始全新的旅程。通过分享，很多人都有这样的现象。原来，我们都不擅长记忆。但是有一点我们很明确，生命如此脆弱，我们都应该好好珍惜，好好活下去，活得快乐，活得精彩。

价值观，我们在做选择时的一种标准。对我来说，什么是最重要的呢？这真的很难回答。在列出的价值清单上，美满的家庭，赚大钱，长寿，出名，谈恋爱，等等，都是相当诱人的选项。但是在自己不得不做出选择的时候，它们每一项的价值就会体现出来。到最后，钱可以抛弃，房子可以抛弃，名誉可以抛弃，剩下的只是自己的家人。很多人都选择自己的家人。也许对我们这些人来说，如果没有家人，我们也是不会存在的，即使存在也毫无意义可言。最不能舍弃的还是亲情，不管家人做了什么，我们都会试着去理解，试着去包容。在"拍卖会"上，每个人都为自己想要的项目竞标。有人很清楚自己想要什么，很理智地用最合理的价钱买到那些项目；有人为了某一项不惜用掉自己所有的钱。虽然这只是一场模拟拍卖会，但是激烈的竞价还是让我们体会到了某些东西在我们心中的价值。我们向往自由的生活、美满的家庭、健康的身体，我们憧憬美好的未来，我们想象那些足以充实我们小世界的精彩内容，我们知道，我们活着，而且活得很真实。

**龚老师，一个真诚又伟大的老师**

很少有老师能够给大家留下深刻的印象。之所以用"真诚"二字，是因为龚老师无论在说教和行为上都很真诚。每次讲到自己的故事，将自己所经历的故事分享给大家的时候，我都能看到龚老师眼里噙着的泪花。每次龚老师讲到自己的家人、朋友，都会用很真诚的眼神看着我们，讲到一些特殊的经历时，也会激动地难以抑制自己的感情。其实我们很诧异，龚老师竟然会把自己的一些小秘密告诉我们。就凭这一点，龚老师就已经是众多老师当中独一无二的那一位了，值得我们所有人尊敬。之所以用"伟大"二字，是因为龚老师无论对自己的家人还是对我们这些学生，都抱着平等的态度。我们知道龚老师为了学生，放弃了很多。为了给我们上课，在学校与学校之间来回奔波，为了给我们更加生动的课堂，设计了很多节目和活动。这些付出，都让我们体会到作为一名老师所拥有的热忱之心，更让我们更加清楚地认识自己。在这里，我只想说声，谢谢，龚老师！

**让我们走得更远**

最后，我想说的是，我终于做到曾经许下的承诺，对心理素质训练课善始善终。能够参与每一节训练课，我觉得我很开心，也很幸运。开心的是遇到了一群真心的朋友，幸运的是遇到了一位真心的老师。虽然我不能确定我们是否能走得最远，但在这里我还是想喊出我们的口号"让我们走得更远"！

# 只求在我最美好的年华里遇见你

Evelyn(笔名)　30807360

写下这句话的时候，我下意识地握紧了拳头，感受由掌心传来的阵阵暖意。是光，是回忆，是闭上眼，脑海中浮现的你们，时而欢笑，时而打闹，时而肆无忌惮地议论；是龚老师握着麦克风，站在教室中央对我们微笑，散发无边的温柔；是最后一堂课上，老师你用力抱住我，问我，你妈妈有没有像这样抱过你的时候，我泪眼婆娑……

突然感到文字的无力。结束这一学期的课程，有太多对同伴、对龚老师想说的话、想表达的感谢，待到要抒发时，却觉得笔下的文字终究无法体现我的真诚。机缘巧合之下，我走进了龚老师的课堂；冥冥之中，我和你们成为了队友；再后来，是我们彼此倾诉，彼此宽慰，一同成长。我该如何来形容这一场美丽的缘分；初进课堂，尖锐的问题直刺每个人的心底，面对刚组建的团队，我以为，我们将无话可说，而事实上，你们的坦诚，给了我惊讶，更给了我惊喜。我又该如何来形容，这种因信任而带来的快乐。

当课堂已不再是传统意义上的课堂，我们也不再仅仅扮演学生的角色时，一切都变得不一样了。我们跟随龚老师一起表演手语歌；我们聆听她讲的故事；我们在她的鼓励下完成一个又一个看似不可能成功的团队游戏；我们在和她讨论有关生活、情感、未来等话题时，受到的启迪……我记得5月的某个星期二，我拖着刚通宵准备比赛的身子走向教室的时候，J对我说："不就是公选课么，请假就好了呀！"我回头朝她笑笑，毫不犹豫地继续向前走。因为我能感受到，大家对这堂课的热爱，更能感受到，龚老师对我们的关爱和用心。17周的时间，这样一堂课，让我真切地感受到时间的宝贵。我不愿失去。

我向来是个独立的人，父母这么说，朋友这么说。常常能听见朋友这么对我说："你就是太独立了，很多事情可以讲出来给大家听听。不开心的事不要憋在心里，说出来会好受很多。"初中的时候，我最好的朋友曾因为这个哭着向我发火。我记得，她很凶地对我说过："你从来都不和我们说，是不是你觉得我们不值得信任。"我至今都记得她站在花坛边，一边用手抹着眼泪，一边大声对我说话的样子。那个时候的我太小，不懂如何去表达，更不懂如何去安慰，只能任由我的沉默和她的泪水，长久地留在记忆里的那个夜晚。也许这样的性情，是儿时的生活造成的。我的家庭很和谐，只是聚少离多。从很小的时候开始，我就习惯了一个人生活，我懂得去隐藏，懂得去伪装。就好像爸爸的同事问我，想不想爸爸回来的时候，我要告诉他，我想爸爸，等他工作完了，就会回来。其实我心中，早就将那个派遣我父亲去北方处理事务的人骂上了千百遍，但我知道，我要对他微笑，向他问候伯伯好。和母亲生活的五年时间里，我学着看明白了很多人、很多事。我并不认为这样的早熟有什么不好，相反的，它让我更加了解我的母亲，心疼她一个人照顾我的辛劳；体谅她因为思念，时而爆发的坏脾气；懂得她背后的失败与伟大。如果时间能够倒流，我会选择，更早地懂事。可是龚老师说，要学会分享。这“分享”二字之下，包含的不仅仅是快乐，是喜讯，更有酸楚疑惑，委屈困难。也是在那堂课上，我听见了许多队友们心底的声音。突然地感慨，如果能将心中积压的苦水都倾诉出来，是不是就不会时而感到心情沉重了呢？在那堂课下课之后，我和一位朋友一起吃晚饭，其间谈了许多事。我不能说我将自己和盘托出，但我知道，我正朝着那个方向努力，而在这个过程中，我清楚地感受到，自己内心的雀跃和朋友看到我这一改变之后的狂喜。我突然了解，有的时候，一点点小改变，可以给自己、周遭的人的生活，带来那么大的改变。那感觉就好像清风拂面，让人觉得无比惬意。

我第一次的课是团队合作——每个组员通过肢体语言相互合作搭房子。龚老师一声令下，四组同学纷纷行动起来。报纸、透明胶、剪刀，龚老师说，假设你们是在为汶川的同伴搭建，要造出最牢固的房子。朝着这一个目标，大家“安静”地努力着。也是那一次，我感受到，团队合作，也可以这么的有“气氛”。回想以往的 Team Work，多是就作业进行讨论，常常出现彼此争执得面红耳赤的场面，或是大家都毫无想法，沉默着浪费时间。可是在搭房子的过程中，当我手中的“砖”需要固定时，立刻有组员将透明胶递到我的面前；需要剪裁，却找不到剪刀，又有组员将剪刀递给我；我们之间，似乎不需要语言，就明白别人需要什么，点头微笑间，蕴藏的是浓厚的感情。的确，我们组成员之间的感情特别好。课堂上我们毫不避讳地谈生活谈未来，说那些快乐或者不快乐的事情；私底下我们一起吃饭一起玩耍，彼此约定要多聚聚。在龚老师的课上，我收获的，不仅仅是对自我的深度认识，去改变自我，更重要的是我收获了这些友谊，这份从课堂之中凝结而来的信任。

还记得“拍卖”课上的场景，大家纷纷标高价，想拍下自己未来想成为的人或是想拥有的事物。在这堂课上，我明白了，想要拥有就需要付出。课堂上，我们用的是龚老师给我们的虚拟财产，现实里，这些财产和品质需要我们自己去创造。一共二十条的竞拍项目，每条都十分有价值，但我们无法拥有全部，我们要学会选择——什么是我最想要的。什么是我最想要的？在那堂课上我这样问自己。健康的身体、幸福的家庭、稳定的工作……这些美好的词汇一定是所有人都梦寐以求的。但当我们只能择其一时，我发现现在的我，迫切地需要一个机会，一个能走出去看看，去学习更多的机会。当目标明晰了，努力就有了方向。龚老师用竞拍的方式，让我明白，什么是我最想拥有的。我也深信，当我有了更出色的能力的时候，那些财富，一定也不会溜走。

时光飞逝，每一节课都饱含深意却又是那么的短暂，又似乎每一次的相聚里，我们都有无尽的话语要诉说。感谢龚老师给我们这个相遇相知的机会；谢谢你通过一个又一个的小游戏，让我们成长；谢谢你给我们的教诲，告诉我们人生列车上应该面对的种种……

当最后一次课上，我在给每个组员留言时，莫名地感到难过。我们通过这门课相识，如今却到了分别的时刻。但当我拿到写满对我祝福的纸时，又倍感欣慰。那些字里行间，蕴含着我曾说过的故事，饱含他们的深情。我也想谢谢我的组员们，你们是如此的宽容，又是如此的可爱。

我是多么庆幸，能在我最美好的年华里，遇见你们！

# 心灵旅程

汤文佳 30904229

**旅行前：我心茫然**

纵然曾经的我们是满怀憧憬、满心期待地进入大学的殿堂的，可是在已经过去的几个月里，我们都似乎总在梦想与现实的落差中辗转，然后那些憧憬终在寝室、食堂、教室，三点一线的重复中成为幻影，那些期待也早已在不知不觉中随风而去了。

当对一切都变得麻木，当一天天地沉沦于无所事事中，就算知道这样的状态要不得，却似乎也早已没有了改变的精力。记得当初选择"大学生心理素质训练"这门课有两个原因：一是因为当今大学生心理问题较普遍，所以想涉猎一些这方面的知识；二是觉得这门课学分应该拿起来不难，所以打算混混日子就好了，至于其他的就没有多想了。

可是后来发现，似乎一切都并非所想的那样，相反的，随着课程的渐渐深入，我感觉选择这门课就像让心灵做了一次旅行，每一堂课、每一个主题，都会带给我很多的思考与感悟，每次上完课都会有一种神清气爽的感觉，让我很是享受。

**旅途中：成长进行时**

不知道是因为新奇，还是因为这样无拘无束的课堂，总之第一堂课给我的印象很深刻，而且破天荒的，让我这个记忆力向来不好的家伙，竟然将小组里的八个人的基本信息都给记住了。那天玩了很多的游戏，"大风吹"、"相识接龙"、"对对碰"、"滚雪球"等，让我们这群大孩子都玩疯了。也正是因为这轻松愉悦，不需要花费大量的脑细胞，有的玩、有的聊的课堂，让我心甘情愿地放开了手中的手机，也让我在周二下午的一点到两点，从此不再瞌睡连连。或许正是因为第一堂课的美好印象吧，让我对每个星期二多了一份期待，期待心灵的又一次震撼，期待有时疲惫的心对一周琐事的沉淀，然而每次的课也总是不会让我失望，让我的心变得清晰，让我的思想得以升华。

记得有一次的主题是"珍惜生命，感恩生活"，那堂课真的可以说是让我从迷迷糊糊的生活中清醒过来了，迷糊的原因记不清了，不过那时的状态很糟糕，整天整天的郁闷，情绪低落，那样的我连自己都是厌恶的。课上，老师让我们算了大学五年的经济账，平时还真没什么感觉，这一算才知道这是一个相当大的数字啊，也不知道我们将来要花多少时间才能把这笔花费给赚回来，可见父母在我们身上的投资真的很大，然而目前我们唯一能做到的，恐怕就只有珍惜现在美好的生活，努力学习吧。

之后的"灾难面前对生命的思考"，也让我为之一震。对于生命，曾经的我一直很随便，或许是因为从小父母不在身边，内心有所扭曲吧，一直觉得父母不关心我，不爱我，所以每次跟他们有争执，我总会很轻松地说着一句话："死就死吧，反正没什么了不起的！"可是随着长大，随着经历的事越来越多，我开始害怕死亡这个词，特别是看到祖父母的离开，看到汶川地震、玉树地震带来的惨相之后，我突然发现生命好脆弱也好珍贵，谁都不知道生命会在何时戛然而止。然而我还有很多很多的事要做，我还要孝敬爷爷奶奶，报答他们十多年的养育之恩；还要用行动告诉爸爸妈妈，我理解他们为我付出的一切了；我还要当一名好医生，让我身边的人远离病痛的折磨；我还有很多想去的地方没有去，还有很多想改的缺点还没改……于是我明白了，我要好好地生活，充实地过好每一天，用心去做每一件事、对待每一个人，尽量让自己不要有遗憾。沮丧受挫时，看看手掌内的那条生命线，然后紧紧地握住拳头，告诉自己："我的生命就握在我的手中，一切靠自己把握！"

还记得那首手语歌——《感恩的心》，"感恩的心，感谢有你，伴我一生，让我有勇气做我自己；感恩的心，感谢命运，花开花落，我一样会珍惜……"这段旋律在我脑海里逗留了很久很久。我们是幸运的，出生在这个没有战争的年代里，成长在这片没有地震、没有旱灾的土地上，我们的确应该满怀感恩之心，好好珍惜现在所拥有的一切了。当然，对于关心帮助过我们的亲人，老师同学，朋友，甚至是帮助过我们的陌生人，我们都应懂得感恩，懂得将接受的这份恩泽，传递给更多的人，让世界真正的充满爱。

有时候觉得自己很容易满足，就像每堂课前的热身游戏，虽然是如此简单，有时甚至是有点幼稚的，可却也正是这些幼稚的小游戏，让我们玩得不亦乐乎。也许就算我们再怎么长大，内心深处依旧保留着一份最纯粹的童真吧。当我们沉浸在成长三部曲、抓手指、兔子舞等这些再简单不过的游戏时，我们内在的那份童真也被唤醒了，在那个瞬间，仿佛我们不再是肩负各种压力的大学生了，而是尽情徜徉在游戏中的纯真孩童，卸下了所有的伪装，放下了所有的包袱，全身上下所有的肌肉、所有的神经都彻底放松了，那些时候，我感觉真的很轻松，很享受。

**旅途后：心光灿烂**

再长的课程也终有结束的时候，可是我知道，关于心灵的这场旅行，其实才真正的开始。

一直以来我都是一个文静、内向的女生，尽管我知道，每种性格都有着自己的优点，可是我还是觉得那样的我有点孤独，有点不够合群。所以很早以前我就有一个目标，我要在大学中改变自己，因为这里于我而言是一个全新的社会，在这里认识我的人寥寥无几，既然他们都不知道之前的我是何种模样，那我便可以尽情地改变自己。于是我努力地开怀大笑，努力地表现出自己是一个蛮外向的人，但是直到后来才发现，很多东西早已深入骨髓，就算竭尽全力去改变，有的似乎也只是不真实罢了。

最近的某一天，和一个好久不见了的朋友聊天，他说我变了，变得比以前乐观了，也更开朗了。那天晚上我点点滴滴地想了很多，似乎真的是这样的，在不经意间，我确实在慢慢地改变，只是一直被自己给忽视了。我知道这些改变与我现在所处的环境有关，也与"大学生心理素质训练"这门课有关。很快课程就要结束了，说实话还挺舍不得的，那个熟悉的教室，那个平易近人的可爱的老师，那些从陌生到熟悉的脸庞，那些吵闹的、沉思的画面，早已深深地印在了我的心里，成为我人生路途上一道绚丽的风景线。

这一刻，我的心情是明朗的，但在未来的旅途中，总是免不了阴云密布，甚至是狂风暴雨，可是我不再害怕了，相信无论在多么窘迫的情况下，只要让心沉淀下来，冷静地想一想曾经经历过的，曾经课堂上讲过的，就可以让自己恢复平静，从此心光灿烂吧！

# 感谢昨天，做好今天，规划明天

## ——“大学生心理素质训练”课程心得

詹 婧 30807252

生活有时候真的很奇妙，我遇到一位可爱又可亲的老师，在一个没有师生阻隔和学业压力的课堂上，把一剂心灵的汤药注入我的身体，让我温暖，让我快乐，让我得到帮助和感召。那位可爱又可亲的老师就是龚惠香老师，那个令人羡慕的课堂就是“大学生心理素质训练”的课堂。其实我和大多数上这门课的学生一样，在以前学习生活中很少有机会能接受这样的心理素质辅导和训练。我们的小学、初中、高中都在成堆的作业和考试中度过，几乎没有老师能以课程的形式给我们以“心灵的关照”，我想这也是很多青少年产生心理问题而没有及时得到帮助的重要原因。还好，我在大学生活中，有幸补上“大学生心理素质训练”这样重要的一课，应该还为时不晚。在心理课堂的团队互动中，我们真的很认真地期待和对待每一项心理素质练习，个中收获，我们也深有体味。人，是一种社会动物，只有在群体中得到互动和关照，个体才会有健康的发展。龚老师所设计的这种小组互动的心理咨询和训练方式真的很适合我们大学生，在自我审视、自我表达、团队分享、团队游戏、组员互助的过程中，发现问题、讨论问题、解决问题。其实我们有时候表面上大大咧咧、健康活泼，内心深处总还是会有些不正确的心理态度或错误的价值观。龚老师从来不会直接地说我们的某些心理态度或是价值观是错误的，但是在巧妙设计的团队心理素质训练的过程中，我们往往会自己发现自己心理状态的不足之处，特别是在小组分享之后，我每次都会经历一个自我比照和学习改善的过程。

我一直是一个很重视内心的人，因为我觉得只有心理健康的人才能向周围的人传达出乐观而健康的讯号，享受有质量的生活。在龚老师的课堂上，我曾经很认真地用心去认识自己，更是重新追忆，对这个“自己”产生影响的人和事。我曾经失败过，迷茫过，错失过，后悔过；也成功过，感动过，惊喜过，震撼过，但在课堂上和小组成员们一起所做的关于过去的分享，让我觉得自己昨天的林林总总，都变得平和、简单，甚至生动愉快，而随后龚老师的引导，又让我觉得其实我已经把这些人生的经历消化在一种对于昨天、对于过去的感恩之中。

我的生命没有什么无法承受之重，她是那么可爱而从容，尽管我的回忆，我的每一个昨天，不可能都满是顺利和快乐，但是我真心感谢其中那些不快乐不顺利的过程。它们让一个被爸爸妈妈宠坏的我，学着积聚能量，在每一次困难和挫折来临的时候都比上一次更勇敢、更从容、更聪明。

所以，我感谢昨天。

至今，我依然清楚地记得课堂上关于生命的那次心理素质训练。对于我们这些正值青春年少的大学生来说，真的很少会去思考关于生命这样的沉重命题。但是生命本身又是这样一种真实而灵动的存在，当我们停下浮躁的脚步去体味生命，那从出生到死亡的阶段看似漫长，其实也不过数十载，因为我们看到了生命本身的真实和宝贵，所以这数十载便是我们要用心经营的人生。正如从龚老师的课堂上的所学所感，我真正体味到生命与时间是需要精心规划的。通过认识自己、认识环境，我们应该知道自己想做什么，想成为什么样的人，把心中的信念变成激励心智的目标，生命中的每一个今天，都是达成目标的阶梯，没有今天的付出和达成，就没有明天的收获和满足。一天 24 个小时，对谁都是公平的，但若是庸庸碌碌，盲目清闲，每一个今天都会悄然而无为地从指缝间溜走。我相信，是每一个有质量的今天组合成了有质量的生命。只有让每一个今天，都做好该做的事，才能拥有充实而有价值的人生。

所以，我要做好今天。

而龚老师的课堂上关于职业发展规划的训练又带给大家同样意义非凡的收获。作为一个大三的学生，摆在眼前的现实有很多不可以避免的选择和担当。是就业、考研、考公务员，还是出国……大家都会有自己的选择，当然有相当一部分的人，不知道如何选择。我真的很幸运，在大学期间所学的专业——会展经济与管理，正是我所喜欢的也适合我的专业，而且我已经参与过多次会展方面的社会实践和实习项目，对会展的职业状态有了一定的了解和体验，我很希望在会展这一方面有很好的发展。有句话叫：机会总是给有准备的人的。我觉得自己从事会展相关职业方面的准备还不够充分，或者说，我觉得自己在学历、阅历、眼界、社会能力等方面还需要进一步的提升和扩展，所以我在大二的时候就决定在大学毕业之后，继续出国读研深造。我也把自己的这些想法跟父母和朋友有过一些深入的沟通，他们都给予我很大的支持和帮助，这更坚定了我的这一选择。针对这一选择，我查阅了大量的国外大学研究生院和职业规划的信息，也听取了父母和导师的一些意见，最终决定申请加拿大的研究生，目标院校是多伦多大学，选择的专业在管理学、广告学、社会学的范畴之内。针对这一明确的短期目标，我也为自己制订了一个明确的短期计划，并一步步地认真实行。目前我已经以满意的成绩通过了 TOEFL 语言测试，正在为明年 6 月的 GRE 考试紧张筹备中。为了使我的申请更顺利，我计划在大三下半学期着重在大学生科研和论文发表方面有更多的成果积累，在大四上半学期则着重完成各项学校申请的流程。相信，有了这些计划和想法，面对现实，我能更从容，面对未来，我能更有准备。

所以，我要规划好明天。

感谢昨天，做好今天，规划明天。这是我在接受完大学生心理素质训练之后，最深的体味和收获。这个写课程心得的过程，正是我梳理这一个学期以来心灵收获的过程，一字一句都是我真心的表达。我的生活中不缺乏爱和快乐，但是也会有挫折和彷徨，真心地感谢龚老师，在这个精心策划的课堂里带给我、带给我们大家，这样一段难忘的心灵旅程。我们彼此敞开心扉，说出自己的故事，倾听别人的故事，分享大家的收获，每一个心理训练背后的意义，都在潜移默化中成为我生活中的阳光雨露，给我今后的发展道路以激励和指引！

# 蜕　变

陶然(笔名)　30903403

上大学生心理素质训练课一学期,感触很多。一开始选这门课的原因,说来有点尴尬,是因为原先选的课被踢,然后随便选的,本来是想,公选课么,随便上上就好。但是这个想法在第一节课的课堂上就被彻底改变了。一个学期下来感动很多,改变也很多,我们现在就像等待变成翩翩起舞的蝴蝶的小毛毛虫,在蜕变。

第一次上课,还清晰地记得找教室迷路了。虽然是大一下了,已经算不上什么新生了,但是显然我对学校的布局还不是很了解,甚至可以说我还没有融入城市学院这个大家庭,还没有一种强烈的归属感。进入教室的一刹那,是什么样的感觉说不清,只是觉得那样的一个房间,只是感觉是个房间,而不是教室。教室里是陌生的一张张脸孔,仿佛又回到了刚进大学门的时候,没有同伴,有那么点无助和孤单。讲台上的龚老师,那是第一次见面,觉得是可以亲近的,她一直在笑,一直在笑,而且不僵硬,很自然,应该是个蛮好相处的老师,心里如是想着。第一节课,当然是要破冰,让大家互相了解,而不再是自顾自,互不来往。当时记得玩的是“大风吹小风吹”的游戏,游戏有惩罚,且人人参与。这样的游戏很快就调动起了气氛,我心里忽然就觉得放松了不少,也愿意和身边的同学小聊一下,交流了一下游戏的经验。在第一节课上大家都尝试着结交更多的陌生人,在第一堂课上我们分了组,有了各自的组员,有了那层牵绊,自己不再是独立的个体,而是拥有一个小个体,不再是形单影只。当然这堂课在整个教学计划中是至关重要的,因为接下来我们的课程都是按照这个小群体展开的。

良好的开端是成功的一半。

还记得集体手工造房子的那次,我感受到了人与人之间交流的重要性,单纯的肢体语言总是会妨碍我们的交流。大家齐心协力为自己的组创造我们的房子时,有一种很强烈的想做点什么,帮集体付出点什么,强烈的集体荣誉感油然而生,害怕给集体拖后腿,“我想赢”,心里有这样的声音在呐喊。游戏后,用手机拼命地拍着,每个组的团结成果都不放过,我想那应该算是青春留给我们的财富。当以后浏览照片的时候,可能会轻笑自己当初的蠢样子,更多的是心底满满的感慨。通过这样的游戏,我们更加明确一个组的我们是一个整体,也开始渐渐放下心中的防线,和谐友好地与大家相处着。在“感谢他人,学会感恩”课程时,有那么点想哭的冲动。一直没有重视身边的亲人对自己好,虽然知道他们并没有爱我的义务,有也只是抚养我长大成人的义务,何况我现在已经是个成年人了,抚养都不再是义务了。我们应该怀着感恩的心,大道理我们都知道,可是心里是否真的心存感恩地对待他们呢?真实情况往往不是这样的,在与他们的交谈中可能就会因为一点点的意见不合而不耐烦,发脾气。人真的是很奇怪的动物,我看到的可能是重要的,可是被我们忽略的有时候却是至关重要的。我们能轻易看到陌生人，没有血缘关系的人对我们的好，送点东西，带点吃的，就会说上几声谢谢。可是父母亲人那呢，可曾说过？记得当我对妈妈说谢谢的时候，妈妈先是愣了下，然后说："不用谢的，那么客气干吗？"可是真的是这样吗？不尽然。那天的课结束后，我很想念妈妈，很想跟妈妈说声我爱你，谢谢你。我也是那么做的。那天是龚老师提议我们打电话回家，向父母表白自己的情感。印象中那天的龚老师是和蔼的，有妈妈的味道，很亲切。当然生命中还有很多陪伴你的人，无论同伴，竞争对手，还是伤害你的人，都应该谢谢他们为你的人生添上一笔色彩，因为这样的人生才不是空白，而是多姿多彩的。

美好的时光总是短暂的，即使已经是一个学期，一个说长不长，说短不短的时间，在面临分别的时候是第三次触动。那节课出乎意料的短暂，并不是老师提前下课，只是我们都沉浸在最后相处的时间里，久久回味着，没有走出来。最后一课，我们又集体合作了最后一次，每个组完成一个节目，虽然说不上精心准备，但那是我们集体努力的结果，为了在分离前夕留下最后绚烂的篇章，本着这样的心意，无论结局怎样，都是值得回忆的一天。

那天，给我印象深刻的是，龚老师拥抱了每个人，虽然来上课前没有这样的离别愁绪，在那一个个的拥抱中，忧愁被一点点勾起。龚老师记得我们每个人的名字，也会像离家时妈妈对我那样，对每个人都有那么些交代嘱咐，感觉我们每个人都像老师的小孩一样。这样的感觉很好，在离开妈妈在外上学的情况下还能有那么一位长者这么关心惦记着你，有种叫幸福的感觉在蔓延。果不其然，女生是水做的，当场就看到有女生受不了这样的场面而眼里闪着泪花。这样的场面似乎让我忘却了这是门公选课，感觉就像高中毕业那会儿一样，大家好像相处了很久很久。

课堂上，我们组总是要被老师点名，场面是有点不可收拾，是我们组内成员感情好吧，每周一次的见面就好像有说不完的话一样。这是一门真正能够认识很多朋友的公选课，甚至我觉得它超出了课程的范围，它是一个平台，是老师和我们相互交流的平台。每节课必不可少的环节就是交流和阐述感想，龚老师也毫不吝啬地和我们分享着她的人生经历，从学校学习工作的经历，到爱情婚姻家庭的经历。

现在的我在经历这样真实的课之后，我不能保证我一定能成为国之栋梁，也没有"为中华之崛起而读书"的魄力，但是我相信我一定会在自己的小天地中努力拼搏，享受自己的人生，乐观积极地存在着，活着，也希望借由自己影响别人，蜕变成更让自己满意的人。

# 为自己做的！

李森荣　30707177

你知道你是谁吗？

我不知道。

我知道。

我不确定。

其实我不想说。

走过了22个岁月了，可是我却仍旧像10岁时那般，对这个我存在的世界一无所知，甚至缺少对自己的最基本的保护。大学以后填过无数的调查问卷，可是每次被问到“自己的优点，缺点”什么的，我都无法落笔，总是很违心地随便写写，不是我懒，不是我不认真，只是我真的不知道自己到底处在一个什么样的位置上，可以用一个词来形容，那就是迷茫。我不知道自己是谁，虽然有点神经质，但是我的确不了解自己，不知道自己喜欢什么颜色，喜欢什么食物，喜欢什么样的朋友，什么都是模拟两可，什么都是“随便”。放在别人的眼中，会觉得这样的女孩真好，什么都随性，没有突兀的个性，不用花时间去猜测，因为她会把什么都写在脸上，她还是一个孩子。但是安静的时候想想，这样真的好吗？

高中的我默默无闻，在一个重点中学，无论是名次还是名气都是在中低档，我只是很安静地做自己，安静地走路、吃饭、睡觉、交朋友。安静地去争取自己想要的成绩。学校里其他的风云人物对我来说，是可望而不可即的，其实也是多余的，因为他们跟我的安静的生活没有关系，我有我的压力，他们有他们的乐趣。

选择这个“大学生心理素质训练课程”，说实话，是个偶然。到现在结束了，我可以说，是缘分。最后一节课的那个拥抱，龚老师笑得微微有点红的脸，都会留在我的脑中。

龚老师是这门课的老师，每次上课，她的脸上从来都不会缺少笑容，那是一种和煦的温暖的笑容，使同学一下子就会对她有了莫名的亲切感。

因为已经大三了，所以对于公选课有点“牛皮”的感觉，总觉得就是为了去赚那么两个学分。在大学的这些日子，我也跟别的学生一样，学会了偶尔逃逃课什么的，但是现在最后一节课已经结束了，我可以很自豪地说“在这堂课上，我没有逃课，甚至没有逃课的念头”，这也就是它吸引我的魅力之处。与众不同的上课方式，让我一下子就跟旁边的同学混熟了，虽然我现在已经忘记了第一次课的题目叫什么，但是我想我一辈子也不会忘记跟别人握手，然后介绍自己的感觉。内向的我，终于第一次那么完整地向一个陌生人表达了自己，也许在旁人眼中那是一件很简单的事情，但是于我却是一个质的飞跃，那是一种跨过了语言障碍的感觉。

都说“女人心，海底针”，我想我就是那种典型的沉默女性，从懂事那天开始，我就有了自己的小秘密，但是在这个课上，龚老师会要求我们拿出自己最深的记忆来跟别人分享，比如难忘的事情，比如自己的家庭，比如自己的理想。刚开始我会很不好意思，甚至会说假话，因为总觉得这样就像被别人窥探了一样。但是后来我发现，组里的其他成员并不是这样的，他们很真诚地拿出自己的秘密来与大家共享，甚至希望我们给出点意见。那一刻，我觉得自己有点卑鄙，毕竟我是骗了人家，但是拿走了人家的真心。那节课后，我跟自己说，我要敞开心扉。虽然这对我来说有点难，但是我尽量努力，后来我们也做过其他的类似于这样的心理素质的训练，我竟然欣喜地发现，我对这样团队之间交流心得的上课方式越来越习惯，甚至是很喜欢。有几次，老师在最后让团队小组代表发言的时候，我这个一直以来不吭声的闷蛋，也有了发言的欲望，也想通过那个话筒，将自己的想法表达给大家。那种跃跃欲试的感觉，让我一整堂课都有了动力。

龚老师说，人与人之间要用心去交流，我现在很认同这句话。在大学中，我懒于参与一切团日活动，觉得这样既丢脸又费时，甚至会觉得那些参加的人很可笑，但是在龚老师教我们学手语歌《感恩的心》后，我认真地想过，为什么我不能有一颗感恩的心？为什么我会觉得帮助别人是件可笑的事情？这是我自己长久以来有点自闭的性格造成的，还是我人格上的缺陷呢？虽然每个人都有自私的小心理，但是要怎么去克服呢？大三，我第一次试着去帮助我们的团支书组织志愿者活动，过程虽然很累，但是我却是雀跃的。在志愿者活动中，我感受到人与人之间原来可以这么亲近，原来我也被这么多人关心着，原来当别人毫无忌惮地说你真可爱的时候，我的心情竟是这般喜悦。

我的人生已经莫名其妙地过去了 22 年，元旦就快来临，这表明，我的第 23 个年头就要展开。我不能说在这 22 年中，我为父母、为朋友、为自己作了什么突出的贡献，但是时间就这样推过来，无论你是否想顺着它走，我们都在时间的潮流中不由自主。记得在我们的其中一堂课中，龚老师让我们写下自己一天的安排，就是一天中要做的事情还有对应的时间。我想其实很多人在大学这样三点一线的生活中对自己都没什么明确的目标，无非是顺着大家走，走走停停，停停走走，看着自己的课表过日子。可是龚老师却让我们将这些用文字和图表的方式记录下来，说实在的，我无法落笔，因为我自己根本不知道我这一天到底干了什么，就像一个和尚一样，做一天撞一天钟，日子也就像白开水一样过去了，平淡得连我自己都觉察不到大学生活的色彩是什么。我记得那天做这个课堂训练的时候，我试着去回想我的昨天，我的前天，我以前过去的每一天是怎么过的，但是脑子里是一片空白。那个时候，我心里居然有点恐慌，因为当一个人根本不知道自己每天在做什么的时候，那究竟是她的失败还是生活对她不公。我不知道，想都不敢去想。

那天回来后，我花了整整一个小时静坐在电脑前，寝室很安静，我开始仔仔细细回想我这大学三年都干了些什么，有没有什么特别值得回忆的，可怕的是，居然没有多少是我想得起来的。我没有记日记的习惯，没有一样东西能让我的思绪涌现出来，我问自己，就这样过去了吗？从那天开始，我试着每天记录一些自己觉得比较重要的事情，开始有点不习惯，但是还是觉得很有必要。

这个课是真的结束了，留给我的感悟却没有结束。我告诉自己，不管你进入大学时是抱着怎样的心态，不管你这两年中做了多少颓废的事情，不管你对未来有多少迷茫，从现在开始，试着改变，改变我封闭的心理环境，改变我“孑然一身”的坏习惯，改变我碌碌无为的生活状态。我们在这个世界上，区别于动物的一大标志就是群居，我们依赖于我们身边的人去生活，我们是一个紧密相连的整体，虽然每个人都有自己的喜怒哀乐，但是我们要真诚待人，敞开自己的心扉。认真地对待自己每一天的生活，我想这比什么都重要。

# 美丽的邂逅

杨结娣 30809177

一场美丽的邂逅，在这一刻以最华丽的形式落下了它的帷幕。

如果把它比作一场旅途，我们拥有相同的终点与起点。

之后，我们或许都会换乘别的航班，各自奔前程的身影也难免渐行渐远。

但这一段回忆将会保留在我们心中，永远永远……

那一刻我们曾心贴着心，一起分享自己记忆里泛黄的部分，分享旅途中的喜怒哀乐，快乐的憧憬那个叫做未来的东西。

那一刻曾有这样一位可爱又温和的老师，与我们一起又唱又跳，再次品味了一番童年的滋味，也给我们的旅途增添了最绚烂的一笔色彩。

一切的一切都仿佛定格在龚老师一个个拥抱我们的那一刻，不舍、难忘、开心、温暖、感激……内心翻江倒海的感受，却找不到一个最合适的词语来形容。

它不是一个常态的课堂，但带给我们的却胜似一个课堂；她是一个老师，但给我们的感觉更像是一个知心朋友；她(他)们是我的同学，但更像是与我常常分享内心感受的闺蜜。一切都源于独特的上课形式，像个大孩子般的老师，与如此投机的小组成员三者之间浑然天成的完美组合。

**独特的课堂**

依稀记得第一次踏入课堂时的惊讶，课堂里面的桌子全都被搬到了教室的最后，课堂的中间只留下了一些椅子。每次上课都是以小组的形式，围圈而坐。

每次上课开始之前，老师总会带给我们一个不同的热身活动，比如："大风吹"、"成长三部曲"、"兔子舞"，等等。虽然这都是一些简简单单的小游戏，但其中往往却蕴含着一个个大道理。比如，"成长三部曲"它告诉我：在人的一生中，我们有时会跌倒，有时失意；我们也许会遇到很多坎坷，很多不幸。但是没关系，跌倒了爬起来，拍拍身上的尘土，重新出发，总有一天你会收获成长。

热身小游戏带给我们感悟的同时，会把班级的气氛也搞得非常活跃。接着老师会以练习或者游戏的形式，进入每一次课的主题。这个也是带给我感受最深、影响最大的一个环节。

从来都没有好好地审视过自己，带着东方人多有的不自信，老是觉得自己处处都不如别人。直到老师课上做的"天生我才"和"独特的我"这两个练习，让我们写下自己最欣赏自己的一些内容，自己的缺点和长处。我才认真思索从外表、性格、做事态度、对家人态度等方面自己有哪些特点，发现原来在我身上还有很多的优点。同时，也发现了自己有很多急需改善的地方。

“压力圈”的练习是通过一张白纸，中央画一个小人，小人的旁边画了大大小小的几个圈，圈与人的距离有近有远，近的代表近期的压力，远的代表远期的压力，大的代表压力比较大，小的表示压力比较小。老师让我们把自己的压力都填到这些圈里，然后在小组成员之间分享感受。在分享感受的环节，我突然发现原来我有的很多压力大家都有，老师说这也是一种解压的方式，类似于将压力一般化，当一种状态大家身上都有时，那就没什么好大惊小怪了。

做完两次练习，老师总是会以不同的方式来结束课程。手语歌是我最为喜欢的一种形式。“我真的很不错”、“感恩的心”、“步步高”，伴着音乐，跟着龚老师一起做着手势，特别容易引起我的共鸣，那种感觉很享受，以至于回到寝室之后我还会从网上搜出来跟着一遍一遍的自己跳。

**可爱的老师**

龚老师，一个时刻保持年轻活力的人。她是这门课的任课老师，同时也是我的班主任。记得选这门课的原因，有一部分也源于龚老师，她的激情常常能感染到我，让我待人处事永远都保持一种乐观的心态。

龚老师，一个感性的人。在课堂上，每次听到感人的故事，或者有同学在分享环节讲得非常真诚的时候，我都看得到老师眼中的泪花；老师经常会跟我们分享自己的经历，老师您说您在考虑要不要跟我们讲这些事时，自己也思考了很久，但是我要跟您说的是，谢谢您的分享，虽然以前早有所耳闻，但这次的分享，对我来说意义真的很大。您的分享与感受，在那一刻进入我的脑海真有种如梦初醒的感觉。你让我明白在感情的世界里，我该如何释怀，也让我明白生命中还有很多东西值得我去珍惜、去欣赏。

龚老师，一个温暖的人。记得这次上课时的拥抱，已经是您第二次抱我了，第一次是在篮球场的马路边，您同时抱了我跟另一女生。每次上课，您总是微笑地看着每一个人，笑容里流溢出的是您对我们无限的关爱，讲话的声音也透着无限的温柔，让我有种备受宠爱的感觉。

谢谢您！我的龚老师。

**迟到的小组**

青春部落格是我们的组名，因为我们都是在第一堂课以后选这门课的，我们都是一群迟到的孩子，所以我把它称为一个迟到的小组。从老师把我们安排在一个组的那天起，就注定了我们之间的缘分。

才相处了一个学期，给我的感觉仿佛是一群认识了多年的朋友。也不知道是从什么时候开始，我们之间没有生疏，建立了良好的友谊。生活中的很多烦恼，甚至是跟自己的好朋友也不太会提及的事，一走进这个课堂，面对她(他)们我就可以毫无保留。

一起想我们的组名，一起建房子，一起玩游戏，一起喊口号，一起讨论，一起唱歌，一起吃饭……往事一幕幕浮现在我的脑海，随之而来的还有结识了这群朋友的幸福感，和面临分开的不舍……

你们老是喊我为伟大的组长，老是让我代表小组发言，当时觉得你们有一点小坏，现在回想起来，这似乎也是回忆里不可或缺的一部分……喊着“展我风采，扬我个性”的口号，我们尽情地演绎着属于自己的青春。

最后一堂课，你们写的祝福，我真的很感动，只是不经意间说的以后准备考研，好几个组员的祝福都是“考上研究生”，还有的是“永远都这么开心，早日出嫁……”还有阿睿写的是“找到比他更好的男人”，看到你写的这条祝福时，说实话真的很惊讶，你说这是你对我最真心的祝福，我感受到了……现在回想大家一条条的祝福，眼角还是会有湿润的感觉。

阿睿、佳丽、小学妹、安妮、学姐、可达、先教、志威、涌康，谢谢你们。

旅程结束了，我们终将回归到自己的轨道。我相信这门课带给我的绝对不仅仅是一段记忆，更多的是那些潜移默化的，或在性格，或在价值观，或待人处事方式上的微妙变化。有了这些，我相信我们每个人都可以笑着迎接新的每一天，创造一个属于自己的美好未来。

# 梦寄花开

周问鼎　30907286

没有天使和恶魔，所以，拯救自己的只有自己，毁灭自己的也是自己。

未来总是很渺茫，只有手握阳光、心怀梦想的人才能到达幸福的彼岸。

——题记

曾经到现在，都很喜欢一句话："每个人都是一朵花的轮回，所以，我们要让自己绽放得美丽。"然而，梦寄花开，只有手握阳光、心怀梦想、洒下汗水来浇灌未来的人，才能够真正到达美丽的成功的幸福彼岸。

但是，喜欢阳光的向往阳光的自称为"傻傻的小阳光"的我，却总是在阴霾中沉沦。或许我在写的并不像是一篇论文，一篇课程论文，只是一篇不长不短的心灵独白。说老实话，我真的并不像自己想象与别人看到的那么阳光，那么开心。我只是在别人面前将自己伪装，伪装得很开心。因为太敏感，只有跟我亲近的人才会知道，这样一个人，会突然就沉默，会突然就安静，静得让人觉得恐怖，当然也会很开心，很快乐，高兴时就像3岁孩子得到了想要的糖果。开学初去测试，测出来是"完美忧郁型"，边上的人都很郁闷，她应该是活泼型的啊！而我就一个人傻傻地笑着，原来这个测试还真是有那么些准的。但我坚决认为，自己没有心理问题！我其实很正常，只是有那么点敏感，有那么一点点的双重性格。龚老师的课，教会我的有很多，也让我有些改变。我学会了应该怎么样与人相处，怎么样去面对压力，怎么样去控制自己的情绪(只是，我还是不能够很好地控制)，怎么样来做时间的主人，做怎么样的价值选择，怎么样自己做主，还有让我有些不能接受的爱情问题(我觉得自己离"爱情"这两个字还是很远的)。

在刚刚开始选这门课的时候，我还真就觉得这就是一门混混学分的课程。在听学姐说挺好玩的以后，我还有点开心的，心想着或许不会跟其他的课一样让人死气沉沉地想睡觉或做其他的事情，但是也没有想到是这么的"奇怪"。

龚老师很活泼很开朗，很放得开，而且不会因为小事情就生气，说得有点大不敬就是"老顽童"，其实就是很年轻态，心态很好，而且不会很苛刻，上课时总是能够让气氛很活跃。

一个学期下来，每堂课都有每堂课的精彩，让我印象最深的最震撼的还是开学初的第一节课。我想其中的原因可能是习惯了循规蹈矩课堂的我第一次看到那么凌乱特殊的课堂，还有在那么短的时间内就认识那么多的人，还要相互交谈说话，心中充满了兴奋。小组成员是剪子石头布随机组成的，小组还要选小组长，想组名，要有口号，还有一张契约——我们的手掌印和每个人的祝语。还有一节课，应该是人际关系的活动课吧，小组间的比赛，让一个组员去老师那里看一个数字，然后回来用肢体语言表达给组员，接着一个一个传下去，看哪个小组最准确最快。这个不仅仅让我学到要好好锻炼自己的表达能力，还要让自己跟小组成员有更好的默契，即需要有很好的团队精神。毕竟每个人都生活在社会中，都是社会人，不可能什么事都只是一个人做，有很多时候是需要团队合作的，需要有很好的团队精神才能够把一件事情做到最好，做得更好。

当我坐下来静静地回忆每节课的内容的时候，我会很惊奇地发现自己已经把每节课的内容都记下来，除了有一些理论性的内容印象不是很深以外。

第二节课，是跟小组成员们的第一次合作——搭房子。要知道，在没有语言的情况下，在只能靠默契、只能靠表情手势的情况下，我们要用旧报纸和胶带把自己心目中的急救房给搭建出来。我们的急救房是"送给"在汶川地震中的灾民的，我们既要考虑到方便，要容易制造，要降低成本，还要考虑到美观的问题。或许是我不够冷静不够细心，总是不能够理解很多人的想法，然后会弄得很紧张很纠结很慌张。到最后我们的房子终于成型了，那个时候我们很激动很开心。我还很开心地拍了几张照……傻傻的。

接着是性格测试，还有后面的情绪和人际交往课。性格是很难改变的。在知道自己性格的情况下，既要克服自己性格中不好的地方，要发扬自己性格中好的部分。每个人的性格都是不同的，所以要在日常交往中想到很多时候不能够只依着自己的性子，"Treat others as you want to be treat"。人际交往是一个很大很严肃的问题，有的时候也是决定一个人工作成败的问题。我们都要尽可能地在生活中考虑到别人的感受，因为我们都是社会人。我记得在人际交往的第二堂课的开始，龚老师还让我们先闭眼听老师的指示加上自己的理解来撕纸，结果大家的撕纸都是不一样的形状。可见大家都是有着自己的一套思维方式的，即在生活中其实我们都会或多或少地误解他人的话，而这个是给我启发最大的，所以我要好好地学会倾听与理解。还有"人际关系中的我"的练习，让我们填写想象中和现实中好友、亲人、老师，对自己看法的分析与分享。这些都是对自己的一个探索，能够更好地认识自己。在大学中，往往都会过得忘了自己是谁，忘了自己的责任，忘了自己到底是怎么样的一个人，或许是根本就不了解自己。每个人都有自己的情绪，但是我要做情绪的主人，而不能让情绪来控制自己，也只有这样，才能够在人际交往中不至于很孤立，也能够不伤害到其他人，因为其他人没有义务来承受我的情绪，我不能够让别人来跟我一起痛苦。在人际交往中，我们都要学会主动，要学会珍惜，要学会聆听，要学会尊重。这些都是在这三堂课上，在龚老师的带领下，我所得到的知识，感悟也是最直接也是最真实的认识。

第五堂课是感恩。我个人觉得自己是很感恩的人。在这堂课上，我还是差点就哭了，因为我想到了爸爸妈妈。我爱他们。

"我真的很不错，我真的很不错，我真的真的真的真的真的很不错……"这堂课上，每个组员都要被"优点轰炸"。其实，我们每个人都是独一无二的，都是无法取代的，都是最棒的。因为你的长处别人不一定有，你有的优点可能你自己都不知道，但是别人都清楚，或许你不认可自己，但是别人觉得你很好。被人称赞，很爽。我是一个很没有自信的人，但是在组员——这些可以说其实在课后不会有太多交集的人，会很耐心地倾听，会很真诚地和你分析，给你建议。这些都是让人很感动的。

"我的生命线"，我给自己定在了60岁，现在想想我太对不起自己了，这么早死。因为我觉得自己还有很多事情要做。回想过去的日子，我所做的，我所收获到的，而这些都是平时不会去做的事。现在再改一下吧，我想，活到 80 岁差不多了，因为我会在今后的日子里开开心心的，好好活着，好好生活，这样的生活即使有了波澜，也能够不惊。

想到压力，我就很恐惧。因为我觉得自己其实一直都是在压力中成长的。从小，我就会想到，如果我考试考得不好我该怎么办，如果我没有照顾好自己，生病受伤了，爸爸妈妈该多担心。如果我没有做到，如果我失败了，如果我让人家看不起了，他们会怎么想，我该多么丢人，我爸爸妈妈该多伤心多担心。不论我爸爸说了多少次，爸爸不会给你压力，不需要有太多的负担，开开心心的就好，但我还是会觉得如果自己不做好，会很对不起爸爸妈妈。就算是小小的一件事情，我也很可能会考虑甚微，认真对待。上了压力课，我知道了其实有压力也是好的，原来我也可以自己做自己的医生，好好放松，消除不必要的压力。特别是龚老师的教导，更是让我印象深刻。但我还是坚持"就像爆米花说的那样，没有压力，我才懒得开花呢"。

突然想起了"我的五样"，毕淑敏的"我的五样"，也是"我的五样"。我把我的亲爱的他放到了第一个，把健康放在了第二个，把阳光放在了第三个，把音乐放在了第四个，把自己放在了最后一个，但是当要去掉第四个的时候，我就下不了手了。然后在最后交流的时候我就直接说，我放弃自己。因为我发现，我真的不能够放弃，我放不下音乐，音乐甚至比自己还重要。

当然，跟我的"梦寄花开"更接近的就是第 13 堂课的"生涯设计——我的未来不是梦"。课上很"擂人"地将 20 项东西来拍卖，每个人有 10 万元的资金。先选出自己想要的几项，并要排出重要程度，再估价，最后一起拍卖。在这个过程中，大家都很开心，都很积极地参与，而我更是没有计划地用 10 万拍到了一个幸福美满的家，虽然我的几个知心朋友也很重要，但是，还是要直面自己的选择，因为我可以安慰自己，我亲爱的朋友们不会离开，因为这个还好只是一个游戏，还好是可以改的，虽然在刚刚开始时的勇气让我拍下了自己幸福的家，在不能选择朋友的时候我很难受很想哭。或许这个也是我最真实的想法，我要我美满的家，也要我亲爱的朋友们。而我的职业生涯，就更难以规划了。因为我对自己的未来还有些迷茫，我还不知道我该怎么样来面对发展越来越快的广告业，我该怎样在现实社会的激流中生存，但是在拍卖过程中我确定我不要考研，并不是我不想读书，而是我更想早些工作，早些让自己面对社会，早些安定。我的未来不是梦，是的。在写近期中期远期规划时，我有过思考有过犹豫有过纠结，但是我很肯定自己的路线，很肯定自己的梦想，将工作尽早稳定，而我的职业就是我的专业。我要在中期实习的时候，在大四的时候就积累好足够的经验。还有"做时间的主人"与"价值探索"这两堂课，也为我职业选择、奋斗方式、具体安排做了铺垫。我不能够做懒惰的傀儡，我不能够让自己被时间束缚，我要做时间的主人，有正确的价值选择，这样才是真正的职业选择，才能够让自己在奋斗的时候更加有力量、更加能够全力以赴。

就跟龚老师说的一样，最后一堂课真的很精彩。一上课老师就发给我们一张白纸，自己写上"对×××的祝福"，然后用大头钉固定在背后，让小组成员一个一个写自己的祝福。我也不知道他们会怎么写，只是觉得真的很开心。当我回头看的时候，后面是长长的一条龙！很壮观！那个时候大家都是很活跃的，整个课堂就像春天一样。我偷偷看了眼老师，她笑得比谁都开心呢，真好。然后大家坐下来看自己收到的祝福，都笑得跟花儿一样，就像小孩子拿到颗梦寐以求的糖果。其实快乐很简单，其实让人快乐也很容易的，不是吗？到了小组节目的即兴表演，我们组的节目应该是最雷的，千手观音！个子最高的陈石学长站在最前面，我跟晓倩两个最矮的女生排在最后。不突出任何一个人，突出了整个小组！手语《步步高》是老师送给我们的，也算是对我们的祝福，谢谢老师，后来是老师跟我们分享一本书的其中一些内容，那下子真的安静了，感动了，舍不得了。最后的拥抱离别，真的差点就哭了。老师，我舍不得，我的组员们，我舍不得！原来刚刚开始说的都是真的。我的不舍，是因为在这里好开心，感觉很温馨。我的亲爱的朋友们，你们都要好好的。真希望以后还能跟你们好好地见面聊天。我想会有那么一天的。

一个学期下来，我收获了很多。我知道，只有手握阳光、积极向上的人才能够到达成功的幸福的彼岸。我要感谢龚老师给了我这个机会，让我更好地认识自己，让我更好地给自己能力定位，让我能够更加阳光，让我更好地去实现自己的梦想，也让我认识了这么多的新朋友，让我的生活增添了更多的色彩。就要离开了，说实在的还真的有点舍不得，这样说可能有些矫情，但是，就是那种不舍，我也说不清我是在舍不得这门课、老师还是我的组员，或许就是一起走过的日子；一起分享，坦诚相待的释怀；一起笑，一起走过彼此的曾经；特别是老师的毫不保留和组员们的坦诚与信任。刚刚开始我还以为自己写不了很多，刚刚开始我还说我不会写到想哭，但我真的是想哭哭不出来了。这异样的幸福感，会一直一直伴随着我的，鼓励着我。谢谢你们！

"梦寄花开"，是我很喜欢的四个字，我希望自己能够梦寄花开，能够在未来的日子里一直沐浴阳光。我也要将这四个字送给我小组的组员，我的同学，我的龚老师，我的亲爱的朋友们。希望大家都能够让自己的生命如花儿般绽放！

# 感　　谢

简洁(笔名)　30701489

纵使有太多不舍,依旧要分离,无可避免。

周四,一个让我期盼不已,又有些害怕到来的那段时光悄无声息地成了历史。

与龚老师拥抱的那一刻眼泪不停地在眼里打转,我知道那个令我快乐的周四晚上的快乐两小时就要成为过去了。

感谢龚老师能够来城市学院,感谢让我遇到了您,真的!很想很想在您面前深深地鞠个躬感谢您。感谢您的活泼,感谢您的感染力,感谢您丰富有趣的课。

感谢龚老师,因为在您的课上我似乎永远都是快乐的,总是那么坦然。每次的游戏让我既紧张又兴奋。因为你,我开始期盼周四,期盼与我的组员们一起相聚的时刻。

感谢龚老师,因为您,我更加了解我自己。那份性格测试,让我知道原来我的"多愁善感",原来我时不时地不经意间忧郁,并非是空穴来风的。因为那次的课,我才知道每一种性格都有各自的一些表现特征。

我有一个比我大两个月的堂姐,一直以来我们都是很好很好的朋友。然而我一直不能明白她的有些想法和行为在我的世界为什么显得如此不可理喻。我每次都会因为一些在她看来毫不起眼或者不值一提的事气好久好久。有时我总是思考她做事是不是压根儿就不经过大脑。我总是不能理解与我的犹豫不决、思前顾后相比,她为什么永远都可以那么果断。她也总是不能理解为什么我总是有那么多顾忌。她总说我要求太苛刻,太想尽善尽美。曾经我因为一些琐事气得发誓一辈子不理她,而她却丝毫不能理解,还和没事人似的。现在,我想,一切都有答案了。

总是会想很多很多,有时因为一件事的决定,总会考虑别人是怎么想的,我这么做那样做他会不会不高兴,他是不是……总把自己弄得神经紧张。

记得这学期刚做董老师助教的前几次改作业时我连续错了两次,我竭力发誓保证一定不会再出错。可是……收到同伴的电话,又错了……在去董老师办公室的前一天晚上我一夜没合眼,我不停地自责,不停地悔恨。想了好多好多,我辜负了她的信任,我对同学们不负责,她该如何向同学们解释、如何交代,他们是否还会信任我,等等,又想是否她会让我直接"卷铺盖走人"。在去她办公室的一路上,各种责备在我脑海中不停地盘旋,我在理四楼下徘徊。最后我告诉自己,董老师平时大大咧咧的,或许一切没有我想象的那么糟糕,于是硬着头皮走进了办公室。显然她是有些生气的,不过还是仔细讲解了题目,只是稍稍责怪了我的不够仔细……我才发现自己想得太多太多。之后在她那边我不再战战兢兢,因为我想她应该不会计较或者顾忌每个细节,后来每次大家都可以聊得很开心。

我想经过这次的课应该可以节约我不少脑细胞，因为我不必对每个人都小心翼翼的揣测。应该判断一下对方大致什么性格，或许人家根本都没注意，又或许他们根本就不在意你在乎的那些。

感谢龚老师，是您让我了解到我在朋友和父母心中的形象。虽然有时很想知道，总是觉得突然问起来会有些奇怪。那节“人际关系中的我”给了我一个正当的理由。之前我设想了很多妈妈的答案，我以为在她眼中我会是个任性、倔强的女儿。我还想过或许她根本就不了解我。妈妈的答案是：乖巧，好强。没有想到这样的阐释，简单一针见血。还有我的朋友严，她真的很认真地发了一条很长很长的短信，优点缺点毫无顾忌地一点一点剖析，还有很多我从没有想过或者根本没有意识到的细节，那天真的给我带来很多很多的感动。

永远也不会忘记 12 月 11 日，这个周四，第一次，我在这节课上哭了出来。那天您让我们写下生命中最重要的五样东西，我几乎是毫无任何思考地写下了爸爸，妈妈，快乐，健康，笑。然后……您说人生中开始遇到挫折，必须舍弃一样，几乎也没怎么思考，我划掉了笑，毕竟只要有快乐，不笑也无妨啊。接着是第二件，我开始犹豫，我划掉了健康，我想一个不快乐的人即使再健康活着应该也没有多大意思吧。当第三次舍弃到来的时刻我开始不安起来，不过没有多做考虑我舍弃了快乐。我陷入了极度不安，因为我害怕最后抉择的到来。然而该来的总是要来，不会因为你的害怕而有任何改变。当您说，你遇到了人生的最低谷，你必须再舍弃一样的时候，我也不知道为什么我哭了。那一刻，心如刀绞。我没有划……当我把这件事告诉室友的时候，她笑了很久，她不能明白我为什么会当场哭出来，毕竟，只是一个游戏！回头想想我也会觉得自己好糗，居然在课堂上哭了出来，还记得您在上面说时，所有人开始寻找……我不知道，但那一刻真的好难过，我恨自己为什么不写父母，抑或是亲人……

感谢龚老师，您的坦诚，您愿意把您的过去，您的经历与我们分享。对了，您还记得吗，您说你 50 岁才开始学习游泳。我一直想学可是害怕自己大了学不会，感谢您让我知道只要想学习，永远都不会太晚。

感谢我那群可爱的组员。我是幸运的，因为我有一群优秀的伙伴。Gogo 队！每个人都是队里的开心果。每次的分享时刻，大家总是积极而又兴奋。特别是郑同学和姜同学，这两人的口才可不能忽视。有时像开辩论会，精彩而刺激。感谢他们给我带来了许多快乐。记得那次课上，老师让同学上去做一些表情和动作，郑同学的表现超棒。挺羡慕他的表现力的。还有姜同学伟大的理想，即使生命还有一个月，他希望的是自己可以在科研上有一番贡献！每次和组员们在一起总是那么开心。

感谢……我要感谢的太多太多。感谢每一个人！还要感谢缘分让我们聚在了一起。

可是我还有许多遗憾。

或许是习惯了把秘密藏在心里，有时分享的时候我似乎不是那么积极。我习惯于倾听，不想把自己剖析在大庭广众之下。又或许我根本不知道该说什么吧。

遗憾虽然我了解了自己，可是我并不大愿意接受自己。我不喜欢自己的性格，不喜欢自己的忧郁，不喜欢自己的尽善尽美，不喜欢……我觉得这样的性格让我好累好累……

还有一个遗憾，我们不可能再这样周四聚在一起了，虽然队友们留下了彼此的联系方式，偶尔大家可以一起去吃个饭。可是一切完全不同了。大家不会再围成一个圈，放松身心，拥有分享讨论的心境了……

无论如何，总之真的感谢龚老师！！真诚地说声“谢谢您”！

# 难忘——给龚老师的一封信

伏名(笔名) 30901107

龚老师：

您好!

看了您放在BB平台上的几篇范文后，我深深地体会到了大家对这堂课的热爱以及对您的感恩，我也有好多话想对您说。我不想把本次的论文当做一次死板的期末作业，我只想把它当成纯粹地给您的一封信。想说的话太多，我也不知道该从哪里说起。写得杂七杂八，毫无章法，不过却记录了我点点滴滴的感想。

我在第一次给您的邮件中也曾说过我是一个心理委员。不过对于这方面的知识我知道的不是很多，唯一的一点经验就是在高中时曾看过一本毕淑敏写的《女心理师》，书中的每一个人都有一段难忘的经历，也因此有了或多或少的心结，看着贺顿在故事中一个一个地与他们接触，一步一步地揭发真相，当时我就被心理学给深深地吸引了。我觉得心理学是极其神秘的一门学问，我很想将来有机会去学习，这也是我选择担任班里的心理委员的一个重要的原因。但是当我当上心理委员的时候我才发现这有多么困难，怎么去和同学沟通，怎么去帮同学解决矛盾，怎么去开导同学，这些都是需要学习的东西，不过这一个学期下来我真的学到了很多的东西。在上个心理月的时候，我和我们班的另一位心理委员共同合作举行了一场别开生面的班会。我通过老师教的“心有千千结”来带出那次班会的主题——团结合作。本来我发现我们班的凝聚力不是很好，所以绞尽脑汁地想以这次为契机开一次主题班会，幸好老师您教我们玩了这一个“心有千千结”，一下子就把气氛带动起来了，那时我真的好高兴，这就是学以致用吧。其实在我参加心理委员辅导时，老师您就给我们做过这么一个游戏，我当时就觉得好神奇，也没有什么特别的感想。可是当我在课堂上亲身体验的时候我真的觉得好了不起，明明看起来是一个打不开的结，怎么在大家共同努力的情况下就真的打开了。打开的一瞬间真的有一种心灵上的解脱感，突然就觉得我们的心结也是可以这样解开的，世上没有过不去的坎，再难解的结也是可以解开的，只要你保持乐观的心。

其实上第一堂课的时候我就被震撼了，这真的是我学生生涯中上过的最有趣的一堂课了。没有教材，没有课桌，没有笔记的一堂课。不，这不是一堂课，这是一个个游戏。我们不是师生，因为在我的心里，龚老师您已经是我这一生中最值得珍惜的一个朋友。每一次的上课，都是我们与龚老师一起做游戏，在轻松愉快的游戏中，我们学到了无法从书本中学到的人生真理，然后几个朋友坐在一起，一起分享我们的喜怒哀乐，这就是龚老师的课。第一堂课让我坚定了接下来继续学习的信心。

至今为止我还对第一堂课记忆犹新，第一堂课是通过一个“大风吹，小风吹”的游戏开始的，现在还记得我被一个穿黑衣服的男生抓住，然后我就特地要了一个小计谋故意说小风吹，吹到穿黑衣服的人那里去，嘿嘿，那时有点小恶劣。不过，那次真的很开心。所以以后的每一堂课我都很期待课前的热身游戏。我觉得以一个好玩的游戏开始然后带出上课的主题，这样可以让大家更好地了解上课的主题，更能够体会。特别是"成长三部曲"这个活动，我每一次从鸡蛋变成小鸡的时候都会在下一次的挑战中从小鸡变回鸡蛋，一直到游戏的尾声时，我还是鸡蛋，当时那里还有 4 个鸡蛋，就在这最后的关键时刻，我终于从小鸡变成大鸡，完成了我整个成长过程，最后那三位同学还是没有成功，这时我才真正体会到成长的艰辛。我觉得在这个过程中，我比那些一开始就成功变成大鸡的同学学到的更多，那种经历了无数次的失败才取得的成功是最值得珍惜的。结合我生活中的人生经历，我真的觉得成长是一个很艰辛的过程，在成长过程中我们会失去很多，也会得到很多。学了这堂课后，面对以后的困难，我不会再退缩，我会在心中默默地告诉我自己：我真的很不错！

一直以来我都觉得上课的时候每个同学都是一个个独立的个体，只有在劳技课这种需要合作的课上才会有交流的时候，所以当我第一次上您的心理素质训练课的时候我真的有点吃惊。不过后来想想这种分成一个个小团体的教学更能够让我们团结，也让我们相互之间了解得更深入。想想本来就是来自不同的年级和专业，爱好和兴趣就会有所不同，又是上公选课，如果不采用小组制的话，大家也不会那么快地融入到这个整体。八九个人的小团体，关系也不会很复杂，就算有了点小摩擦，相互之间也会包容对方。也是上了这堂课，我体会到了团队的力量，就像一棵一棵小树组成了一片庞大的森林。在小组里，大家一起分享自己的秘密，家庭的、学习的、感情的，说出来之后，心里真的有一种如释重负的感觉。虽然不能彻底地解决问题，但是有了这一份关心之后，接下来的路就不会太艰难，因为我知道我的身后还有队友。在分小组比赛的时候，看到大家为了同一个目标一起努力奋斗的时候，我真的很感动，最后的结果是输是赢已经没有关系了，在我的心中我们都是胜利者。在这个过程中我有一种感觉，我觉得我们这个小组就像一个大家庭，而我们这些组员就是一家人。小组让我拥有了爱与力量。最后一堂课的真心话让我很感动，原来平常自己说的一个小小的细节，都有人在意，这种被关心、被祝福的心情是无法用语言来形容的。

还有就是想感谢这一个学期以来龚老师的教导。在第一堂课的时候我明白了交朋友其实是一件很简单的事，只要大胆地向对方伸出你的手，真诚地介绍你自己，带着真心的笑容，对方一定不会煞风景地拒绝你，只要你先向对方敞开你的怀抱，有了付出就会有回报。还有就是要珍惜每一个你所遇见的人，因为在茫茫人海中，在短短一生中，能够在这样一个瞬间，遇到这样一个人，那就是一种缘分，正所谓相聚是缘，所以要珍惜身边的每一个人。在第二堂课的时候我明白了团队的力量，用柔软的报纸，经过大家的团结合作还有拓展创新，我们可以"建造"出一座一座充满爱的房子，那是用我们的关心和爱为那些遇到困难的人所建造的避风港。有了爱，才会创造出奇迹。在第三节课的时候我明白了每一个人都是一个特殊的存在，都是不可复制的个体，不管一个人有多优秀，他总会有缺点，也不管一个人有多么糟糕，他也拥有自己独特的优点。所以以后我遇到很厉害的人我也不会自卑，因为我是独一无二的，我在羡慕别人的时候，也有人在羡慕我，在遇到困难的时候我也不会再退缩，因为我会克服它。在第四、五两节课中，我了解了家庭对一个人的重要性，我也深深地感谢我的父母，那天课后我给我的爸爸和妈妈分别打了一个电话，我把我的生活账和我妈妈说了一遍，妈妈只是包容地听着，那时我真的有一种流泪的冲动，我觉得我欠父母的真的很多，每次给他们打的电话的内容只是单调的我要回家了和我没钱了。虽然回家之后每晚我都会和爸爸妈妈说很多话，谈我的朋友、学习和生活，但是这还远远不够，在这一刻，我真的很后悔为什么平常没有对父母投入稍微多一点的关心，看着父母头上的缕缕白发，我真的感到很心酸，我不想发生“子欲养而亲不待”的悲剧，以后我一定要对他们好一点再好一点。还有那天龚老师您给我的那个拥抱，让我想到了我妈妈的怀抱，我真的很感激您。在这里我也不想一一地罗列了，您教会我的太多太多，按照您的信条来生活，我发现生活原来是那么美好，从珍惜的角度来看待事物，世界都变美好了。您教的那些排解压力的方法也很有效，本来我觉得大学与高中也没有很大的区别，就是少了奋斗的目标，可是听了您的大学生生涯规划之后我才发现我活得多没有目的，每天这样重复着学习和生活的日子，没有目标，没有对未来的想法，这不仅是浪费时间和金钱，更是浪费生命。为了我的父母、一切关心我的人和我自己，我也要开始我的职业规划了，冲着目标前进的日子是忙碌而充实的。

最后还要感谢龚老师您开了这门课，教了我这么多平时学不到却异常珍贵的东西，希望您身体健康，家庭幸福，工作顺利！

# 爱的告别式

何子乔　30701052

从一开始我就知道会有分别的那一天，只是，我没有想到分别的日子会来得这么快，而且，这样难舍，就像电影里常常说的：我猜到了故事的开头，却没有猜到故事的结尾。

上最后一节课时，我感觉气氛并没有以前上课时的那么轻松，虽然在这节课上我们小组的说笑似乎比以往的任何一次都多，但是我知道，在我们的内心深处，其实是想要刻意地隐藏一些东西，是什么呢？是失落，是无奈，还是茫然？我不知道。而这节课让我印象最深的便是那句：人生就像一趟旅行，我们只是乘车的旅客，只是，我们不知道何时会下车。我们的情况又何尝不是这样呢？这个学期初，我们一起踏上了这门“大学生心理素质训练”的课程，作为一个团队，我们一起努力，一起欢笑，一起享受共同取得的喜悦。作为一个学生，我们一起领悟龚老师教给我们的每一个哲理，作为一个朋友，我们一起聆听对方的倾诉。结束这场旅行，我想每个人都会不舍，可是终究还是会有那么一天。

伴随着最后一首手语歌的结束，大家心里都明白，从今以后相聚的机会会很少，而留在我们记忆深处的东西却是永远都不会被抹去的。“最后我们来进行一个仪式，也许你会觉得害羞，我会理解你，但是我认为这是非常重要的。”于是，龚老师开始一个一个地走到每个同学的面前，和我们拥抱告别。说实话，看着龚老师离我越来越近，我心里非常紧张，毕竟从来没有尝试过和一个老师拥抱过。终于，龚老师站在了我的面前，我将对我们的团队、对龚老师和这门课的眷恋化成了一个拥抱。顷刻间，从开学初到最后一节课的点点滴滴都慢慢地浮现在了我的眼前……

踏进这个教室的第一步，我感到害怕，因为这个教室与众不同，它没有桌子，只有椅子，没有讲台，却有一个主持台。“难道这是一门开讲座一样的课？”这是我对这门课的第一印象。同时，我也在心里默默祈祷：千万不要做什么游戏之类的活动啊，还要输了的人上台表演节目，那不是很囧。其实当时我的心理是很矛盾的，看这门课的名字就知道这门课是培训我们心理素质的，而提升我们心理素质最好的方法就是进行一些游戏啊什么的。可是我却希望它不是，希望也像别的公选课一样，老师在上面讲，自己可以在下面为所欲为。呵呵……可是现在回过头来看看，我的选择没有错！！当然，也就是那节课，给我分配了一个很好的团队，冷静的叶舟，热情的罗琳，能说会道的裘丹，活泼的张姗姗，外表成熟的陈俊玄，还有千金难买一张口的李立，当然还有难得有幸见到过几次面的蔡舒尔。也是这节课，注定了我们几个人会一起哭，一起笑，一起努力，一起拼搏，一起走到最后。

第二节课……

第三节课……

……

其实我很想对每节课都介绍一下，因为每节课都会让我学到很多东西，可是如果我实现了这个愿望，那我可以出一本书名叫《一门与众不同的公选课》，估计会热销的，呵呵……在这里我就讲一下我印象最深的几节课吧。

排在榜首的是那节测试我们每个人性格的课，其实我一直对自己的性格非常好奇，因为我一直搞不清楚自己到底是属于什么性格的。那个测试的结果是冷静型，看了这类性格的人的特征之后，我傻眼了，OMG，还真准……当然和我测试结果一样的人们都有差不多的性格特点——冷静，以至于不管龚老师怎么请我们上台表现，我们都显得那么冷静，因为我们是冷静型的，性格决定一切，呵呵……

其次就是那节让我们搭房子的课，那节课前老师就让我们每个小组都准备一些材料，可是组长好像都没什么动静，我还以为一定会忘记，什么也不准备就来上课会很尴尬。可是来到教室我却发现我们组有好多同学都不约而同地带来了材料，从那以后，我更加信任我们的团队了。我错了，我真的错了，我们是一个团队，我不该这么不信任大家的。而在这节课上的那个活动也是我第一次玩的，不许说话，却要我们七个人一起用报纸搭一间房子，对于我们这些什么都不懂的学生来说，可以说话一起来搭个房子还有难度呢，更何况是不能交流的。可是事实却证明了一切，我们不但完成了房子的建设，还建设了一座坚不可摧的房子。(虽然这词用得有些夸张，可是在进行几次“高空”实验后，它都没有变形。)

在这个学期的“大学生心理素质训练”课中，我真的学到了很多，我学到的不仅仅是老师所教授的知识，而更多的却是对自我的了解和肯定。这不就是我来上这门课的目的吗？每一节课都被那么精心策划过，每一节课都是那么富有哲理，每一节课都是那么的与众不同。如果我问你，有一门公选课不但不会让我们觉得无聊，甚至会让我们很期待，你相信吗？刚开始我不相信。可是现在……我相信了。在这里，我也想衷心地对龚老师说一声：谢谢你陪我走过的这个学期。您真的辛苦了……呵呵……

“大学生心理素质训练”，让我见证了太多不可思议的奇迹，最后一个奇迹便是这篇2000字的论文，我原以为要独立完成这篇论文将会是多么困难的一件事，可是，它却再次用事实向我证明，这并不难，前提是——用“心”去写。

曾经，有一门真挚的课程放在我的面前，我没有好好珍惜，直到失去后我才后悔莫及，人世间最悲痛的事情莫过于此。如果可以再给我一次机会让我重新选课的话，我会再选择一次——“大学生心理素质训练”。

# 第三篇

*Passage Three*

# 课程总结

# “别样的课堂、愉快地学习”

## ——“大学生心理素质训练”课总结

日前,越来越多的教育者和大学生认识到,心理健康是大学生全面发展、早日成才的重要基础。因此,近年来关于大学生良好素质培养及大学生心理健康教育工作越来越受到社会、政府主管部门、学校、家长以及大学生的重视,相关的研究也不断问世。

对大学生进行心理健康教育的途径很多,开设心理健康教育课程,是一个既重要又有效的途径,但如何开设心理健康教育课程,如何选择心理健康教育课程的内容,采用何种教学方式进行授课,使得心理健康教育课程既能让学生喜爱,又能帮助大学生心理素质的切实提升,是一个值得探索又迫切需要解决的问题。

从 2008 年下半年开始,我在城市学院每个学期都开设两个教学班的“大学生心理素质训练”选修课程。我精心经营着这门课的建设、关注着它的成长。每个学期我都坚持做课程教学效果评估工作。通过两年四个学期的教学实践,发现其对于大学生健全人格的发展和大学生心理素质的提升有着明显的作用。

### 一、教学目的

传授大学生心理健康的相关知识,更重要的是通过他们参加各种心理游戏的亲身体验、感受和感悟,来促进他们心理素质的提高、情绪的优化、个性的发展、潜能的开发、生命质量的提高,从而促进学生的全面发展和健康成长。

### 二、教学基本情况

(一)教学对象

第一学期:97 名在校本科生。43 男 54 女,其中大四学生 7 名,大三学生 25 名,大一新生 6 名,其余都是大二学生。

第二学期:93 名在校本科生。53 男 40 女,其中大四学生 2 名,大三学生 12 名,大二学生 16 名,其余都是大一学生。

第三学期:70 名在校本科生。43 男 27 女,其中大四学生 2 名,大三学生 26 名,大二学生 14 名,其余都是大一学生。

第四学期:75 名在校本科生。43 男 32 女,其中大四学生 4 名,大三学生 12 名,大二学生 23 名,其余都是大一学生。

成员特征:身体健康,大部分学生无明显心理障碍。虽均自愿选修本课程学习,但动机却各不相同:有的是为了获得社会科学的选修学分,有的是为了解决自己的心理问题,有的是想懂得一些心理健康知识,有的是为了提升自己的心理素质,有的是被“训练”二字所吸引，还有一部分则是因为喜欢任课教师或者喜欢心理学学科……

（二）上课时间及教室

上课时间：每学期分为两个教学班，每周一次，每次两节课。

上课次数：第一学期，共13次，第二学期，共14次，第三、第四学期，共15次。

教室：浙江大学城市学院教1—607，文1－220，都是桌椅可移动的教室。

（三）教学评估方法

采取定性和定量相结合、主观和客观相结合的方法。

（四）教学评估工具

1. 16PF（卡特尔16种人格因素测试）

在教学开始的第一周及结束后一周各测试一次，数据采用SPSS软件统计。

16PF是美国伊利诺伊州大学人格及能力测验研究所卡特尔教授，经过十几年的系统观察、科学实验，以及用因素分析统计法慎重确定和编制而成的一种精确可靠的测验。此测验主要用于测量人格特质，共187题，每题有三种选择方案，分别记为0，1，2分。每一特质标准分 T＜4 分者表现出低分者特征，T＞8 分者表现出高分者特征。

2. 学生主观评估量表

按课程目标设计出10多项可能改变的观念和行为，设评分尺度，以参加时为0，变化尺度为－5—＋5分，如果未改变则为0。请同学在课程结束时根据自己的实际感受标出自己改变的方向和程度。

3. 问卷调查及期末论文

在课程结束那节课上做问卷调查，并要求学生写2000字以上的期末论文，作为课程考核。要求用“心”写，结合课程的内容和自己的实际写。

4. 课程效果追踪调查[①]

在课程结束六个月以后，对上过课的学生通过邮件群发形式进行效果追踪调查。

**三、教学方案的设计及实施**

（一）教学方案设计的原则

1. 教学形式坚持“两为主”原则

根据“人的心理成长和形成过程，靠的不只是相关的知识学习，更需要人的亲身体验、感受和感悟”这一理念。教学中一是坚持以训练为主，二是坚持以学生为主。

在平等、尊重、亲密、融洽的气氛中，学生成为课堂的主角，通过“想一想”（用一些案例或小故事来启发学生思考、反思）、“练一练”（围绕相关主题、设计相应活动和游戏让学生体验、感悟）、“听一听”（提供相应的心理学背景知识，让学生了解心理健康知识）、“做一做”（课后的练习和反思）、测一测（16PF、各类心理测试）等形式，充分调动学生上课的积极性，以促进外部教育内容真正内化为内部主体的东西，以逐步内化为素质（一个大大的教室里，大家坐成一圈，完完全全地将自己暴露在所有人面前，没有任何遮掩。这样才最真实。我喜欢这种随时可以互动的感觉。好像这不是一个课堂，而是一场聚会，一个派对。龚老师就像调动气氛的主持人，我们每一个人都是嘉宾，而不是观众。这种形式，可以让我感觉，我们每一个人都

① 见附件二“大学生心理素质训练”课程效果追踪评估表

被得到重视。老师的每一次目光，都能扫射到任何一个同学身上。老师的每一个步伐，都能走到任何一个同学的身边。这是那种整节课都坐在讲台上滔滔不绝的老师所不能做到的[①]）。

2. 课程内容坚持“两结合”原则

一是坚持与国家对人才素质的需求结合起来，二是坚持与城市学院学生的实际需求结合起来，使得这门课不仅为学生所需、为他们所爱，还尽可能使我们培养的大学生心理素质符合社会的需要和时代的发展。

（二）教学组织采用的技术

教学组织采用团体咨询技术。团体咨询是一门以心理学为基础的专业助人知识、理论和技术。面对有着共同发展课题和心理困扰的大学生，采用这种形式新颖、实践性强、生动有趣、气氛活跃、互动全面、感悟深刻的团体咨询技术，更能被大学生所喜爱，同时也能收到更好的教学效果。所以整个课程的安排根据团体咨询的理论来设计，分为四个阶段：

第一阶段：初始阶段。目标为：建立小组、打破僵局、营造氛围、相互认识、订立小组契约。

第二阶段：过渡阶段。目标为：营造信任、尊重、安全的小组氛围，提高集体凝聚力。

第三阶段：工作阶段。目标为：引发深层问题的自我暴露，探讨学生的一些基本的个人问题，促进学生行为的改变和心理素质的提高。

第四阶段：结束阶段。目标为：分享课程给学生带来的变化，明确课程后的个人目标，处理离别情绪，进行课程效果评估等。

每一次课我们也是按照团体咨询的技术来进行，分为四个环节：

第一环节：热身活动。目标为：活跃气氛或引出主题。

第二环节：游戏活动（练习、角色扮演等）。目标为：引发学生自我探索，通过体验、学习、模仿等形式解决相关的问题。

第三环节：讨论（分享）。目标为：让学生进行自我教育。

第四环节：小结并布置作业。目标：传授一些相关的心理知识，布置课后练习。

（三）教学方案

| 次数及标题 | 目标 | 教学内容 |
| --- | --- | --- |
| 第一次<br>相聚是缘 | 相识、制订团体契约、澄清课程动机，初步形成温暖信任的气氛 | 热身活动：大风吹、小风吹<br>练习：<br>1. 相识接龙<br>2. 心手相连<br>3. 微笑握手<br>4. 对对碰<br>5. 滚雪球<br>6. 组队并制订契约<br>讲授：团体的基本概念、教学任务、要求<br>作业：<br>1. 你为什么选修“大学生心理素质训练”课？你对这门课的期望是什么？<br>2. 进行16PF测试 |

① 一名大二女生期末论文里的一段话。

续 表

| 次数及标题 | 目标 | 教学内容 |
| --- | --- | --- |
| 第二次<br>增强凝聚 | 进一步互相熟悉,建立信任、尊重、安全的团体氛围,提高集体凝聚力 | 热身活动:你问我答<br>练习:<br>1. 人山人海<br>2. 搭房子<br>3. 心有千千结(也称解手链)<br>讲授:团结、合作、信任的基本概念 |
| 第三次<br>认识自我——我是谁 | 促进认识自我,学会接纳自己和他人 | 热身活动:你行我秀<br>练习:<br>1. 看手<br>2. 独特的我<br>3. 小小动物园<br>讲授:自我意识的基本概念 |
| 第四次<br>认识自我——原生家庭 | 了解个人成长历程中家庭主要成员及重要他人对自己的影响,进一步增进自我认识 | 热身活动:开火车<br>练习:<br>1. 谁塑造了我?<br>2. 原生家庭<br>讲授:家庭及重要他人对个人成长的影响<br>作业:计算大学四年经济成本 |
| 第五次<br>珍惜生命,感恩生活 | 学会感受生命、感动生命、感通生命、感格生命、感激生命、珍惜生命、珍惜拥有,并用一颗感恩的心好好生活 | 热身活动:雨点变奏曲<br>练习:<br>1. 地震带给我的思考<br>2. 面对灾难的生命思考——一位学者的信<br>3. 算算上大学的经济账<br>4. "纪念:我即将逝去的妈妈"分享——一封大学生在 BBS 上的帖子<br>讲授:培养感恩意识的重要性<br>5.《感恩的心》故事及手语歌 |
| 第六次<br>我真的很不错 | 了解自己的长处,挖掘自己的潜能,学会自我欣赏、自我肯定,学习欣赏别人,增进自信和信任 | 热身活动:成长三部曲<br>练习:<br>1. 天生我才<br>2. 优点轰炸(戴高帽子)<br>3. 做一幅成功的心像图<br>讲授:自信心的基本概念 |
| 第七次<br>做情绪的主人 | 了解情绪、管理情绪,学会做情绪的主人 | 热身活动:抓手指<br>练习:<br>1. 情绪红绿灯<br>2. 心情涂鸦<br>3. 心理剧表演:忧愁的老太太<br>4. 故事分享:狐狸和葡萄<br>5. 情绪遥控器<br>讲授:情绪的基本概念<br>艾利斯 ABC 人格理论 |

续　表

| 次数及标题 | 目标 | 教学内容 |
|---|---|---|
| 第八次<br>学会与压力同处 | 了解压力、探索压力，学会各种减压方法 | 热身活动：青蛙跳水<br>练习：<br>1. 压力知多少<br>2."压力圈"填写及分享<br>3. 减压26式<br>4. 腹部呼吸法（也称深呼吸）<br>5. 渐进式肌肉松弛法<br>6. 冥想练习（也称注意集中训练法）<br>7. 抗压碎碎念<br>讲授：压力的基本概念及减压的方法 |
| 第九次<br>人际交往——建立良好的人际关系 | 了解人际交往中的心理，察觉自己在人际交往中的不良心理，解决自己在人际交往中的困惑 | 热身活动：找朋友<br>练习：<br>1. 案例讨论<br>2. 突围闯关<br>3. 寻找自身人际交往中的不良心理<br>4. 脑力激荡：如何解决人际交往中的困惑<br>讲授：人际关系的基本理论<br>作业：人际关系中的我 |
| 第十次<br>人际交往——做沟通的赢家 | 训练人际沟通的基本技巧，增强人际沟通技能 | 热身活动：撕纸<br>练习：<br>1.人际关系中的我<br>2.倾听和回馈<br>3.数字传递<br>4.行动胜于语言<br>讲授：人际沟通的基本理论 |
| 第十一次<br>做时间的主人 | 了解时间的概念和特性，懂得珍惜时间，并掌握有效管理时间的技巧 | 热身活动：Seven up<br>练习：<br>1. 时间感觉<br>2. 时间流水账<br>3. 时间馅饼图<br>4. 时间优化矩阵（也称时间方格管理）<br>讲授：时间的基本概念、时间管理的意义 |
| 第十二次<br>价值探索 | 澄清个人价值观，对过去的我，现在的我，未来的我做出评估和展望，明白生命中最珍贵的东西 | 热身活动：兔子舞<br>练习：<br>1. 我的五样<br>2. 生命线<br>3. 分享歌曲——《假如还有明天》<br>讲授：生命价值的基本概念 |
| 第十三次<br>在爱中成长 | 了解爱情的含义，澄清爱情的价值，了解男女性别的差异 | 热身活动：爱的奉献<br>练习：<br>1.爱情是什么？<br>2.我心目中的白马王子（白雪公主）<br>3. 假如……<br>讲授：爱情的基本概念 |

续　表

| 次数及标题 | 目标 | 教学内容 |
| --- | --- | --- |
| 第十四次<br>生涯设计——我的未来不是梦 | 了解职业价值观，懂得如何进行职业生涯规划，并对于自己的职业生涯做出初步规划 | 热身活动：比手划脚<br>练习：<br>1. 视频播放：职业生涯规划<br>2. 价值观拍卖<br>3. 生涯幻游：我的职业生涯<br>4. 简易生涯规划<br>讲授：职业生涯设计的基本概念<br>作业：每组准备一个告别节目 |
| 第十五次<br>放飞心灵，笑迎未来 | 处理离别情绪、给予彼此祝福，讨论成果、进行效果评估，布置考试内容，结束课程 | 热身活动：健康＋巧手运动<br>练习：<br>1. 真情告白<br>2. 以组为单位表演告别节目<br>3. 课程效果评估<br>4. 布置考试内容<br>5. 老师向学生告别活动<br>结束课程 |

## 四、教学效果

(一)教学前后 16PF 测试结果分析

16PF 是用于反映被试人格特质及心理能力的量表，根据卡特尔的观点，每个人的人格特征不同就是由于 16 种人格因素在个人身上的组合不同所决定的。

1. 教学前后 16PF 各因子均分比较。每个学期的 16PF 测试结果见表 1～表 4。

**表 1　第一学期教学前后 16PF 各因子平均分比较($\bar{x}\pm SD$)**

| 检验项目 | 教学前 | 教学后 | $T$ | $P$ |
| --- | --- | --- | --- | --- |
| 乐群性(A) | 5.55±2.13 | 5.69±1.96 | −0.79 | 0.43 |
| 聪慧性(B) | 4.85±1.71 | 5.06±1.8 | −1.26 | 0.21 |
| 稳定性(C) | 5.57±1.93 | 6.03±1.8 | −2.66 | 0.01 |
| 恃强性(E) | 5.34±1.84 | 5.84±1.72 | −3.24 | 0.00 |
| 兴奋性(F) | 6.18±1.96 | 6.54±1.9 | −2.37 | 0.02 |
| 有恒性(G) | 4.85±1.72 | 5.38±1.91 | −3.02 | 0.00 |
| 敢为性(H) | 5.74±2.27 | 6.29±1.96 | −3.44 | 0.00 |
| 敏感性(I) | 5.92±1.99 | 6.21±2.23 | −1.52 | 0.13 |
| 怀疑性(L) | 4.72±1.67 | 4.65±1.81 | 0.38 | 0.71 |
| 幻想性(M) | 6.78±1.78 | 6.56±1.89 | 1.28 | 0.20 |
| 世故性(N) | 4.84±1.56 | 5.27±1.49 | −2.39 | 0.02 |
| 忧虑性(O) | 5.86±2.05 | 5.40±2.09 | 2.88 | 0.00 |
| 实验性(Q1) | 5.26±1.3 | 5.21±1.37 | 0.32 | 0.75 |
| 独立性(Q2) | 5.05±1.92 | 4.95±1.78 | 0.73 | 0.47 |
| 自律性(Q3) | 5.27±1.51 | 5.55±1.46 | −1.89 | 0.06 |
| 紧张性(Q4) | 6.13±1.85 | 5.49±1.96 | 3.60 | 0.00 |

表 2　第二学期教学前后 16PF 各因子平均分比较($\bar{x}$±SD)

| 检验项目 | 教学前 | 教学后 | $T$ | $P$ |
| --- | --- | --- | --- | --- |
| 乐群性(A) | 5.22±1.88 | 5.38±1.80 | −0.49 | 0.62 |
| 聪慧性(B) | 5.32±1.90 | 5.18±1.99 | 0.44 | 0.66 |
| 稳定性(C) | 5.22±1.86 | 5.88±1.91 | −2.26 | 0.03 |
| 恃强性(E) | 5.18±1.89 | 5.49±1.90 | −0.91 | 0.37 |
| 兴奋性(F) | 6.28±2.40 | 6.64±2.46 | −0.84 | 0.40 |
| 有恒性(G) | 4.65±1.54 | 5.01±1.73 | −1.29 | 0.20 |
| 敢为性(H) | 5.40±2.01 | 6.13±2.16 | −2.03 | 0.05 |
| 敏感性(I) | 6.25±2.30 | 5.99±2.29 | 0.68 | 0.50 |
| 怀疑性(L) | 4.57±1.69 | 4.57±1.58 | 0.00 | 1.00 |
| 幻想性(M) | 6.74±1.59 | 6.67±1.68 | 0.26 | 0.79 |
| 世故性(N) | 4.97±1.39 | 5.15±1.57 | −0.78 | 0.44 |
| 忧虑性(O) | 6.10±2.24 | 5.94±2.2.4 | 0.37 | 0.71 |
| 实验性(Q1) | 5.08±1.50 | 5.42±1.53 | −1.30 | 0.20 |
| 独立性(Q2) | 4.94±1.91 | 4.94±1.76 | 0.00 | 1.00 |
| 自律性(Q3) | 5.57±1.57 | 5.67±1.64 | −0.37 | 0.71 |
| 紧张性(Q4) | 6.00±1.89 | 5.79±1.78 | 0.69 | 0.50 |

表 3　第三学期教学前后 16PF 各因子平均分比较($\bar{x}$±SD)

| 检验项目 | 教学前 | 教学后 | $T$ | $P$ |
| --- | --- | --- | --- | --- |
| 乐群性(A) | 6.29±2.32 | 6.08±2.42 | 0.911 | 0.37 |
| 聪慧性(B) | 4.94±1.91 | 5.16±1.82 | −0.88 | 0.39 |
| 稳定性(C) | 5.82±1.97 | 6.24±1.75 | −1.52 | 0.13 |
| 恃强性(E) | 5.41±1.88 | 6.02±1.89 | −2.46 | 0.02 |
| 兴奋性(F) | 6.88±2.01 | 7.08±2.00 | −1.02 | 0.31 |
| 有恒性(G) | 5.00±1.71 | 4.82±1.52 | 0.76 | 0.45 |
| 敢为性(H) | 6.08±1.95 | 6.29±1.86 | −0.94 | 0.35 |
| 敏感性(I) | 6.59±1.66 | 6.31±2.18 | 1.06 | 0.29 |
| 怀疑性(L) | 4.65±1.44 | 4.33±1.72 | 1.45 | 0.14 |
| 幻想性(M) | 6.20±1.63 | 6.22±1.42 | −0.07 | 0.94 |
| 世故性(N) | 4.80±1.49 | 4.71±1.49 | 0.39 | 0.70 |
| 忧虑性(O) | 5.37±2.15 | 5.06±2.08 | 1.23 | 0.23 |
| 实验性(Q1) | 4.96±1.66 | 5.20±1.31 | −1.16 | 0.25 |

续 表

| 检验项目 | 教学前 | 教学后 | $T$ | $P$ |
| --- | --- | --- | --- | --- |
| 独立性(Q2) | 4.41±1.57 | 4.84±1.78 | −1.84 | 0.07 |
| 自律性(Q3) | 5.69±1.25 | 5.65±1.38 | 0.20 | 0.84 |
| 紧张性(Q4) | 5.78±1.91 | 5.43±1.84 | 1.53 | 0.13 |

**表 4　第四学期教学前后 16PF 各因子平均分比较($\bar{x}$±SD)**

| 检验项目 | 教学前 | 教学后 | $T$ | $P$ |
| --- | --- | --- | --- | --- |
| 乐群性(A) | 5.21±2.29 | 5.26±2.25 | −0.23 | 0.82 |
| 聪慧性(B) | 4.55±1.70 | 5.24±1.83 | −2.79 | 0.01 |
| 稳定性(C) | 5.26±1.53 | 5.91±1.72 | −3.86 | 0.00 |
| 恃强性(E) | 4.95±2.20 | 5.47±1.91 | −2.53 | 0.01 |
| 兴奋性(F) | 6.02±2.21 | 6.17±2.14 | −1.00 | 0.32 |
| 有恒性(G) | 4.91±1.44 | 5.21±1.21 | −1.69 | 0.10 |
| 敢为性(H) | 5.45±2.12 | 5.71±2.21 | −1.45 | 0.15 |
| 敏感性(I) | 6.52±1.81 | 5.84±1.64 | 3.21 | 0.00 |
| 怀疑性(L) | 4.88±1.77 | 4.81±1.73 | 0.34 | 0.73 |
| 幻想性(M) | 6.24±1.97 | 6.72±1.78 | −2.26 | 0.03 |
| 世故性(N) | 4.47±1.60 | 5.01±1.64 | −3.06 | 0.00 |
| 忧虑性(O) | 5.86±2.56 | 5.66±2.12 | 0.82 | 0.42 |
| 实验性(Q1) | 5.05±1.54 | 5.33±1.56 | −1.26 | 0.21 |
| 独立性(Q2) | 4.91±1.85 | 5.10±1.66 | −0.89 | 0.38 |
| 自律性(Q3) | 5.66±1.70 | 5.81±1.46 | −0.90 | 0.37 |
| 紧张性(Q4) | 5.76±1.89 | 5.57±1.95 | 0.85 | 0.40 |

从表 1～表 4 可以看出，课程训练后学生在 16 个人格因素方面都有了正向的转变，不同的学期转变的人格因子不尽相同。第一学期在恃强性、有恒性、敢为性、忧虑性、紧张性 6 个人格因素方面均有极其显著性改变($P<0.01$)，在稳定性人格因素方面有显著性改变($P<0.05$)；第二学期在稳定性、敢为性方面有了显著性改变($P<0.05$)；第三学期在恃强性方面有显著性改变($P<0.05$)；第四学期在聪慧性、稳定性、恃强性、敏感性方面有及其显著改变($P<0.01$)，在幻想性方面有显著改变($P<0.05$)。提示学生在勇于竞争、有恒负责、敢于冒险、沉着自信、心平气和、情绪稳定方面都有了显著性发展。其他因子也有正向改变，说明学生在课程训练后人格因素朝乐群外向、智力发展、轻松兴奋、信赖随和、注重现实、理智客观、合作信任、自律严谨方向改变。

2. 教学前后 16PF 次级人格因素均值比较，见表 5～表 8。

表 5 第一学期 16PF 次级人格因素教学前后均值比较 ($\bar{x}\pm SD$)

| 检验项目 | 教学前 | 教学后 | *T* | *P* |
|---|---|---|---|---|
| 适应与焦虑(X1) | 5.64±2.09 | 4.97±2.04 | 4.42 | 0.00 |
| 内向与外向(X2) | 6.45±2.4 | 7.06±2.12 | −4.07 | 0.00 |
| 感情用事与安详机警(X3) | 4.96±1.92 | 5.12±2 | −1.05 | 0.30 |
| 怯懦与果断(X4) | 5.66±1.5 | 5.58±1.26 | 0.57 | 0.57 |

表 6 第二学期 16PF 次级人格因素教学前后均值比较($\bar{x}\pm SD$)

| 检验项目 | 教学前 | 教学后 | *T* | *P* |
|---|---|---|---|---|
| 适应与焦虑(X1) | 5.70±2.02 | 5.28±2.08 | 1.15 | 0.25 |
| 内向与外向(X2) | 6.22±2.49 | 6.84±2.52 | −1.43 | 0.16 |
| 感情用事与安详机警(X3) | 4.84±1.92 | 5.26±1.91 | −1.26 | 0.21 |
| 怯懦与果断(X4) | 5.61±1.41 | 5.72±1.27 | −0.52 | 0.60 |

表 7 第三学期 16PF 次级人格因素教学前后均值比较($\bar{x}\pm SD$)

| 检验项目 | 教学前 | 教学后 | *T* | *P* |
|---|---|---|---|---|
| 适应与焦虑(X1) | 5.13±2.02 | 4.72±1.96 | 2.10 | 0.04 |
| 内向与外向(X2) | 7.13±2.18 | 7.41±2.12 | −1.59 | 0.12 |
| 感情用事与安详机警(X3) | 4.57±1.88 | 5.05±2.00 | −1.98 | 0.05 |
| 怯懦与果断(X4) | 4.89±1.77 | 5.50±1.53 | −2.84 | 0.01 |

表 8 第四学期 16PF 次级人格因素教学前后均值比较($\bar{x}\pm SD$)

| 检验项目 | 教学前 | 教学后 | *T* | *P* |
|---|---|---|---|---|
| 适应与焦虑(X1) | 5.57±2.18 | 5.20±1.97 | 2.30 | 0.03 |
| 内向与外向(X2) | 6.07±2.42 | 6.40±2.36 | −2.72 | 0.01 |
| 感情用事与安详机警(X3) | 4.60±1.90 | 5.27±1.63 | −3.18 | 0.00 |
| 怯懦与果断(X4) | 5.29±1.97 | 5.76±1.80 | −2.33 | 0.02 |

由表 5～表 8 可见，课程训练后学生在“适应与焦虑”、“内向与外向”、“感情用事与安详机警”、“怯懦与果断”四个方面都有正向改变。有的检验结果为 $P<0.01$，有的检验结果 $P<0.05$，有的虽然没有达到显著，但都朝着好的方向发展。说明经过课程教学，学生的人格特性向适应能力提高、性格更加开朗外向，遇事更加果断、更积极参与人际交往方面改变。

3. 教学前后 16PF 综合人格因子均值比较，见表 9～表 12。

**表 9　第一学期 16PF 综合人格因子教学前后均值比较($\bar{x}$±SD)**

| 检验项目 | 教学前 | 教学后 | *T* | *P* |
|---|---|---|---|---|
| 心理健康(Y1) | 21.7±6.07 | 23.6±5.81 | −4.31 | 0.00 |
| 事业有成就(Y2) | 40.7±6.34 | 43.1±6.68 | −3.73 | 0.00 |
| 创造力强(Y3) | 81.4±9.41 | 81.6±8.77 | −0.18 | 0.86 |
| 成长能力(Y4) | 19.8±3.79 | 20.4±3.58 | −2.03 | 0.04 |

**表 10　第二学期 16PF 综合人格因子教学前后均值比较($\bar{x}$±SD)**

| 检验项目 | 教学前 | 教学后 | *T* | *P* |
|---|---|---|---|---|
| 心理健康(Y1) | 21.40±6.21 | 22.78±6.47 | −1.20 | 0.24 |
| 事业有成就(Y2) | 40.63±5.75 | 42.36±6.38 | −1.62 | 0.11 |
| 创造力强(Y3) | 82.46±9.19 | 81.74±9.04 | 0.47 | 0.64 |
| 成长能力(Y4) | 20.26±3.89 | 20.22±4.17 | 0.06 | 0.95 |

**表 11　第三学期 16PF 综合人格因子教学前后均值比较($\bar{x}$±SD)**

| 检验项目 | 教学前 | 教学后 | *T* | *P* |
|---|---|---|---|---|
| 心理健康(Y1) | 23.55±6.19 | 24.84±5.95 | −1.95 | 0.06 |
| 事业有成就(Y2) | 40.96±6.29 | 41.71±6.29 | −0.95 | 0.35 |
| 创造力强(Y3) | 78.41±9.89 | 80.31±9.18 | −1.75 | 0.09 |
| 成长能力(Y4) | 19.76±3.49 | 19.55±3.55 | 0.42 | 0.67 |

**表 12　第四学期 16PF 综合人格因子教学前后均值比较($\bar{x}$±SD)**

| 检验项目 | 教学前 | 教学后 | *T* | *P* |
|---|---|---|---|---|
| 心理健康(Y1) | 21.66±6.70 | 22.86±6.04 | −2.34 | 0.02 |
| 事业有成就(Y2) | 40.52±6.90 | 43.01±6.00 | −3.69 | 0.00 |
| 创造力强(Y3) | 81.74±11.05 | 82.66±9.70 | −0.76 | 0.45 |
| 成长能力(Y4) | 20.10±3.19 | 21.09±3.43 | −2.87 | 0.01 |

从表 9～表 12 中可以看出：经过一个学期的"大学生心理素质训练"课程的教学，虽然创造能力没有明显提升，但学生总体的"心理健康"水平有了提高，"事业成就感"也有了增强，"成长能力"也有了一定的提升。

(二)教学后主观量表评估结果及显著性检验，见表 13～表 16。

**表 13　第一学期教学后学生能力改变自我评估均值及显著性检验($\bar{x}$±s)**

| 项　目 | $\bar{x}$±s | *T* | *P* |
|---|---|---|---|
| 了解自我 | 2.56±1.11 | 22.342 | 0.00 |

续 表

| 项 目 | $\bar{x}\pm s$ | $T$ | $P$ |
|---|---|---|---|
| 理解别人 | 3.16±1.54 | 19.800 | 0.00 |
| 乐于沟通 | 2.93±1.31 | 21.728 | 0.00 |
| 控制情绪 | 2.68±1.52 | 17.117 | 0.00 |
| 乐于分享 | 2.74±1.72 | 15.507 | 0.00 |
| 关怀他人 | 3.05±1.45 | 20.457 | 0.00 |
| 有责任感 | 2.94±1.94 | 14.640 | 0.00 |
| 相信自己 | 2.59±1.48 | 16.889 | 0.00 |
| 乐于交友 | 3.31±1.46 | 21.981 | 0.00 |
| 接纳自己 | 3.28±1.58 | 20.212 | 0.00 |
| 压力管理 | 2.55±1.49 | 16.663 | 0.00 |
| 时间管理 | 2.35±1.49 | 15.263 | 0.00 |

**表 14 第二学期教学后学生能力改变自我评估均值及显著性检验($\bar{x}\pm s$)**

| 项 目 | $\bar{x}\pm s$ | $T$ | $P$ |
|---|---|---|---|
| 了解自我 | 2.67±1.18 | 18.34 | 0.00 |
| 理解别人 | 2.65±1.23 | 17.46 | 0.00 |
| 乐于沟通 | 2.79±1.47 | 15.38 | 0.00 |
| 控制情绪 | 2.35±1.38 | 13.87 | 0.00 |
| 乐于享受 | 2.53±1.30 | 15.77 | 0.00 |
| 关怀他人 | 2.76±1.33 | 16.91 | 0.00 |
| 团队协作 | 2.89±1.46 | 16.12 | 0.00 |
| 相信自己 | 2.55±1.47 | 14.07 | 0.00 |
| 乐于交友 | 2.77±1.47 | 15.37 | 0.00 |
| 接纳自己 | 2.83±1.40 | 16.46 | 0.00 |
| 压力管理 | 2.09±1.27 | 13.34 | 0.00 |
| 时间管理 | 1.92±1.40 | 11.20 | 0.00 |
| 生涯设计 | 2.08±1.36 | 12.38 | 0.00 |

**表 15 第三学期教学后学生能力改变自我评估均值及显著性检验($\bar{x}\pm s$)**

| 项 目 | $\bar{x}\pm s$ | $T$ | $P$ |
|---|---|---|---|
| 了解自我 | 2.38±1.26 | 13.75 | 0.00 |
| 理解别人 | 3.00±1.00 | 21.84 | 0.00 |

续 表

| 项 目 | $\bar{x}\pm s$ | $T$ | $P$ |
|---|---|---|---|
| 乐于沟通 | 3.23±1.12 | 20.96 | 0.00 |
| 控制情绪 | 2.87±1.37 | 15.20 | 0.00 |
| 乐于分享 | 3.40±1.28 | 19.38 | 0.00 |
| 关怀他人 | 3.40±1.15 | 21.51 | 0.00 |
| 团体协作 | 3.75±1.07 | 25.49 | 0.00 |
| 相信自己 | 2.83±1.31 | 15.71 | 0.00 |
| 乐于交友 | 3.28±1.31 | 18.29 | 0.00 |
| 接纳自己 | 2.96±1.21 | 17.85 | 0.00 |
| 压力管理 | 2.38±1.11 | 15.55 | 0.00 |
| 时间管理 | 2.04±1.45 | 10.20 | 0.00 |
| 生涯设计 | 2.34±1.41 | 12.05 | 0.00 |
| 有责任感 | 2.92±1.17 | 18.13 | 0.00 |

表 16 第四学期教学后学生能力改变自我评估均值及显著性检验($\bar{x}\pm s$)

| 项 目 | $\bar{x}\pm s$ | $T$ | $P$ |
|---|---|---|---|
| 了解自我 | 2.75±0.93 | 24.60 | 0.00 |
| 理解别人 | 3.13±0.97 | 26.84 | 0.00 |
| 乐于沟通 | 3.20±1.33 | 19.93 | 0.00 |
| 控制情绪 | 2.90±1.27 | 18.91 | 0.00 |
| 乐于分享 | 3.42±1.03 | 27.46 | 0.00 |
| 关怀他人 | 3.42±0.95 | 30.04 | 0.00 |
| 团体协作 | 3.62±1.13 | 26.73 | 0.00 |
| 相信自己 | 3.25±1.28 | 21.12 | 0.00 |
| 乐于交友 | 3.35±1.32 | 21.14 | 0.00 |
| 接纳自己 | 3.20±1.47 | 18.09 | 0.00 |
| 压力管理 | 2.55±1.15 | 14.03 | 0.00 |
| 时间管理 | 2.41±1.29 | 15.53 | 0.00 |
| 生涯设计 | 2.54±1.26 | 16.78 | 0.00 |
| 有责任感 | 3.51±1.20 | 24.36 | 0.00 |

数据分析结果表明，教学后学生主观认为在了解自我、理解别人、与人沟通、控制情绪、乐于分享、关怀他人、有责任感、相信自己、乐于交友、接纳自己、压力管理和时间管理方面都发生了极其显著性变化。说明“大学生心理素质训练”课程对于改善学生认知，促进其人格提升的效果非常明显。

(三)课程满意度调查,见表17～表20。

表17　第一学期课程形式及表现满意度结果

| 项目 \ 满意度(%) | 非常满意 | 满意 | 一般 | 不满意 | 非常、不满意 |
|---|---|---|---|---|---|
| 对于这门课程的上课形式 | 71.6 | 24.2 | 4.2 | | |
| 对于自己在课程中的表现 | 30.5 | 48.4 | 21.1 | | |
| 对于同学在课程中的表现 | 51.6 | 43.2 | 5.2 | | |
| 对于老师在课程中的表现 | 80 | 20 | | | |
| 对于这门课程中互动情况及课堂气氛 | 81.1 | 18.9 | | | |
| 对于这门课程带给自己的收获情况 | 45.7 | 45.7 | 8.5 | | |

表18　第二学期课程形式及表现满意度结果

| 项目 \ 满意度(%) | 非常满意 | 满意 | 一般 | 不满意 | 非常不满意 |
|---|---|---|---|---|---|
| 对于这门课程的上课形式 | 72.7 | 25.8 | 1.5 | | |
| 对于自己在课程中的表现 | 12.1 | 59.1 | 27.3 | 1.5 | |
| 对于同学在课程中的表现 | 40.9 | 56.1 | 3.0 | | |
| 对于老师在课程中的表现 | 81.8 | 18.2 | | | |
| 对于这门课程中互动情况及课堂气氛 | 56.1 | 43.9 | | | |
| 对于这门课程带给自己的收获情况 | 45.5 | 50 | 4.5 | | |

表19　第三学期课程形式及表现满意度结果

| 项目 \ 满意度(%) | 非常满意 | 满意 | 一般 | 不满意 | 非常不满意 |
|---|---|---|---|---|---|
| 对于这门课程的上课形式 | 73.58 | 26.42 | | | |
| 对于自己在课程中的表现 | 9.43 | 58.49 | 32.08 | | |
| 对于同学在课程中的表现 | 45.28 | 49.06 | 5.66 | | |
| 对于老师在课程中的表现 | 84.91 | 15.09 | | | |
| 对于这门课程中互动情况及课堂气氛 | 77.36 | 22.64 | | | |
| 对于这门课程带给自己的收获情况 | 32.08 | 64.15 | 3.77 | | |

表 20　第四学期课程形式及表现满意度结果

| 项目 \ 满意度(%) | 非常满意 | 满意 | 一般 | 不满意 | 非常不满意 |
|---|---|---|---|---|---|
| 对于这门课程的上课形式 | 81.16 | 21.74 | | | |
| 对于自己在课程中的表现 | 15.94 | 53.62 | 30.43 | | |
| 对于同学在课程中的表现 | 38.24 | 55.88 | 5.88 | | |
| 对于老师在课程中的表现 | 82.61 | 17.39 | | | |
| 对于这门课程中互动情况及课堂气氛 | 63.77 | 36.23 | | | |
| 对于这门课程带给自己的收获情况 | 49.28 | 50.72 | | | |

从表 17～表 20 中，我们可以看出，对于课程的上课形式、课程中的互动情况、老师在课程中的表现及收获情况，90%以上的学生都表示“非常满意”和“满意”。其中满意度最高的是“课程中的互动情况及课堂气氛”和“教师在课程中的表现”，满意度最低的是“对于自己在课程中的表现”，满意度只有 75%左右。分析原因有可能是中国传统观念作怪，不好意思说对自己满意，也有可能是自我接纳问题。还有确实有少量学生存在缺课现象，这些学生没有在课程中真心投入，故对自己不满意，且收获也不大。

（四）课程的作用

对于课程的作用，我们简单地从两个方面进行了问卷调查：一是对于提升大学生心理素质方面，二是了解心理健康知识方面，调查结果见表 21。

表 21　课程作用情况(第一学期/第二学期/第三学期/第四学期)

| 问题 \ 作用(%) | 非常大 | 大 | 一般 | 不太大 | 没有 |
|---|---|---|---|---|---|
| 对于提升大学生心理素质 | 14.6/19.7<br>24.5/27.9 | 74/65.2<br>69.8/67.7 | 11.4/13.6<br>3.8/4.4 | 0/1.5<br>1.9/0 | |
| 对于了解心理健康知识 | 20.8/18.2<br>28.3/23.5 | 64.6/66.6<br>60.4/66.2 | 14.6/15.2<br>11.3/8.8 | | |

表 21 显示：通过“大学生心理素质训练”课程，有将近 90%左右的学生认为，“大学生心理素质训练”课程不仅仅帮助他们了解了心理健康知识，而且也提升了他们的心理素质。

（五）问卷调查结果及期末论文整理分析

通过对问卷调查的结果统计和期末论文的整理，发现通过教学，很多同学都感触很深。通过整理他们的论文及期末调查结果的统计，让我感受深刻的有以下几点（用调查数据及学生的原话来说明问题）：

1. 增强了自我意识

“感谢龚老师，因为您，我更加了解了我自己。那份性格测试，让我知道原来我的‘多愁善感’，原来我时不时地不经意间忧郁，并非是空穴来风的。因为那次的课我才知道每一种性格都有各自的一些表现特征。”（大二女生）

“是你让我想清了很多平时不敢想的问题，让我了解了自己到底要的是什么，自己的心态究竟如何，让我学会了如何自我减压，如何安排时间，如何用感恩的心去关怀周围的世界，

如何更好地与人沟通……”(大二女生)

问卷调查数据显示：85%左右的学生在课程中感受最深的是“气氛轻松，可以探索到自己内心深处的许多东西，对自己更了解了，对自我的信心增加了”。

2. 增进了人际信任

“我所收获到的不仅仅是那两个学分，对于我来说，真正收获的是朋友的那份关怀、真诚，以及老师全身心投入的那份感动。”(大二男生)

“在课堂上，大家相互尊重，相互倾听，这种感觉真的很好。”(大二男生)

问卷调查数据显示：85%左右的学生认为通过课程学习最大的收获是“真诚对待别人，结识了新的朋友，对周围的人有了信赖感，对社会交往更加充满信心”，50%左右的学生“充分感到被关心、帮助的快乐与温馨”，60%左右的学生感受到“人与人的思维差距很大，但都很善良”。

3. 改善了人际关系

“我们之间的僵持在我主动和她讲话的那一刻开始崩解，现在的我们人前人后都能友好交流，和她交流的感觉比和她僵持的感觉好一百倍！”(大二女生)

“曾经，因为小时候的影响，我对老师很排斥，在路上见到老师能躲就躲。而在这个课堂上，我很幸运地能对老师说出‘我很讨厌老师’、‘为什么讨厌’时，这位倾听我的老师很理解地笑着说，‘嗯，看起来那位老师对你的影响真的很大’。对于已经调整过自己心态的我，这句话已经足够化解我心头的愤怒了。现在，走在路上，我再也不躲着老师，还会笑着和他们打招呼呢。”(大三女生)

“上了高中后，自己的叛逆和迷失，伤害了自己，只是现在才知道伤害最深的还是我的父母。回想当年父亲恨铁不成钢的样子，回想当年在父亲面前倔着脾气说我没错的样子，回想父亲扬起手而我抬起下巴让他打最终他无奈走开的样子，回想只要他在家我就摔门而出的样子，我的心怎能平静，我再也控制不住地落泪了。下课后，我拿出了手机，发了条短信给爸爸：老爸，对不起，谢谢你一直以来的原谅和鼓励。”(大二女生)

“上完这门课程，影响我最大，感触最深的是对亲情的理解，让我懂得要珍惜和家人在一起的时光。他们也许不是以你的方式来爱你，却是以他们的方式来爱你。我从没像现在这么迫切地想和我的家人在一起。”(大二女生)

问卷调查数据显示：80%左右的学生认为“大家有了更多的自我了解和相互了解，更信赖别人，更懂得怎样与人交流”。

4. 提升了团队精神

“在团队中，哪怕只是一次普通的讨论，抑或共同赢取一个小成果，都能让你感受到那种和谐的团队氛围、那种成就感式的快乐。”(大二男生)

“‘团队协作’这个活动是我在整个心理素质训练过程中印象最深刻的。老师要我们小组成员直接通过肢体语言进行交流，用旧报纸和胶带来搭建房子。从中我学到了团结合作和交流的重要性。”(大四男生)

“一学期的快乐学习时间，让我获得了7个珍贵的朋友。我们曾经在一起为了团队的胜利而拼搏努力，曾经一起为了一句话而感动不已，曾经为了某人的一个举动而忍俊不禁，一起分享过人生中经历过的最深刻的记忆，也畅想过美好而诱人的未来。一些不被别人所知的小秘密，一些自我喜爱的小礼物我们都彼此了解。我们相互信任，相互帮助，为感动而流

泪，为快乐而欢笑。人生中该享受的酸甜苦辣，在这短短的一个学期中我们都一起走过。”（大二女生）

问卷调查数据显示：76%左右的学生在课程中“感受到了一种集体的关怀、合作的愉快、活跃的气氛”，60%左右的学生认为课程给自己的最大收获是“对自己的认识更深，更有责任心，增强了协作精神”，63%左右的学生能“认识到自身的潜力和价值，增强了对自己、对家人、对社会的责任感”。

5. 懂得了珍惜生命、珍惜拥有

“生命是最宝贵的东西，没有了生命，一切就显得没有意义了。正因为它宝贵，才不能轻易舍弃。每个人都应该珍重生命，珍惜生命。生命有时候很脆弱，真的，它会留下很多很多的遗憾，但我觉得生命的脆弱在另一层面上显示了生命的坚强。汶川地震是很好的例子，灾难在顷刻间夺取了千千万万的生命，但又有千千万万的生命从灾难中挺过来，而那些不能幸免的人们在灾难面前表现出来的勇敢又何尝不是生命的一种坚强。”（大二女生）

“是你让我好好想想，什么才是我生命里最重要的东西，也是你让我知道了我真正需要的是什么！有时生活就是这样，不知什么时候就给你一击，也许刚刚你还在幸福的天堂，但后一秒你就到了世界末日。正因如此，我们更要珍惜现在，也更要珍惜身边的每个亲人、每个朋友、每个都还活着的人。”（大二男生）

6. 加快了新生对大学生活的适应

“大学生心理素质训练课让我从高中到大学的转折更加顺利和完美。”

“您的课是我大一时最喜欢的课，也是让我感觉效果最快也是最明显的课，有机会我一定还会再选您的课的。”

“没有‘大学生心理素质训练’，就不会有我大一美好自信的生活。”

问卷调查显示：参加这门课程学习的新生中，认为这门课对于“帮助自己适应大学生活，实现从中学到大学的转型”的作用“非常大”的有 21.1%，作用“大”的有 36.8%。

总之，从学生交上来的期末论文中，我能深切地能感受到学生在这门课里的收获。

有的同学说在这门课里舍不得拉掉一节，他们说这是他们进大学以来唯一一门没有翘过的课，他们说一走进这个教室就有一种温馨的感觉，有的同学甚至每天盼望着这节课的到来；有的同学在这门课中打开了影响他们成长的心结，使得他们的生活重新变得美好；有的同学在这门课程中克服了胆怯，从第一次上台发言的双腿发抖，不知自己说些什么，到后来能从容不迫地道出自己想讲的东西，从而增强了自信；有的同学在这门课程中学会了感恩，改善了自己与父母的关系，因为他们认识到世界上一切都可以没有，唯一养育自己的父母是他们一生中最舍弃不下的珍贵；有的同学在这门课程中了解了自己，理解了他人，并且接纳了自己和他人，原来人与人的性格有那么大的差异，没有必要强求人家和自己一样，也没有必要老是对自己的一切不满，从而改善了人际关系；有的同学从汶川地震中感悟到了生命的珍贵，懂得了要珍惜生命、珍惜拥有、珍惜现在；有的同学从同伴的分享和真诚中又找到了人与人之间的真诚和集体的温暖；有的同学从合作中体验了团体的力量和协作的愉快；有的同学在这门课程中学会了减压、学会了管理情绪、学会了倾听、学会了尊重、结交了朋友……

从学生用“心”写的体会文章的题目中，我们也能深深感受到学生在这门课里的成长。

“用心生活，坚守理想”、“一步步朝‘心’的方向靠近”、“感谢”、“心有所感”、“心灵旅程”、

“心灵的丰收”、“最难忘的课”、“我的周四晚上”、“蕴藏这份快乐”、“走进人们的心灵”、“我的美好回忆”、“在美丽的光环下，冷静、客观地透视人生”、“心灵的放飞”、“这会是新的开始”、“从心慌到自信——我的成功跨越”、“当我这样开始生活”、“别样的课堂、愉快地学习”、“了解自我”、“心灵的收获”、“那些温暖和感动”、“可爱的我们”、“心灵之大，在我手中”、“花开的声音——愿自己重新充满希望”、“起航”……

（六）课程的远期效果

“大学生心理素质训练”课程已经进行了两年的教学，从教学评估的短期效果看，该课程对健全大学生人格、提升大学生心理素质起到了促进作用，但教学的远期效果如何，需要做进一步检验。

2010 年 11 月，我对所有上过课的学生群发了一封电子邮件，给他们寄了一份“大学生心理素质训练”课程效果追踪评估表（见附件二），目前已经回收 60 份。调查结果如下：

问题一：目前你仍觉得“大学生心理素质训练”课程给你印象最深的是什么？

1. 独特的教学方式和轻松的学习氛围。他们反映“这门课的上课方式，与众不同，给人以一种很新鲜的感觉，不会让人感到枯燥乏味”；“课堂就像是大学生中很火的‘素拓’训练”；“这门课的形式非常新颖，因为在这堂课上，没有课桌，没有黑板，只有轻松的上课气氛和刺激的团队竞争”等。

2. 游戏、互动、分享的感动。“轻松的上课氛围，课堂的小游戏，以及和组员一起分享故事、分享自己感悟的时光都给我印象很深刻。”“上课时玩的用报纸造房子的游戏，还有‘心有千千结’的游戏以及每次活动后大家都要在第一时间说出自己心里没有经过修饰的感受。”“印象最深的是课堂上的小组分组和一起玩的游戏环节。”“从某种意义上来说，我们都是成年人了，早就过了那个因为一两个小游戏就手舞足蹈的年纪了，但是，在龚老师课上，一些看起来十分简单的小游戏却依旧让我们玩得很开心，有时我在想，是游戏本身让我们如此投入吗？或许我们仍是一群长不大的孩子，在龚老师课上，我们可以除去所有的虚假，抛去所有的伪装，释放出那个最纯真的自我。”“印象最深的应该是一组同学在一起讲心里话吧。其实我们把很多事都放在心里，不曾和任何讲起。而在这门课上，我们对着一群谈不上认识的人说着自己的心里话，把憋在心里的烦恼都释放出来。”“和同组的同学分享自己的事情，倾听他人的经历，大家交流在成长过程中自己所遇到的开心的或者不开心的事。在这里不会有嘲笑，有的只是互相关心，理解和尊重。在这里我们可以敞开心扉。”“每一堂课对我们学生来说都是一种成长，很多次课堂上我们这些学生都会感动得掉眼泪。”

3. 可亲的老师。“说实话，印象最深的就是老师您了。”“我觉得老师不是老师，她是我们的朋友，也是我们的母亲，很友善，很亲切。”“龚老师是一个非常乐观的人，每次上课看她都是非常开心的，上课时也一直带着微笑。这一点让我印象深刻。因为您的这份愉悦在不知不觉间带给了我们。”“老师的热情很让我难忘，有别于大学的其他老师。”“最最重要的是认识了一个好老师。”“老师的和蔼可亲也让我印象深刻。”“一位非常有才的老师一直在引导我们，每一节课都会有新的收获、新的感触。”

4. 认识了一群朋友，体会了团队协作精神。“在‘大学生心理素质训练’这一门课上认识了很多人，有几个现在还是很要好的朋友了。”“这门公选课同学们关系很融洽，可以认识很多以前圈子以外的人。”“对我印象最深刻的是团队协作活动的时刻。”“可以快乐地学到很多东西，结识了一群好朋友。”

另外还有一些同学谈到"增强自信、认识自我、情绪控制、适应大学生活、手语歌"等给他们留下深刻的印象。

问题二:"大学生心理素质训练"课程的经验对你以后的生活有哪些影响？至今还在影响吗？

60 份问卷中，只有 1 人认为影响不大，其他同学都认为课程的经验对他们的生活产生了影响，而且影响还会一直持续下去。影响主要有以下几个方面。

1. 人际交往。"让我学会了如何处理人际关系，特别是对朋友，有了误会一定要把心结打开。""更敢于和别人交流了，社交能力有所提高了。""觉得胆子有些放开了，人际方面不会像之前那么害羞。"

2. 自信。"无论怎样，我都要有信心。现在做每件事，我都会先让自信心上来，然后认真地去完成。""我觉得在这门课程之后，真的能给我带来更多的自信。到现在为止，作为毕业班的学生，在社会中实习，自信这一点也给我在工作中带来了很大的帮助。""我觉得最大的影响就是自信心的增强。"

3. 乐观心态。"我感觉上过这个课程后心态变好了，而且似乎变得更加乐观了，记得以前每次上完课都会有所感悟，有些触动，或许正是这些小细节在伴随着我改变吧。""生活上积极了，乐观了许多。"

4. 感恩。"这门课程对我最大的影响还在于对于家人、朋友的态度上。以前的自己觉得父母的爱和关怀理所应当，缺少了一颗感恩的心，以前的自己也从来没记住过父母的生日和他们的节日，上过这课之后，真的，2010 年中，父亲节、母亲节我都在电话里送去了祝福。希望他们永远健康。""通过感恩等一些课程，我学会了为我父母思考，并努力更好地和他们沟通。至今为止一直在这样做。""让我更加的珍惜生命，更加尊重父母，现在我每个周末如果有空都会回家，因为我知道，这个生命的列车总有人会先离开，所以我希望在离开前能有更多的机会去相聚。不管路途多遥远，只要有家人，一切都微不足道。"

5. 目标。"教会了我认识自己，认识人生，为我的职业规划做了很好的铺垫。""以前很多事我都不积极，现在的我也开始学着制定目标，渐渐地去完善去达成，我感觉现在的自己比以前要开朗很多，包括生活学习，对我的心态有个很积极正面的改变。我也很喜欢这样的改变，相信这种积极的心态会一直伴随着我的一生。""明确自己的人生目标，是人生的动力来源。至今影响着我，让我很肯定自己。"

6. 缓解压力。"曾经的我，有什么不愉快的事，或者心情郁闷的话，一般都是放在心里自己一个人默默承受的，不过现在似乎做不到了，不管是大事还是小事，我都希望能够找个人倾诉出来，哪怕只是日记本，然后发现，很多的郁闷在发泄出来之后真的就不存在了。有时候会遇到一些让我束手无策的事，不过似乎只要想到曾经在课堂上老师讲的，很多的难题就会迎刃而解了。""能让我在感觉烦恼和压力的时候利用老师教我们的方法来缓解自己，更好地学会生活。至今影响深远。""以前的我遇到不开心的事会一个人憋在心里，现在我会找个人去诉说，然后我会找一种独特的方式发泄。至少我现在知道要自己天天过得很开心!"

7. 认识自我。"自身性格探索和认知的那堂课，让我很真实地认识了自己。每当很苦恼很困扰的时候我会慢慢学着跳出来思考，觉得我的某些思维方式有些不妥，开始慢慢说服自己，慢慢改正。尽管过程缓慢，不过毕竟认知自己才能改变些什么。""从课程中得到了许多，如何正确地了解自己，如何更好完善自己，如何对待自己的未来，如何与身边的人相处……

这些经验会让我受用一生。”

另外也有一些人认为更会管理时间了，更能理解他人，已经走上工作岗位的同学觉得课程的经验对于他们的工作也有一定的帮助。

问题三：如果你没有参加这门课，你的生活和现在会有什么区别？

对于这个问题有的同学觉得不是很好回答，但是还是有不少同学认为如果没有参加这门课就不会认识这么多的朋友，出现心理问题不知如何调整，对于失败不会坦然面对，有了心事不会与人分享，对于大学的生活不会那么快适应，还是会生活在高考失败的阴影中，心态没有现在这么好，等等。

问题四：你喜欢“大学生心理素质训练”课程的哪些地方？不喜欢哪些地方？

喜欢的地方：喜欢大家一起做游戏，喜欢小组成员之间的互动，学生与老师之间的互动，每次游戏结束之后的分享，每个人都有展示的机会；喜欢大家相互信任，毫无保留地敞开心扉；喜欢课堂气氛的轻松自在，心灵得到放松；喜欢教学内容比较容易接受和回味，让人感觉没有压力；喜欢每个成员真正地参与到小组中去合作，去了解每一个人，去感知每一个人；喜欢课程内容的设置方式，喜欢老师一直带着笑容手舞足蹈的讲课方式；喜欢更注重学生个体的交流和体验，而非教师在上面滔滔不绝等。

不喜欢的地方：很多同学都说没有不喜欢的地方，但是也有一些同学提出了一些意见。如每个小组的分享环节有些例行公事，创新的想法不多，后期会有些倦怠；地点一直放在教室里，建议可以放在户外；不喜欢每次都点名；只认识组内成员，缺乏整个班的认识，等等。

问题五：如果用一两句话来说明“大学生心理素质训练”课程对你的意义，你会说什么？

很庆幸自己选了“大学生心理素质训练”这门课，她教的不是课堂知识，而是日常生活中一定会用到的待人处事的方法。虽然这门课只是我大学里的一门公选课，但是我肯定不会忘记。

重新认识了自我，对人生有了规划。对生活充满了感恩，和身边的人更好地相处。

学会自信，学会感恩，学会自由想象，学会拼搏成长。谢谢龚老师！！

让我更好地适应了人生路上的一次伟大转折！

这门课程的影响在我的生活中慢慢渗透，当周遭的喧嚣远去之后，会不经意地想起在课堂上一次次心理救赎之后的满心欢喜。

非常感谢龚老师陪我们一起走过了一个学期，这一个学期的每一节课都是那么难忘，我永远不会忘记你，还有最后一节课的那个 hug，哈哈……

它就像是一块我在无意间拾起的宝石，让我欣喜，让生活更闪耀。

改变自己，改变未来，有了目标和良好的心态，未来会更精彩！

大学里很少能有课像“大学生心理素质训练”那样特殊，因为它教的不是知识，也不是技能，而是“做人”。

像温暖的阳光轻轻拂面，却是投入心灵照亮友爱的第一缕阳光！

我学会了勇敢，我学会了正视生命，我学会了诉说，我学会了把握，我学会了合作……

算是一种接近完美的选择吧，就像一次始前教育，很好地奠定了我在大学生活中的心理状况的基调。我相信，在接下来的日子了，我会快快乐乐，不论遇到多么难搞的事情，我都可以很坚强、很勇敢地去面对。所以，感谢有“大学生心理素质训练”这门课，感谢遇到了龚老师！

**五、讨论**

1. 教学效果会受教学班学生人数的影响。一个教学班的学生人数太多，学生深层次的问题就不太容易发现和解决，会影响上课的效果；但人太少，毕竟这是心理健康教育工作，会影响受教育的学生数。为考虑效果，目前我已经将原来 50 人的教学班减少到现在 40 人的教学班。但在团体咨询里不管是 40 人还是 50 人，都已经算是很大的团体了。因此，从教学效果上考虑，还可以进一步减少教学班的学生人数。

2. 教师的水平会干预和影响教学效果。由于这个教学采用团体咨询的技术，对教师的要求比较高，不是一般的心理咨询师能进行的，经受过团体心理咨询专门训练的心理咨询师担任这门课程的老师比较合适。

3. 选课学生的延迟性也会影响教学效果。由于城市学院选修课不是在第一周就确定的，有的同学第二周甚至在第三周才开始参加这一教学。而前面两次教学是团体活动的开始及过渡阶段，每次教学都有每次教学目标，这些也将会影响教学效果。

4. 网络状况会影响测试结果。有两个学期都碰到学工委网络升级，学生或者不能一开始就做测试，或学期结束后学生做了后又要求重做，这些都有可能影响测试的结果。

5. 学生是否真心投入、用心参与，也会影响教学效果。从教学实践看，确定存在一些学生是为了学分而选修这门课的。这些学生没有真心投入和用心参与，因此，他们的收获也会比较少。

**六、结束语**

"可以毫不夸张地说，这是我进入大学以来的一门最能引发我兴趣的课程，我上课时真正把它当做是一种享受。"(大二男生)

"这个学期的每个星期四晚上，都是我非常热盼的时间段。"

"这是一个丰富多彩的课堂，一个充满欢笑、充满感动、充满感恩的课堂，让我对生命有了新的认识。"(大一男生)

"这门课程让我收获很多，有感动的，有快乐的，有发人深省的，有催人奋进的……当幸福来敲门时，我想我再也不会让它从我指尖溜走，因为我会未雨绸缪了，因为我有足够的信心了，最主要我能熟练地驾驭自己的前途了。当幸福来敲门的时候，我会告诉自己：年轻人，属于你的舞台已经展开了，你可以大展身手，施展抱负了！"(大三女生)

"'没有人问我过得好不好，现实与目标哪个更重要，一分一秒一路奔跑……世间自有公道，付出总有回报，说到不如做到，要做就做最好，步步高……'在激情昂扬的音乐中，在大家挥舞的手臂中，我们每周二晚上的'大学生心理素质训练'课程告一段落了。曲终了，人也该散了，而龚老师与我们一个一个拥抱后，我们的感动、我们的留恋在这一瞬间久久凝固成冰，我们突然不想结束，我们想继续和你待在这里一起游戏、一起分享、一起快乐。虽然我们曾经不乖过，虽然我们因某事而不能及时来上课，而这一刻，要说再见的这一刻，我们的心软了，我们舍不得你、我们舍不得班里的同学们，我们想继续着……"(大二男生)

"纵使有太多不舍，依旧要分离，无可避免。周四，一个让我期盼不已，又有些害怕到来的那段时光悄无声息地成了历史。与龚老师拥抱的那一刻眼泪不停地在眼里打转，我知道那个令我快乐的周四晚上的两个小时要成为过去了。感谢龚老师能够来到城院，感谢让我遇到了您，真的！很想很想在您面前深深地鞠个躬感谢您。感谢您的活泼，感谢您的感染力。感谢您丰富有趣的课。感谢龚老师，因为在您的课上我似乎永远都是快乐的，总是那么坦然。因为您，我开始期盼周四，期盼与我组员们一起相聚的时刻。”（大二女生）

“龚老师的‘大学生心理素质训练’课程，我真的觉得，好！很好！非常好！不仅仅在于它的上课方式很轻松，很融洽，而在于真的可以学到很多东西，是一个非常好的心灵鸡汤。这不仅仅对现在的我，对以后的我，也是非常的有用。在我的一生中，我都会觉得这会是一个非常有价值的学习经历。”（大四男生）

……

我一边看着学生的论文，一边感动着。我同样要感谢“大学生心理素质训练”课让我有机会和许多同学一起走过了一段难忘的心路历程，感谢他们和我一起在课程中体验了心灵的感动和成长！

# 附　件

## 附件一 “大学生心理素质训练”课程教学大纲

一、教学目的与任务

（一）教学目的和任务

人的心理成长和形成过程，靠的不只是相关的知识学习，更需要人的亲身体验、感受和感悟。本课程不仅仅传授大学生一些心理健康的相关知识，更重要的是通过他们参加各种心理游戏的亲身体验、感受和感悟，来促进他们心理素质的提高、情绪的优化、个性的发展、潜能的开发、生命质量的提高，从而促进学生的全面发展和健康成长。

（二）教学环节和学时分配

教学环节：训练、讲授

总学时：32 学时

二、教学内容与基本要求

**第一章：相聚是缘**

**基本内容**

一、讲授

1. 团体咨询的基本概念
2. 教学目的
3. 教学内容
4. 教学要求

二、热身活动

大风吹、小风吹

三、练习

1. 相识接龙
2. 心手相连
3. 微笑握手
4. 对对碰
5. 滚雪球
6. 组队并制订契约

四、小结并布置作业

作业：你为什么选修"大学生心理素质训练"课？你对这门课的期望是什么？

**基本要求**

了解团体咨询的基本概念，明确本门课程的教学目的和要求，通过练习，学生初步相识，学生凝聚力初步形成。

**重点和难点**

重点：团体咨询的相关知识。学生初步相识。

难点：学生凝聚力初步形成。

**第二章　增强凝聚**

**基本内容**

一、热身活动

你问我答（关注练习）

二、练习

1. 人山人海

2. 搭房子

3. 心有千千结（也称解手链）

三、讲授

团结、信任、合作的基本概念。

**基本要求**

通过练习，体会集体的力量，营造信任、尊重，安全的团体氛围，提高集体凝聚力。

**重点和难点**

重点：增强凝聚力。

难点：非语言交流的运用。

**第三章：认识自我——我是谁**

**基本内容**

一、热身活动

你行我秀

二、练习

1. 看手

2. 独特的我

3. 小小动物园

三、讲授

自我意识的基本概念

**基本要求**

通过练习，让每个同学了解自己的长处和限制，学会接纳自己和他人。

**重点和难点**

重点：对自己的了解。

难点：进一步理解他人。

**第四章:认识自我——原生家庭**

**基本内容**

一、热身活动

开火车

二、练习

1. 谁塑造了我

2. 原生家庭

三、讲授

1. 家庭对个人成长的影响

2. 重要他人对个人成长的影响

**基本要求**

通过练习和讲解,探索家庭和重要他人对个人成长、个人性格的影响,了解和体会在个人的成长过程中,环境起着至关重要的作用,是个体人格形成的主要因素,而家庭对人的塑造力是人格发展的基石,从而增进了解自我。

**重点和难点**

重点:探索家庭和重要他人对自己的影响。

难点:了解环境对个人成长的重要作用。

作业:计算大学四年的经济成本。

**第五章:珍惜生命,感恩生活**

**基本内容**

一、热身活动

雨点变奏区

二、练习

1. 地震带给我的思考

2. 面对灾难的生命思考——一位学者的信

3. 算算上大学的经济账

4. "纪念:我即将逝去的妈妈"分享——一封大学生在BBS上的帖子

5.《感恩的心》的故事及手语歌

三、讲授

1. 培养感恩意识的重要性

2. 如何培养感恩意识

**基本要求**

通过面对灾难的生命思考,通过计算上大学的经济账,学会感受生命、感动生命、感通生命、感格生命、感激生命、珍惜生命、珍惜拥有,并学会用一颗感恩的心好好生活。

**重点和难点**

重点:珍惜生命、感恩生活。

难点:感悟生命、感激生命。

**第六章:我真的很不错**

**基本内容**

一、热身活动

成长三部曲

二、练习

1. 天生我才

2. 优点轰炸(戴高帽子)

3. 做一幅成功的心像图

三、讲授

自信心的基本概念

结束:《我真的很不错》手语歌

**基本要求**

通过练习和讲解,了解自己的长处,挖掘自己的潜能、学会自我欣赏、自我肯定,学习欣赏别人,懂得自信是使人走向成功的第一要素,增进自信和信任。

**重点和难点**

重点:了解自信。

难点:增强自信。

**第七章 做情绪的主人**

**基本内容**

一、热身活动

抓手指

二、练习

1. 情绪红绿灯

2. 心情涂鸦

3. 心理剧表演:忧愁的老太太

4. 故事分享:狐狸与葡萄

5. 情绪遥控器

三、讲授

1. 情绪的基本概念

2. 艾利斯 ABC 人格理论

**基本要求**

通过练习和讲授,使学生了解自己目前的情绪及情绪的一般概念、作用、产生的原因,并学会用合理情绪疗法管理情绪。

**重点和难点**

重点:了解情绪的基本理论。

难点:学会管理情绪。

## 第八章 学会与压力同处

**基本内容**

一、热身活动

青蛙跳水

二、练习

1.压力知多少

2.压力圈的填写及分享

3.减压26式

4.腹部呼吸法(也称深呼吸)

5.渐进性肌肉松弛法

6.冥想练习(也称注意集中训练法)

7.抗压碎碎念

三、讲授

压力的基本概念及减压的方法。

**基本要求**

通过压力探索,了解自己的压力,通过讲解和训练,掌握减压的途径和方法。

**重点和难点**

重点:了解和探索压力。

难点:掌握减压的方法。

## 第九章 人际交往——建立良好的人际关系

**基本内容**

一、热身活动

找朋友

二、练习

1.案例讨论

2.突围闯关

3.寻找自身人际交往中的不良心理

4.脑力激荡:如何解决人际交往中的困惑

三、讲授

人际关系的基本理论

**基本要求**

了解人际交往中的心理,察觉自己在人际交往中的不良心理,解决自己在人际交往中的困惑。

**重点和难点**

重点:了解人际交往的心理。

难点:解决人际交往中的困惑。

作业:人际关系中的我。

## 第十章　人际交往——做沟通的赢家

**基本内容**

一、热身活动

撕纸

二、练习

1.人际关系中的我

2.倾听和回馈

3.数字传递

4.行动胜于语言

三、讲授

人际沟通的基本理论

**基本要求**

通过训练和故事分享,学会倾听、学会宽容、学会幽默、学会赞美、学会批评等沟通技巧。

**重点和难点**

重点:沟通技巧的掌握。

难点:沟通技巧的运用。

## 第十一章　做时间的主人

**基本内容**

一、热身活动

Seven up

二、练习

1.时间感觉

2.时间流水账

3.时间馅饼图

4.时间优化矩阵(也称时间方格管理)

三、讲授

1.时间及其特性

2.时间管理的意义

3.时间管理的益处

4.有效管理时间的技巧

**基本要求**

通过讲解和练习,了解时间的概念和特性,懂得珍惜时间,并掌握有效管理时间的技巧。

**重点和难点**

重点:懂得时间的珍贵。

难点:掌握有效管理时间的技巧。

## 第十二章　价值探索

**基本内容**

一、热身活动

兔子舞

二、练习

1.我的五样

2.生命线

3.分享歌曲——《如果还有明天》

三、讲授

生命价值的基本概念

**基本要求**

通过练习,澄清自己的价值观,对过去的我,现在的我,未来的我做出评估和展望,明白自己生命中最珍贵的东西。

**重点和难点**

重点:澄清个人价值观。

难点:真正明白自己生命中最重要的东西。

## 第十三章 在爱中成长

**基本内容**

一、热身活动

爱的奉献

二、练习

1. 讨论:爱情是什么?

2. 我心目中的白马王子(白雪公主)

3. 假如……

三、讲授

1.爱情的心理学研究

2.爱情的理论

3.大学生的恋爱和成长

4.大学生恋爱中的困扰

5.主动提高自身爱的能力

**基本要求**

明确爱的定义、了解爱情的特征,清楚大学生恋爱中的困扰,学会提高爱的能力,学会在爱中成长。

**重点和难点**

重点:了解爱的有关理论,了解恋爱中的男女差异。

难点:提高爱的能力。

## 第十四章 生涯设计——我的未来不是梦

**基本内容**

一、热身活动

比手划脚

二、观看影视:中央电视台十二台:心理访谈节目——职业生涯规划

三、练习

1. 视频播放——职业生涯规划

2. 价值观拍卖

3. 生涯幻游——我的职业生涯

4. 简易生涯规划

**基本要求**

帮助学生了解自己的职业价值观，明白自己的职业幻想，懂得如何进行职业生涯规划，并简单地作出自己的职业生涯规划。

**重点和难点**

重点：了解自己的职业价值观。

难点：制订职业生涯规划。

作业：每组准备一个告别节目。

**第十五章　放飞心灵，笑迎未来**

**基本内容**

一、热身活动

健康十巧手运动

二、练习

1. 真情告白

2. 以组为单位表演告别节目

三、课程效果评估

1. 主观评估量表

2. 课程效果自我评估

3. 课程满意度调查

四、考试布置

1. 考试内容

(1)16PF 测试

(2)写一篇体会文章：

● 字数不少于 2000 字。

● 用“心”写，结合课程的内容和自己的实际写。

● 内容包含：收获、体会和建议。

2. 考试要求

五、告别活动

1. 组内学生告别

2. 组与组同学告别

3. 老师向同学的告别活动

(1)结束语

(2)生命的列车（伴随音乐用 PPT 播放）

(3)手语歌《步步高》

**基本要求**

处理同学间的离别情绪，总结评估教学效果，鼓励学生把课堂上训练的行为应用到日常生活中去。

**重点和难点**

重点：处理离别情绪、总结评估教学效果。

难点：把课堂上训练的行为应用到日常生活中去。

三、学时分配表

<table>
<tr><th rowspan="2">序号</th><th rowspan="2">名　　称</th><th colspan="2">教学时数</th><th rowspan="2">课后作业形式及要求</th></tr>
<tr><th>理论学时</th><th>实践学时</th></tr>
<tr><td>1</td><td>相聚是缘</td><td>2</td><td></td><td rowspan="18">1. 谈谈为什么选修这门课及对这门课的期望(不少于500字)<br>2. 计算大学四年总成本<br>3. 填写表格“人际关系中的我”(要求调查后完成)<br>4. 每组准备一个告别节目</td></tr>
<tr><td>2</td><td>增强凝聚</td><td>2</td><td></td></tr>
<tr><td>3</td><td>认识自我——我是谁</td><td>2</td><td></td></tr>
<tr><td>4</td><td>认识自我——原生家庭</td><td>2</td><td></td></tr>
<tr><td>5</td><td>珍惜生命、感恩生活</td><td>2</td><td></td></tr>
<tr><td>6</td><td>我真的很不错</td><td>2</td><td></td></tr>
<tr><td>7</td><td>做情绪的主人</td><td>2</td><td></td></tr>
<tr><td>8</td><td>学会与压力同处</td><td>2</td><td></td></tr>
<tr><td>9</td><td>人际交往(1)</td><td>2</td><td></td></tr>
<tr><td>10</td><td>人际交往(2)</td><td>2</td><td></td></tr>
<tr><td>11</td><td>做时间的主人</td><td>2</td><td></td></tr>
<tr><td>12</td><td>价值探索</td><td>2</td><td></td></tr>
<tr><td>13</td><td>在爱中成长</td><td></td><td></td></tr>
<tr><td>14</td><td>生涯设计——我的未来不是梦</td><td>2</td><td></td></tr>
<tr><td>15</td><td>放飞心灵，笑迎未来</td><td>2</td><td></td></tr>
<tr><td>16</td><td>考试</td><td>2</td><td></td></tr>
<tr><td></td><td></td><td></td><td></td></tr>
<tr><td colspan="4">合计　　　　32学时</td></tr>
</table>

四、推荐教材与参考书目

郑洪利主编：《大学生心理素质训练教程》，上海交通大学出版社2005年版。

白羽著：《改变心力——团体心理训练与潜能激发》，浙江文艺出版社2006年版。

龚惠香著：《团体心理咨询的实践与研究》，浙江大学出版社2010年版。

# 附件二　“大学生心理素质训练”课程效果追踪评估表

亲爱的同学：

一个学期的相处，给我留下了很多美好的回忆。最近我在编写“大学生心理素质训练”课程的教材，想把你们中的一部分论文编写进去。我在重新看着你们的论文时，脑子里就浮现出你们一个个的身影；我在享受着你们伴随着这门课成长的同时，心情异常激动。谢谢“大学生心理素质训练”课让我有机会和你们一起走过了一段难忘的心路历程，谢谢你们和我一起在课程中体验了心灵的感动和成长！

为了检验这门课程效果的长期性，我想做一次跟踪调查，不知道你们现在是否能收到我的信？我相信只要你们收到我的信一定会尽你们可能真实地完成这份问卷。谢谢！

学号：　　　　　　　姓名：　　　　　　　上课的时间：____年____月到____月

一、目前你仍觉得“大学生心理素质训练”课程对你印象最深的是什么？

二、“大学生心理素质训练”课程的经验对你以后的生活有哪些影响？至今还在影响吗？

三、如果你没有参加这门课，你生活与现在会有什么区别？

四、你喜欢“大学生心理素质训练”课程的哪些地方？不喜欢哪些地方？

五、如果用一两句话来说明“大学生心理素质训练”课程对你的意义，你会说什么？

再次感谢！

**龚惠香**

2010 年 11 月

# 参考文献

1. 郑洪利.大学生心理素质训练教程.上海:上海交通大学出版社,2005.

2.[美]威尔·鲍温.不抱怨的世界.陈敬旻译.西安:陕西师范大学出版社,2009.

3. 罗进编译.自我教育.兰州:甘肃人民出版社,1998.

4.劳动和社会保障部职业技能鉴定中心,中国心理卫生协会.国家职业资格培训教程心理咨询师(上册).北京:民族出版社,2003.

5.樊富珉,费俊峰.青年心理健康讲座十五讲.北京:北京大学出版社,2006.

6.白羽.改变心力——团体心理训练与潜能激发.杭州:浙江文艺出版社,2006.

7.吴建玲.大学生心理健康与心理素质训练.广州:华南理工大学出版社,2007.

8.[美]戴尔·卡耐基.沟通的艺术.北京:中国城市出版社,2007.

9.赵国祥.现代大学生心理健康教程.北京:人民教育出版社,2007.

10.龚惠香.团体心理咨询的实践与研究.杭州:浙江大学出版社,2010.

**图书在版编目(CIP)数据**

大学生心理素质训练 / 龚惠香编著. —杭州：浙江大学出版社，2011.7(2018.9 重印)
ISBN 978-7-308-08766-7

Ⅰ.①大… Ⅱ.①龚… Ⅲ.①大学生—心理素质—素质教育—高等学校—教材 Ⅳ.①B844.2

中国版本图书馆 CIP 数据核字(2011)第 110310 号

**大学生心理素质训练**

龚惠香　编著

---

**责任编辑**　陈丽霞
**封面设计**　十木米
**出版发行**　浙江大学出版社
(杭州市天目山路 148 号　邮政编码 310007)
(网址：http：//www.zjupress.com)
**排　　版**　浙江时代出版服务有限公司
**印　　刷**　嘉兴华源印刷厂
**开　　本**　787mm×1092mm　1/16
**印　　张**　14.75
**字　　数**　359 千
**版 印 次**　2011 年 7 月第 1 版　2018 年 9 月第 3 次印刷
**书　　号**　ISBN 978-7-308-08766-7
**定　　价**　30.00 元

---